东方树叶的传奇

THE EMPIRE
OF TEA

刘杰 赖晓东 作品

人民日报出版社

小小树叶的背后，

是利益和战争的导火索！

目　录

第三章
尴尬的南宋

第四章
蒙古 蒙古

第五章
神奇的东方树叶

序

当战神遇见茶神

王冲霄

收到刘杰、赖晓东新著《茶战》(第二部)的文稿，是 2017 年深秋，我正在翻越天山的旅途中，从春夏之交的呼伦贝尔草原，到酷暑中的河套平原，沿河西走廊一路向西，临国境折向南疆，塔克拉玛干沙漠公路近在眼前，这趟边疆之旅断断续续走了半年，一路所见所想，与书中所述，撞得叮当作响。

《茶战》(第二部)，“茶”是道具，“战”是线索，大戏的主角是“宋朝和它的对手们”。

党项、契丹、女真、蒙古，对手一个强过一个。冷兵器时代游牧民族对农耕民族具有明显的军事优势，亚欧大陆上几乎所有文明发育成熟的地区，在与草原帝国的对抗中都处于劣势。但凡在长城北线漫行过的人，都会对草原的强悍深有体会。

行进在这样的大地上，极目四望，皆为苍穹。一个人很容易产生身处世界中心的错觉，仿佛天地万物，皆为我生，任我索取。

而长城那一边的农人，汗滴禾下土，一分耕耘一分收获，很难生出草原民族那种睥睨一切的雄心，更少了一份掠人之美的攻击性。

这两种完全不同的生存模式，天然地构成古典战争的对称格局。

南方的庄稼成熟之时，恰是北方草原枯萎之日，草原上的人如何熬过漫漫严冬？一旦脆弱的贸易体系无法维持，草原部族挥鞭南下便是当然之选。

农人在历史的绝大多数时间里处于被动守势，汉朝人逐灭匈奴几乎耗尽国力，却并未改变农业与游牧的战略格局。匈奴人走了，更凶猛的草原部族又出现了。

宋朝的对手，就这样一个个接踵而来。

在强邻环伺中，两宋王朝能坚持 320 年，也是一个奇迹。

如果将中国历史与欧洲对照，春秋像希腊，秦汉似罗马，而宋的成就，堪比文艺复兴的意大利。

宋太祖汲取唐朝败亡教训及自己黄袍加身的经验，开启了重文抑武的传统，是主因。而北方各族的军事压力，客观上促使宋朝经济更加倚重东南，使隋唐时期已经初具规模的海外贸易得到迅猛发展。

社会的富庶，可以供养文艺的繁荣；权力中枢的宽容，又保护了这种繁荣。

正是在宋朝，茶，成为一种极为重要的文化符号。

茶兴起于唐，并出现了陆羽这样的天才型人物，但茶真正对整个社会经济文化产生全面影响，是在宋。

市井小民斗茶取乐，文人墨客雅集品茗，皇帝亲作《大观茶论》……日本留学僧人将这一时期的中国寺院饮茶仪轨带回东瀛，成为日本茶道的标准范式。

中华文明有三家：儒、释、道。三家原本殊途，经唐、宋两代禅宗调和，达到了东方文明的极致状态。这种状态形而上为"禅定"，形而下则显现为“茶”。

宋代是禅宗发展的巅峰，也是茶道发展的巅峰。

茶道的极致境界可表述为“茶神”。

“茶神”并非某个具体的形象，神农不是，陆羽也不是。“茶神”在东方是个抽象的存在，是儒释道三家水乳交融后的一种表达方式。

然而，当茶神遇见战神，将会发生什么？

这正是刘杰、赖晓东《茶战》系列追问的母题。

《茶战》（第二部）中，所述大小战役自然围绕“茶”展开。茶走入游牧民族的生活，唐代已现端倪，到宋代成为草原帝国非常倚重的战略物资，重要性仅次于金银丝帛。同北方强敌博弈，宋朝军事上被动，但在政治外交方面却自有高明之处。

澶渊之盟后，宋朝搁置了对燕云十六州的领土要求，以纳贡换取和平，看似屈辱，实则是在明判敌我实力后的理性选择。和平带来了贸易，促进了经济发展，所谓纳贡不及经济增量的十分之一。而南北贸易的正常展开，又培育了游牧民族的饮茶喜好，茶成为北方各族生活必需品。因为茶只能在北纬 38 度线以南生长，宋朝在茶马贸易中便掌握了主动权。

另外，“琴棋书画诗酒茶”等生活美学在宋代达到巅峰，使宋朝精英集团具有了不同凡响的文化魅力，在日益频繁的南北交往中，逐渐影响了北方各族的上层人物，使他们在生活方式和审美趣味上日益“宋化”，辽和金，莫不如此。即使最终灭亡宋朝的蒙古，在此后一百多年的帝国统治中，其精英集团也逐渐接受了宋的文化趣味。

另外，游牧民族的冲击，对于农耕民族，也别有意义。

竞争，是人类文明发展的动力。近代欧洲的成就，得益于中世纪以来与阿拉伯世界的冲突与交融。而中华文明能够在相对封闭的地理环境下，取得如此伟大的成就，离不开草原部落千百年来持续不断的冲击。农耕民族天然具有文弱和保守的劣势，正是在与草原民族的融合中，中华民族基因中有了雄健的力量以及拥抱世界的气魄。

《茶战》试图从被战争遮蔽的晦暗不明处入手，揭开东方与西方不同文明形态演进的密码。

布罗茨基说过，只有伟大的主题，才会产生伟大的作品。民族的冲突与融合，文明的竞争与互哺，都是宏大而充满张力的主题，而当这一切汇聚到小小的茶叶上，作家便找到了四两拨千斤的支点。难怪刘杰积数年之功，义无反顾涉身其中。

将茶叶写作从文化引到国际政治和文明冲突层面，是英国学者麦克法兰的功绩；而从战争角度切入茶叶叙事，也有周重林先生的《茶叶战争》珠玉在前。但刘杰以小说家的创意写作技巧，将这一题材的非虚构写作，又推上了新一重境地。

《茶战》第一部由唐入宋，第二部只讲赵宋一朝，由此可以想见接下来的系列规模。这是刘杰安放雄心的作品，我不是作家，但完全能理解作家找到一个可以托付才情的题材是多么不易，又是多么幸福。

任何有抱负的作家，都会试图建立起自己观察世界的独特坐标。

长久以来，刘杰的坐标原点都是自己的故乡——青岛，并创作出一系列的经典小说。这一次，他却从故乡出走，跟随一片小小的茶叶，穿越古今，横跨东西，打破时间空间的界限。

对刘杰来说，这是艺术上的一次浴火重生。

我相信，他找到了属于自己的新的文学矿脉，这矿脉如同茶叶叶脉一样，看上去千头万绪，但最后都闭合为一个自洽圆融的系统，并经过火与水的历练，成就苦尽甘来的醇厚韵味……

刘杰中年变法，实在既幸福又幸运。

而对喜欢茶、喜欢文明史的读者来说，有这样一位谙熟故事之道的小说家，以几乎全部心血投入“茶”的写作中，何尝不是既幸福又幸运的事情。

茶战的故事正渐入佳境，战神与茶神的博弈，越来越呈现出惺惺相惜的默契：战神在空间上攻城略地、无往不胜，茶神却气定神闲，任千军万马穿身而过。因为他知道，在时间的尽头，洗去一身杀气的战神，终将低头，向自己讨一杯茶喝。

2017 年 11 月于昆仑山旅途中

（作者为中央电视台纪录片《茶，一片树叶的故事》导演）

引言

刘　杰

北纬30度，是任何人都没有办法说清楚的纬度。

在这一纬度上，既有许多鬼斧神工的自然景观，又存在着许多令人难解的神秘怪异现象。这里既是地球山脉的最高峰——珠穆朗玛峰的所在地，同时又是海底最深处——西太平洋的马里亚纳海沟的藏身之所，世界最著名的几大河流，如埃及的尼罗河、伊拉克的幼发拉底河、中国的长江、美国的密西西比河，均在这一纬度入海。更令人难以揣测的是，在这条纬线上，又存在着世界上许多令人难解的著名的自然及文明之谜，比如，恰好建在地球大陆重力中心的古埃及金字塔群，以及令人难解的狮身人面像之谜、神秘的北非撒哈拉沙漠达西里的“火神火种”壁画、死海、巴比伦的“空中花园”。传说中的大西洲[1]沉没处，令人谈及色变的“百慕大三角区”，中国长江“断流之谜”[2]和让人类叹

1　大西洲，又称大西国，即亚特兰蒂斯岛，传说中史前高度文明的地方，后来沉没于大西洋，柏拉图在《对话录》中记录由他的表弟柯里西亚斯所叙述的亚特兰蒂斯的故事。但至今尚未有任何证据证明这个地方的存在。

2　长江断流，公元1342年，江苏省泰兴县（现在泰兴市）内，千万年从未断流的长江水一夜之间忽然枯竭见底，次日沿岸居民纷纷下

为观止的远古玛雅文明遗址，等等。这些令人惊讶不已的古建筑和令人费解的神秘之地汇聚于此，不能不叫人感到异常的蹊跷和惊奇。

而围绕于北纬30度附近的，则是高度发达的文明，包括印度教、佛教、基督教和伊斯兰教的形成，以及古希腊的苏格拉底、柏拉图，中国的先贤孔子和老子、印度的释迦牟尼、古以色列的先知，这些一直影响到今天的文明都集中在这个纬度附近。

幼发拉底河与底格里斯河之间的美索不达米亚平原，始终被称颂为人类文明的发源之地，距今大约一万年的啤酒和四千年的红酒在这一带相继出现后，人类开始了对饮料味道的追究。而距离美索不达米亚平原近万公里之遥、处在同一纬度上的古老中国，在两千多年前所发现的茶叶，又把饮品文明推向了一个新的高度。

传说茶为远古时期的神农氏发现。神农是农业的神，也就是炎帝，他能让太阳发光，能让天下雨，他教人们播种五谷，又教人们识别各种植物。据说他的肚子是透明的，能看到肠胃和吃进去的东西。为了知道各种草本的性质，神农就亲口品尝，然后仔细观察它们在肚子中的变化。有一次，神农吃到一种树叶，这种叶子吃进肚子里后，在里面走来走去，像是士兵在进行搜查，不一会儿，整个肠胃便像洗过一样干净清爽，感觉非常舒服。神农记住了这种叶子，给它起了个名字，叫“茶”。以后每当吃进有毒的东西，便立即吃点茶，让它搜查搜查，把毒物消灭掉。后来，终于有一次神农吃了断肠草，来不及吃茶就死了。

江拾取遗物。这时江潮骤然而至，淹死了很多人。1954年1月13日下午4时许，这一奇怪现象在泰兴县再度出现。当时，天色苍黄，江水突然出现枯竭断流，江上的航轮搁浅，历经两个多小时，江水汹涌而下。这一现象迄今为止尚未有明确的解释。

这不过是一个传说而已。这些神话大都起源于三皇五帝的年代，那个时候的人没有电脑，没有手机，也没有互联网，甚至连文字也没有，除了神话传说也找不到什么可靠的依据，而且年代久远无法考证，所以不怎么靠谱。

战国以后，出现了关于茶叶的文字记载。从晋常璩《华阳国志·巴志》中可知，商末周初之时，古之巴蜀地区即已种茶产茶。《尔雅》在“释木”部中记载，“槚，苦荼”。王褒在《僮约》中有“烹荼尽具”“武阳买荼”的记载，反映我国西汉时期古巴蜀地区居家已有烹茶、饮茶的情节。东汉华佗在《食论》中指出，“苦荼久食，益意思”，翻译成今天的白话就是饮茶具有益智的功效。在东晋南北朝时期，一些有识之士对喝酒深恶痛绝，便把饮茶视为清廉节俭的象征。隋唐时代，尤其是唐朝以后，国家统一，经济发展，除边关要塞还在厮杀以外，内部已经没有了大规模的战争，历史进入了一个和平时期，茶也就进入了寻常百姓家。

中国茶叶在唐朝迎来了历史上的第一个春天，上元至大历年间，陆羽《茶经》的问世，标志着我国也即世界第一部茶叶专著诞生。《茶经》分述茶的起源、采制、烹饮、茶具和茶史，极大地推动了我国茶业和茶文化的发展。至宋元时期，茶区继续扩大，种茶、制茶、点茶技艺精进，同时茶叶也是除了丝绸、瓷器之外的又一大主要出口物资，是“丝绸之路”和“海上丝绸之路”的重要战略资源。

从唐到宋，中原帝国与周边游牧民族因为茶叶而引发的战争从来没有平息过，吐蕃、吐谷浑、鞑靼、契丹、党项、女真，像走马灯一样在边关厮杀，鲜血和白骨堆积起来的战争，其目的仅仅是争夺这片小小树叶。

自南宋开始，随着航运业的快速发展，茶叶得以大量出口，通过海路到达了阿拉伯地区。几乎没有人能想象得出，就是这片产自东方中国的茶叶，却在日后的战争中发挥了极其重要的作用，甚至因此改变了世界的格局！

中国是茶树的原产地，这是一个不可争辩的事实。中华民族的祖先最早发现和利用茶叶，经过历代长期的实践，创造了丰富多彩的茶文化。但是，当我们在今天端起一杯茶时，是否知道，中国的茶在传播世界、造福人类的同时，也曾经给我们这个命运多舛的民族留下了深重的灾难。

比如，战争。

由王冲霄导演的纪录片《茶，一片树叶的故事》，用镜头讲述和诠释了茶的另一种特性，以平和的口吻，展现了这一世界饮品的漫漫路程。然而到了今天，我突然发现，这片树叶竟然被那些夸夸其谈自诩为茶人的人当成了牟利的工具，他们对茶压根就不了解，更不尊重。在他们的认知里，茶叶仅仅是一种手段，他们不知道也不想知道，茶叶两个字是和着血伴着泪书写出的一部博大历史，而不仅仅是他们用来攫取暴利的一个手段。然而，由茶叶引发的战争在今天却如一杯喝剩的乏茶，被历史顺手倒进了滚滚洪流中，连一个涟漪都没有，就那么简单地被一笔带过了。但是那些苦难的过去以及所沉淀下来的思索呢？

浮躁的现实让我感到战栗！

2013 年，我沿着古丝绸之路去寻找茶叶的踪迹。一路上感受最深的，就是这条古道的过去与当下。曾经的战火已经消失或正在消失，而“一带一路”正在快速进展。但让我感到痛心的是，在回国的路上，我随身携带的包遭到印度小偷的光顾，手机里近四百张照片全部丢失。

2017 年 10 月，在上海的一家酒吧，在弥漫着爵士乐和雪茄的空间里，我和著名的智能茶机“乐泡”之父叶扬生、“inWE 茶饮”掌门人缪钦等朋友一起，就有关茶文明的问题探讨了很多，同时也对时下颇为泛滥的“茶文化”进行了反思。当我们的“茶文化”沦落为某些商人营利的手段时，人们也忘了考虑这样一个问题：被忽略了的茶文明——

所有文化首先必须依附于原生文明，一旦偏离了文明，文化便会失去自信，甚至偏离于文化之外。近年来的茶界乱象，不就是一个最好的证明吗?

第一章

压垮帝国的那根稻草

中国茶文化史是政治经济学当中最有代表性的一个窗口，唐宋明清盛世时期也是茶文明以及茶产业最发达的时期。“茶”是当时国家对内搞活经济、提升文化内涵，对外平衡、控制经济、军事的手段。“乱世饮酒，盛世品茶”，一杯茶足以见证漫长的中国乃至世界历史长河中的起起伏伏。

——叶汉钟

危机，从李元昊时期开始

“乱世饮酒，盛世品茶”，叶汉钟先生的这句话，从现时的角度来说也许正确，但是如果我们跨越历史的大视角，再来研判中国人的喝茶习惯，大概就不仅仅这么简单了。中国人究竟是从何年何月哪个朝代兴起，现在真的没法说清楚，但可以肯定的是，喝茶最早是从皇宫里兴起的。

几乎所有讲述茶文化的人都在使用同一个词：相传。而这个“相传”的后面，肯定还要缀上一个在当时有一定知名度的人，以如此拙劣的方式来构成一个完整的证据链，以证明这个“相传”的权威性。时至 21 世纪的今天，我们仅从只字片语中实在无法复原喝茶究竟起源于何时，只能概括地说出一个时间：始于唐，兴于宋。

茶叶，作为造物主馈赠给中国人的独有饮品，有着极其复杂的历史。一千多年前，那条从西安出发，经秦州、兰州、庄浪茶马司后，再过凉州、甘州、肃州一直通达西域的西部商道——在今天被称为“古丝绸之路”。行走在茫茫大漠中的庞大驼队，排列着并不规整的队形，在把中原的丝绸、瓷器、茶叶连同文化一起传播出去的同时，也曾经引发了一场又一场万劫不复的战争，使生灵遭到涂炭！看似平静的沙漠，或许正在讲述因为那片小小的树叶而致血流成河的悲壮的、悲惨的、悲戚的和悲恸的故事；还有那些被沙漠覆盖了千年的嶙嶙白骨，可能在哭诉发生在这条路上那些艰苦的、艰辛的、艰难的和艰险的过往。即便穿越了千年，我们似乎还能听到当年的驼铃和商旅的喘息声响彻硝烟散尽的历史天空，像一首空灵的挽歌，在凭吊当年那些惨死的亡灵！

千年过后，我们可能已经忘记了曾经盘踞一隅的那些没有开化的游牧民族，比如党项。

关于党项，需要重新做一下梳理。自从党项人李继迁逃过了宋太宗赵光义的追杀，他就像一条重回山林的狼，时不时地回过头恶狠狠地咬大宋一口。虽然不至于让大宋有生命危险，但还是成为大宋王朝的一个隐患。

李继迁的这套战术让中原朝廷大伤脑筋，宋太宗赵光义和宋真宗赵恒曾先后派出李继隆、曹玮等名将对其进行围剿，可李继迁不但没被消灭掉，反而越来越强大。他的宗旨就是见货就抢，抢完就跑，能杀则杀，绝不停留。可能李继迁就是故意用这套手段来戏弄宋朝皇帝，尽管宋朝采用了征伐加安抚的措施，可实际效果并不大。于是宋朝下了决心，说什么也得想办法把李继迁这个祸害给除掉。

要把李继迁置于死地，朝廷把所有的办法用了个遍：围剿、招安、内部策反等。总之，但凡能想到的招都使出来了，但这一切对李继迁来说，都没什么用！直到后来，宋军用了一套近乎无耻的方式，用五千斤茶叶收买了吐蕃一个叫潘罗支的部将，然后再让潘罗支向李继迁诈降。李继迁对潘罗支的投降始终持怀疑态度，并且派人对这支吐蕃武装的来历做了仔细的调查，可是疑点并没有完全排除。就在这个时候，突然传来宋军进攻的消息，李继迁就让潘罗支带着这一支降军去打先锋。就在这个时候，他的腿上挨了潘罗支一箭。这箭表面上看和其他箭没什么两样，只是箭头上抹了一点药而已。五天后，李继迁无助地挣扎几下后，一命呜呼了。

关于计杀李继迁这事，宋朝上下自始至终都没人承认，可能连他们也觉得这种方式太过龌龊了吧。这事大概只有潘罗支一个人知道。不过，就在李继迁死后不久，用毒箭将其射杀的潘罗支也死了，同样也是被人算计死的。到这时候，究竟是谁设计谋杀李继迁，也只有天知道了。

李继迁死了，死得有些窝囊。但是他的死并不代表西边就平安无事，他的儿子李德明继位，依然继承了他爹的衣钵，继续与宋朝“斗智斗勇”。用一句不太好听的民间俗语来形容李德明可能比较准确：龙生龙，凤生凤，老鼠的儿子会打洞。李德明就是这样的人，与他爹的那股折腾劲相比，李德明还要过分，甚至变本加厉。起初，大宋王朝专门针对李德明重新修正了一套安抚策略，意在把李德明往正道上引。谁知道，这家伙比他爹还要坏得多，口是心非两面三刀不说，还出尔反尔，一会儿向大宋称臣，一会儿对契丹叫爹，没有个靠谱的时候。契丹辽国送来的貌美女人和马匹肉类一律笑纳，大宋天朝赏赐的官职和金银财宝照单全收，可回到当地后，就换了一副嘴脸，货还是照抢，人还是照杀。当朝廷追问下来时，这厮却装出一脸无辜的样子说，这事和我无关，肯定是隔壁吐谷浑人干的！

这真是迎合了现在人所说的那句话：英雄不问出处，无赖不看岁数。不要脸这件事，如果干得好，叫心理素质过硬，李德明便是这么一个心理素质超强的家伙。面对一个这样的无赖，朝廷也是拿不出什么好办法，真被惹急了眼，最多也就派出大军打他一顿解解气。但是，四处流窜作案的李德明就像一只被打惊了的兔子，茫茫戈壁成了他的天然避风港，一旦发现情况不对，就立刻隐藏起来，等风头过了以后，他就又冒出来，专门针对汉人的商队下手。他的这些小伎俩能把官兵气得死去活来，恨不能立刻将其抓住，活剥了他的皮。有几次官兵甚至已经发现了他的踪影，可一旦追到跟前的时候，这熊孩子却突然藏匿得无影无踪，谁也不知道他究竟是不是土鳖托生，有入地的本领。

俗话说，黄鼠狼下耗子——一窝不如一窝。1032 年，和北宋朝廷玩了一辈子猫捉老鼠游戏的李德明终于吹灯拔蜡，历史到了他儿子李元昊这一代。宋仁宗赵祯封给李元昊一大堆帽子——他爷爷李继迁闹腾了一生都没有得到的认可，他没费什么周折就弄到手了。朝廷之所以这样做，动机和用心非常明了，只要你李元昊不称帝不脱离宋朝的统治，一切条件都可以谈。

但是，用心良苦的北宋朝廷很快发现，这更是个上屋抽梯的坏种。李元昊放弃了大宋所颁发的所有奖状，把仁宗皇帝赏赐给那个刚死不久的李德明的七百匹丝绢全部烧毁，并且扣押了朝廷的钦差。

李元昊的举动此时已经暴露得非常清楚，司马昭之心，路人皆知，谁都知道他已经铁了心要沿着“夏独”这条路跑到黑！

查遍所有关于李元昊的史料，历史上对其评价多褒少贬，尤其是近现代的一些史学家，对他的评价几乎是一面倒，即全都是歌颂赞扬。而在当时兴盛的宋朝仁宗年代，却满篇皆是口诛笔伐。从某种意义上讲，这种虚假的夸誉潜移默化地影响了我们对历史做出的判断，从而改变了我们的意识形态。但是，一旦深入探究他的个人习性和所作所为，便不难看出这是个野心勃勃且心胸极其狭隘的家伙，他永远见不得别人比他好。

还在他小的时候，就见到行走在西部沙漠中的庞大驼队，运载着从中原前往西域的各种物资，这时候的宋朝是在与契丹签订“澶渊之盟”之后。从公元 938 年耶律德光进入中原起，到 1004 年结下和盟，在经历了六十六年战争后的中原王朝，终于摆脱了战争的阴霾，进入一个百废待兴的阶段，古丝绸之路也随之到了空前繁荣时期。

幼小的李元昊指着驼队问他的父亲李德明，骆驼拉的是什么东西？李德明回答，是中原的茶叶。而李元昊少年时第一次参与李德明抢劫集团，从商人手里掠来的物品，竟然也是茶叶。这是李元昊第一次对茶叶有了直观的印象，因为这时的他已经知道，用中原的茶叶可以换回很多东西。

他接了李德明的班，登上大位后所做的第一件事，就是“去汉化”：党项人从服饰到各种习惯，必须要与汉人区别开来，就连头型也要做得别具风格，于是专门给党项人设计了另类的发式，中间秃瓢，两侧留发，并且“下令国中，使属蕃遵此，三日不从，许众共杀之”。其意思和后来满清入关强迫汉人“留头不留发，留发不留头”一样，都是用最简单的方式，从根本上剪除人们心中仅存的自尊。

不仅如此，李元昊还将唐宋两朝皇帝所赐的李姓和赵姓全部摒弃，改为更加接近鬼的姓氏“嵬名”，之后又命文臣野利仁荣在汉字的基础上创立了属于党项自己的文字，从此与汉文化彻底“拜拜”。

然而，他唯一保留下来的，是中原的茶叶！

应该承认的是，这厮非常聪明，但心理却很阴暗，用今天的话说，他有点变态。所以他的所有举动都和常人不太一样，就连看人的眼神都带着瘆人的残忍。

很多人都错误地以为李元昊是个仁义之君，尤其是前几年看过中央电视台拍摄的一部关于党项的纪录片后，会觉得这是一个睿智的君主，但事实是这样吗？

坦率地说，这是一个恶魔，一个如假包换的变态恶魔！当他的弟弟李成嵬（嵬名山遇）看破了他的野心后，带领全家连夜投奔驻扎在附近的宋营。然而却遇到了一个头被驴踢了的蠢蛋——延州知州郭劝，竟然又把李成嵬一家给送了回去，而且眼睁睁地看着李元昊的骑射队在边界上把李成嵬一家当作靶子，全部射杀。

在党项一族中，除了李元昊这一支的拓跋氏外，还有另一支并不比拓跋氏差的党项势力卫慕氏，卫慕氏的首领卫慕山喜对李元昊称帝有所异议，当天晚上卫慕氏一族就遭到了杀戮之灾，残忍到极点的李元昊就连嗷嗷待哺的婴儿也不放过，撕碎后把尸体扔进黄河。在被杀害的卫慕氏族人中，包括李元昊的生母卫慕双羊和皇后卫慕氏及其亲生儿子，都惨遭毒手。但凡和卫慕氏沾边的，一个活口不留，仅他自己除外！

杀完了吗？

对于一个已经杀红了眼的狂魔而言，这才刚刚开始！接下来，他一口气都没歇地把后宫的索氏、都罗氏、咩迷氏、没移氏，连同他的几个儿子都亲手杀死且杀人手段极其残忍，比如杀他和咩迷氏所生的儿子李阿理时，亲手把幼小的孩子扔进水里，直到人死气绝才松手！总之一句话，无论是谁，一旦他看不顺眼，这个人基本就活不了了。

关于李元昊所犯下的恶行，罄竹难书！

该杀的都杀了，该灭的都灭了，内部算是清理完毕，接下来李元昊就把精力放到了他的“建国大业”上了。

李元昊花了六年的时间，切割了所有与汉人有关联的符号，并下令切断了宋朝通往西夏的商路，终于在 1038 年正式宣布称帝，建立大夏国，史称西夏。这是他爷爷李继迁一生想做而没有做成的事，他爹李德明一生想做却没有胆量去做的事，而李元昊竟然就这么做成了。一个靠小偷小摸起家的毛贼，如今竟堂而皇之地坐上了皇位，这条咸鱼翻身也翻得太快了，快到令宋朝和契丹都瞠目结舌。

面对李元昊如此明目张胆的背信弃义，如果朝廷继续无视这种分裂分子继续猖狂作乱，岂不将遭到众臣的指责、后人的谩骂？

征讨！

由于李元昊无视朝廷的善意劝告，一意孤行地建立了大夏国，并且切断西行商道，大肆进犯宋朝疆域，抢掠烧杀无恶不作，致使这条自西汉张骞所开辟的商道再也无人敢走，造成宋朝的茶叶等物资大量积压，忍无可忍的北宋朝廷决定出兵讨伐。1038 年，宋仁宗赵祯下诏，封夏竦为陕西略安抚使，范仲淹、韩琦为副使，镇守西部，征讨西夏。

范仲淹是何许人?

没错，就是后来写下千古名句“先天下之忧而忧，后天下之乐而乐”的范仲淹，时为龙图阁直学士，虽是文官，却对兵法战术颇有研究。初至延州（今延安），即与韩琦等武将策划了如何应对西夏的排兵方案，更重要的是，他手里握着一张能要西夏人命的王牌!

果然，刚刚立国的李元昊在遭受了吐蕃唃厮啰部的两次打击后，很快就缓过劲来，带领他的铁鹞子军开始进犯中原。

1039 年 11 月。这一年的西部冷得特别早，刚入冬不久，这里就下了一场罕见的大雪。铅灰色的天空布满乌云，刚刚下过的大雪给山峦之间铺上了一层银白。在这看似静谧的气氛中，有一种说不出的诡异，就像这外面的积雪一样，沉甸甸地压在每个人的心里。

保安军（今陕西志丹），位于延州城的东北方向，是紧扼延州的一道重要关隘。保安军一旦失守，意味着延州危在旦夕。范仲淹对李元昊的用兵方式已经了如指掌，他深知保安军的险要，如果没有得力干将镇守于此，延州随时都有可能被马快刀利的游牧民族攻破。似乎还不仅如此，因为延州是中原西夏的边界，聚居在此地的人员也非常复杂，除汉人外，还有吐蕃、羌等民族，当然也少不了党项人。

这也是范仲淹最为担心的地方，所以他把自己手中的那张王牌摆在此处，只有此人才能成为党项人的噩梦。

狄青!

这是一个让党项人做梦都不愿梦到的人——而且还不止他一个，

连同他的部下总共有一千多个能让神听着犯愁让鬼见到害怕的士兵。

那么党项有多少人呢？不多不少，三万。可惜这三万党项兵的运气太差，竟然一步落进了狄青的手里，顿时就变成了三万个野鬼冤魂。

李元昊为进攻延州确实做了不少准备工作，把能考虑的因素全都考虑到了，甚至做出了几套方案以备不测。大概在他的思维中，宋军都是一些好吃懒做的大头兵，所以他很藐视地看了一眼保安军，随后就指挥手下兵卒向保安军发起第一轮进攻。

狄青反倒显得不慌不忙，把盘起的发髻放开，散乱地披在肩膀上，脸上罩着一张青铜面具，只露出两只阴森恐怖的眼睛，死死盯住前方不远处的党项人。而他的身后，跟着三百名像狼一样的士兵，随时等待出击的命令。

党项人的距离越来越近，这时的狄青突然跃起，纵身上马，第一个冲了出去，紧随其后的是那三百名虎狼兵，发了狠地冲向党项军。党项军甚至还没有来得及反应，随着第一波红流的喷涌，前面的兵士已经成了宋军的刀下鬼，后面的党项军随之大乱，掉过头来就往回跑。

但是能跑得了吗？没想到第二波杀戮紧随其后，三百名勇士如三百个不要命的疯子，在三万人的大军中大肆砍杀。到了这个时候，杀人已经不需要什么章法，只要见到人就砍。一时间党项军营惨叫声一片，而宋军的三百个“亡命之徒”已经杀红了眼，刀枪剑戟上下飞舞，如同切菜一般疯狂地落在党项人的脑袋上，直杀得党项人鬼哭狼嚎呼天抢地，狼狈地向后方撤退，留下遍地尸首。当他们反应过来的时候，宋军却已经完成了两轮进攻。

这场战役狄青和他的部下共计斩首三千余，其中包括党项的三个头领级将军，而宋军的伤亡仅二十一人，狄青身上也挨了一刀，但没什么大碍。狄青的首秀，给李元昊和党项人释放了一个信号：宋军中也有如此强悍的亡命将军！

范仲淹一直在前线观察这场战役，从他面部的表情可知，保安军有勇猛的狄青，可以确保延州的无恙。甚至在战后他还意气风发地写下了一首词《渔家傲 · 秋思》，以抒发自己胜利的喜悦：

塞下秋来风景异，
衡阳雁去无留意。
四面边声连角起。
千嶂里，
长烟落日孤城闭。

浊酒一杯家万里，
燕然未勒归无计。
羌管悠悠霜满地。
人不寐，
将军白发征夫泪。

这场战役很像公元前 485 年古希腊时代的希波战争，斯巴达国王尼奥尼达斯率领三百勇士在温泉关英勇阻击前来进犯的波斯大军，阵斩敌军两万多人，尸横遍野，遍地哀鸿。号称从不言败的波斯军从来都没想到，自己竟然会被三百人打得如此狼狈，连不可一世的波斯国王薛西斯也吓蒙了。

然而，在保安军挨了猛人狄青一顿揍的李元昊并不想这么轻易就善罢甘休，既然已经开战，就要打个明白。这个脸上刺着配军标志的囚犯不好惹，那咱换个地方试试。

李元昊掉转马头，转向了另一个地方。

这个地方叫作承平砦，是一个比保安军略大但也大不了多少的寨子，守军有一千多人，驻守在这里的将军在历史上没什么名气，史料中只提到了一个名字叫李立安的人。

也许李元昊就是冲着这个不知名的守将来的吧，但是很不幸，他来得太不是时候了，刚好遭遇了这里巡防的仪州刺史、鄜延路兵马钤辖许怀德。这可是直接从京城空降下来的高官，赴任之前是东京禁军的都指挥使，相当于北京卫戍区的司令。一看这官衔就知道，实实在在的老司机一枚。

李元昊自以为依仗自己的三万兵马拿下承平砦乃小事一桩，可是还没等他的队伍靠近，却见寨门突然打开，许怀德亲自上阵，带领手下仅有的一千多名士兵从里面冲了出来，基本上还是复制了保安军的套路，上来也不说话，劈头盖脸就是一顿猛砍。

从保安军到承平砦，没多长工夫就连续挨了两记闷棍，彻底把李元昊给打晕菜了，这到底都是些什么人物啊，见面连个招呼也不打，冲过来就是一顿胖揍，把党项人给打得还没灵醒过来，人家已经撤回寨里了。

这到底都是些什么套路？

李元昊决定撤兵围城，在摸清对方的身份之前绝不贸然行事。让他再次没想到的是，这一围就是半个月，承平砦依然顽石一块。里面好像四平八稳，甚至还隐隐听到有人在唱戏。外面的党项人待不住了，于是就拿出看家本领，站在外面大骂，但是里面的人根本就不搭理。

李元昊也觉得自己这次是算错了账，人家在里面花天酒地的就是不出来，眼看着天气越来越冷，再这么耗下去后备物资很难跟得上。这仗打得窝囊，让人窝火。继续围下去，面对一个无处下嘴的铁疙瘩也实在没什么意思；然而，如果现在就撤，白白地围了半个月不说，自己这面子也忒不好看了。就在他犹豫到底是撤还是继续围的时候，后面传来消息，宋军把后方的辎重粮草给劫了！李元昊惊得目瞪口呆。

《三十六计》中有一计，叫作“反客为主”，其解释为“乘隙插足，扼其主机，渐之进也”。虽然李元昊略通中原文化，但是他哪里会懂得中原文化之精髓？就在他围困承平砦的时候，宋军也并没有闲着。洛苑使、环庆路兵马钤辖高继隆，知庆州、礼宾使张崇俊，柔远寨主、左侍禁武英等将领各率人马集结，强势反攻至西夏境内，打掉了党项后方势力的同时，也顺手把李元昊的辎重、粮草等物资给劫了。

这下，李元昊真的慌了，匆忙下令：撤！

走？哪有那么容易，被你围了半个月，无论如何也得出来送你一程。就在党项军准备撤军的时候，承平砦的大门再次打开，依然是许怀德第一个，他的旁边是承平砦的主人李立安，威风凛凛跟在后面的，依然还是那一千名士兵。

党项人一看这阵势就慌了，站在对面的哪里是什么兵，简直是一千个索命的阎王。宋军还是什么话也不说，只听到一声令下，就像打了鸡血一般，玩命地扑过来。

党项人被打得极其狼狈，好不容易才摆脱了承平砦的追兵，可是没想到，保安军还在前面等着呢。骑在马上的，仍然是那个带着青铜面具的索命鬼狄青，披散着头发，目光和这冷冽的天气一样，带着骇人的寒气无情地望着前方溃败下来的残兵败将，因为他已经在那里为党项人预备了一个硕大的坟场。

毫无疑问，这一战李元昊败了，而且败得很惨！

两场局部战役表面上看是获得了胜利，但是就整个战争而言，宋军却败得很惨。而导致全盘失败的主要原因，是另外一个姓范的，但是最终却让范仲淹给顶了雷。

范雍，宋真宗咸平元年进士，仁宗宝元二年即1039年，因李元昊另立西夏国而以资政殿学士、礼部侍郎为振武军节度使，知延州府。

说起来，范雍不是个坏人，公正地说他是个善人，一个深明大义的善人，但是问题就出在了他的这个“善”字上。因为无论什么时代，行善要分人，如果对好人行善，将来会得到好报，而对恶人行善，可能会给自己带来很大的麻烦。比如像李元昊这样的狼，如果你真的对他动了善念起了善心，那么你就是活生生的东郭先生，这条狼必定会咬死你！

在保安军和承平砦没占到什么便宜的李元昊，越想越觉得自己这一趟出来得窝囊加晦气，这就叫偷鸡不成反蚀把米。一路上李元昊情绪非常低落，连续追问几员败将，我们战败的原因到底是什么？回答是，不是我们不勇猛，而是敌人太狡猾。这样的回答对于李元昊来说，就像什么都没说一样。郁闷的他于是就杀人，无论是谁，只要败了，一律推出去，杀！于是，李元昊的刀下，又多了几个屈死鬼。即便如此，也无法扫除他内心的阴霾。

忽然，他想起了两个人，就是他手下的两个汉臣——张元和吴昊。何不用汉人的思维模式来攻破汉人的军事思想呢？

因为有了汉臣的计谋，李元昊针对宋军开始了他的下一步计划。他的计划到底是什么呢？其实只要稍微动动脑子，想想他爷爷李继迁当年所使用过的那些卑鄙手段，就很容易破解。想当初，李继迁不敢和宋军以硬碰硬地较量，就采用了诈降的方式，获得了当时银州守将曹光实的信任，从而导致了宋军全军覆没。这种祖传下来的卑鄙，李元昊使用起来游刃有余。几年前，当吐蕃唃厮啰起内讧的时候，李元昊觉得自己可以趁机捞取到一定的好处，于是就趁火打劫，发兵前往。结果被打得生活不能自理。于危难之际，他再度想起了诈降这个法宝，使吐蕃人信以为真。当城门打开，吐蕃人的悲剧也来了，李元昊下令，把全城的人全部杀光，而且不论男女老幼！

如今他再次打起了诈降的主意，但是目标应该是谁呢？张元和吴昊异口同声地回答：范雍！之所以选择范雍作为诈降对象，张元的解释有一定道理：一、此人是文官，不懂用兵之道；二、文人通常都多愁善感；三、他是延州主官，而这也是关键点。只要范雍能够相信投降是真的，那么其他武将也就不敢有什么相悖的意见。

李元昊表示同意，于是就派两个小官分别前往延州和金明寨试探范雍，结果却是迥然不同。还没等去金明寨的那个党项人开口，就被守将李士彬挥刀将其斩为两段。而去延州的小官叫贺真，直接拜见了范雍，语气中充满了真诚，其理由倒是很充分：范大人，这一仗我们败得很惨，说明你们宋军确实非常厉害，这次我代表李元昊先生，专程过来向你赔礼道歉，希望范大人大量，让我们把那些战死在沙场的士兵遗体带回去，让他们入土为安吧。同时，我们也郑重宣布，从现在起，我们决定和宋朝重修于好，和平相处，云云。

这一番话让这位范老夫子很受用，当场答应了贺真的请求，还细致地考虑到这些死者的遗体如果没有“包装”的话，也显得大宋天朝太没人情味。于是下令，将所有战死的党项人尸体全部装进棺木。

此举一出，立刻“感动”了那些活着的党项士兵，排着队向宋军“投诚”，范雍也一一给予了适当的安排。

这时候宋营里面都掺了些什么人，即使用脚后跟也能想明白了。

1040年年初，李元昊再次进犯。

因为有了内应，结果可想而知。无论是好水川（今宁夏隆德县北）之战、麟州（今陕西省榆林市）之战还是利用回鹘进攻沙洲（今甘肃敦煌）之战，宋军都以完败告终，唯有麟府（今陕西省府谷县）保卫战勉强获胜，算是没有四战皆没，挽回了一点面子。这也使韩琦、范仲淹遭到了贬谪，范仲淹因此写下了千古流芳的佳作《岳阳楼记》。

在这种情况下，宋仁宗只好派左谏议大夫庞籍与李元昊派出的李文昊在汴梁议和。从宋夏议和的过程中就不难看出，李元昊就是那种见利忘义的小人。面对宋朝的议和官员，李文昊狮子大开口，提出的条件极为苛刻。要求宋朝每年给西夏大量的白银、绸缎和茶叶，以此来保证西部商道的通畅，否则他不敢保证商队的人身安全。经双方再三协商，终于达成一致：西夏向宋朝称臣，宋朝每年赐给西夏白银五万两、绢十三万匹。在这个基础上，李文昊要求宋朝每年再加茶叶两万斤，还要在各种节日时额外赏赐茶叶一万斤及白银和绢等。

那么李元昊究竟为什么要发起这场战争呢？可以肯定地说，有两个原因：第一是要胁迫宋朝承认西夏，第二要与宋朝分配茶叶的供应。

此次议和看上去宋朝有些屈辱，但是与之后近半个世纪的折腾相比，这才仅仅是个开始。

李元昊的多宗罪

李元昊当了西夏皇帝后，先后发动了对宋朝和契丹的战争，竟然还都打胜了。时局从此从发生了戏剧性的变化，形成了宋、辽、夏三分天下的格局。而李元昊也就是从这个时候开始，暴露出了他内心的扭曲和行为的变态。恰恰是他的变态，成了他丧命的原因。

庆历四年，没错，就是范仲淹在《岳阳楼记》里开篇的那句话，“庆历四年春，滕子京谪守巴陵郡”，即公元 1044 年，李元昊的手又伸向了契丹。他派人前往契丹，动员那些居住在辽地的党项人造反，然后归顺党项。此举遭到了契丹的镇压，可是李元昊带兵过境，竟然把契丹给打得满地找牙。这可真是狗胆包天，小小的党项难道真的是吃了熊心豹子胆吗？竟然敢在太岁头上动土，活得是真不耐烦了！

消息很快就上报给辽兴宗耶律宗真，耶律宗真勃然大怒，立刻传令，征讨党项！征讨？且慢！兴宗皇帝先省省吧，你的诏令刚刚传下去，国库里的粮食、财宝以及茶叶等重要物资，就被李元昊安插进来的奸细给放了一把火点着了，这会儿那火烧得正旺呢！耶律宗真一听，更是气得暴跳如雷，当众大骂：元昊小贼，朕一定要让你知道契丹人的厉害！

细究耶律宗真讨伐党项，其实还有另外一个原因，那就是契丹与党项的和亲问题。这是由耶律宗真的妹妹兴平公主嫁给李元昊所致。兴平公主自恃是契丹皇帝的妹妹，从骨子里就瞧不起李元昊这种没有教养且野蛮的乡巴佬，再加上李元昊其人性格暴烈、冷酷无情，两人关系非常紧张。时间不久，兴平公主就患上了抑郁症，最终在抑郁中死去。

因为妹妹的死，耶律宗真和李元昊之间产生了不可弥补的裂痕。而李元昊又趁此机会忽悠常年生活在契丹境内的党项人归族，使本来就已经出现裂痕的关系彻底破裂。也就是说，耶律宗真之所以要举兵打夏，是集国仇家恨于一身，与党项新账老账一起做一次清算。

由于被李元昊烧了粮草，直到这年的秋天，耶律宗真才集结起队伍，亲率十万精兵征伐西夏。但是他可能已经忘了，自从 1004 年，契丹和宋朝缔结了“澶渊之盟”后，契丹的军人已经整整四十年没有经历过如此规模的战争了，更不要说从耶律阿保机起兵算起，距今已经过去了一百三十七年。在人类世界史中还没有任何一个强盛的民族在经过一百三十七年后，其战斗力还会像起初那样勇猛无敌，曾经横扫欧亚大陆的罗马帝国做不到，强悍灭掉了埃及、巴比伦、印度三大文明古国的波斯也做不到，之后中国历史上的金、元、清等外来民族同样也做不到！

的确，耶律宗真没有考虑这些因素，他还疏忽的一点是，李元昊在打败了中原后，气焰已经嚣张到无法无天的地步。恰恰在这种情况下，党项的士气也最高涨，对于一个四十年没有经历大规模战争的契丹来说，不把各方面的因素都考虑全面就贸然进攻，无疑过于草率。

然而，历史就是历史，已经发生的所有事件，轮不到所有事后诸葛亮们去加以评判——即便评判了也不可能改变历史。宋庆历四年，辽重熙十三年，西夏天授礼法延祚七年九月，辽兴宗耶律宗真携太子耶律延禧统十七万大军御驾亲征，命南院枢密使萧惠、皇太弟耶律重元、东京留守萧孝友等分三路攻夏。

战争似乎进展得异常顺利，其顺利程度甚至超出了耶律宗真的想象，契丹大军以摧枯拉朽之势横扫党项的抵抗，这让耶律宗真错误地以为自己颇有当年耶律阿保机那种“见鬼杀鬼、遇神灭神”的气势。双方刚一交手，强悍的契丹就把党项打得落花流水，号称“常胜兵”的党项军在契丹军面前，毫无招架之力，四散奔逃。

耶律宗真大喜，号令三军乘胜追击，一定要生擒李元昊。然而，这个时候他的弟弟耶律重元却看出了问题。耶律重元当即提醒耶律宗真，两军相接并没有真正意义上的交手，党项如此溃败其中恐怕有诈。

耶律宗真也突然醒悟过来，没错，皇太弟说得太对了，李元昊此人诡计多端，万一中了他的圈套可就坏了。于是赶紧下诏，不要盲目去追，暂且安营扎寨，静观党项人下一步的动作。

正在耶律宗真犹豫之时，党项人的代表来了，而且是带着李元昊的亲笔信来的，带着满满的诚意，进门后就说了一句话，我是代表李元昊先生专程前来向战无不胜攻无不克的大辽帝国投降的！

李元昊真是把党项诈降这一优良传统发挥到了淋漓尽致的地步，而且屡试不爽。他的这一套小把戏，在中原，即使是个三岁的娃娃也不会相信，更不用说成年人了。这赤裸裸的诈降手段也太拙劣了，耶律宗真当然也不会轻易相信李元昊就这么轻而易举地投降，他冷着脸对来使说，要投降不是不可以，但必须要让李元昊亲自来说。

按正理说，耶律宗真也就是那么一说而已，因为他料到，即使借给李元昊十个胆，他也不敢亲自前来向耶律宗真投降。然而，事情的发生却偏偏没有按照他的思路往下走。让他措手不及的是，李元昊接到使臣的回报后，竟然真的来了，脱下了皇袍，只是一身轻便着装地来了，而且不带一兵一卒，就是他一个人来。进门之后，态度也表现得非常友善，非常真诚，恳切地请求耶律宗真的原谅，原谅他的一系列所作所为。

这场面连耶律宗真都晕菜了，早就设定好的剧本里可没有这一出啊！

司汤达曾经说过这样一句话：“人一旦被突如其来的意外所惊吓，思路往往会出现真空。”可见，一旦偏离了既定剧本情节，很多人就不知道这出戏往下再怎么演了。可以肯定地说，耶律宗真这时的脑子确实处在真空状态，他竟然接受了李元昊的道歉，而且两人交流得还不错。

其实最紧张的还是李元昊，临来之前，他也是矛盾了许久，把前因后果都仔细地考虑了一遍，实在想不出自己的所作所为哪一点能招来杀身之祸，这才冒险地只身走进了契丹的大营。在路上的时候他已经考虑好了对策，毕竟还算是亲戚嘛，耶律宗真总不至于无缘无故地就对自己前妹夫大开杀戒吧?

于是，进门后的李元昊就一个劲地认错，千错万错都是自己的错，怪自己一时糊涂犯下了不该犯的错误，万望光荣伟大的大辽皇帝陛下能大开皇恩，原谅小弟糊涂冒犯，以后绝对不再做任何对不起大舅哥的事情，云云。

在他们二人会面之际，韩王兼南院枢密使萧惠这个时候已经感觉到，如果不趁现在杀了李元昊，将来肯定会遗患无穷。于是就一直给耶律宗真使眼色，可耶律宗真这个时候还处在真空状态中，没有恢复过来，哪里能领会萧惠的意思，继续接受李元昊所提出的诚挚议和方案。

李元昊就这么糊弄着过了关，临走时，耶律宗真还亲自把他送出营帐。及至出了契丹大营后，李元昊这才把提在嗓子眼里的心放下来，什么话也不多说，上了马便绝尘而去。

萧惠见李元昊全身而退，急得连汗都下来了，追上耶律宗真就说，咱们错过了一次除掉李元昊的最佳时机。

耶律宗真不解地反问：此话怎说？

萧惠叹了口气说：敢咬主人的狗就永远也养不熟了！

耶律宗真这才恍然大悟，急命萧惠立刻起身，前往追击。

追？老虎已经放归山林，还指望着能再追回来任你宰割吗？这就是耶律真宗，如此朴实的智商也就注定了他的悲剧下场。

待萧惠集结起队伍前往追赶的时候，一切都为时已晚。愤怒的契丹往前奋起直追，“狼狈”的党项在前面拼命奔跑，两支队伍之间始终保持一定的距离。契丹人放慢了速度，党项人也慢下来，契丹人再追，党项人也就继续奔逃。两军之间的距离不远也不近，可就是追不上。党项人一边跑，一边把草原点着了火，一口气跑出了三十里。

第二天还是一样，两军上演了一场猫捉老鼠的游戏，茫茫原野上，前面十几万人在拼命地跑，后面十几万人在拼命地追。这样的情景如果放在今天，不知道该是一部场面多么宏大的电影。

到了第三天双方又跑出去很远，但是这时候李元昊却不再跑了，因为他知道，草原已经被他烧光了，契丹人也早已累得人困马乏，到了这个时候，估计他们携带的粮草也该消耗得差不多了。于是，李元昊就回过头来。

最先遭殃的是萧惠的先锋部队，正当他们累得上气不接下气的时候，突然听到四周传来毛骨悚然的呼啸声，刚刚还被追得“狼狈奔逃”的党项人，此刻却换了另一副嘴脸，凶神恶煞地挥刀冲向了契丹先锋大军。

毫无准备的契丹人一见这个阵势，顿时乱作一团，但是茫茫原野根本就没有藏身之地，就连原来的草都被李元昊一把火烧尽了，留给契丹人的只有准备好的一个超级大坟场！

党项人三下五除二地就把契丹的先锋部队收拾完了，李元昊一刻没停，带领他的人马又直扑耶律宗真的主力大军。就在党项人突然出现的那一刻，耶律宗真连做梦都不会想到，曾经战无不胜所向披靡的契丹大军，此时竟然也成了剥了皮的大蒜。数不清的党项人像失控的洪水一样席卷而来，手上的刀凶残地劈向了契丹人的脑袋，横无际涯的荒原上正在展开一场惨烈的屠杀，契丹人溅起的一片片腥热血液，在这个暮色深沉的夜晚染红了整个大地。

这一战，契丹败得太惨太惨，创下了一百七十三年来唯一的一次惨败纪录，不仅十七万契丹精兵全军覆没，而且随行的大臣不是被杀就是被俘，就连耶律宗真自己也险遭被俘的厄运，所幸他躲过了一劫。

也就是从这个时候开始，历史给契丹敲响了亡国的丧钟。

李元昊当真这么厉害吗？非也，真正厉害的，是他手下的几个人。

比如他手下的汉臣张元、吴昊。

在中国的辞典中，有一个意义特殊并且专门针对某些特定人群而设的名词：汉奸。他们引领外夷烧杀自己同胞，而且杀自己人时连眼睛都不眨。

关于张元这个人，史书上的说法不是完全一样，只说是华州（今陕西华县）人氏，生年不详，死于 1044 年，多次功名不第，于 1040 年去了西夏。这只是一个简之又简的个人履历，唯有南宋时期洪迈所著《容斋三笔》对此人有相对比较详细的介绍，此人有着极高的学养，熟读兵法，善用奇招，在与宋朝的战役中，不难看出他的手笔。比如好水川之战就是他一手策划和实施，并迫使宋朝与西夏城下议和，屈辱地承认党项的存在，同时每年给党项“岁币”开设榷场，史称“庆历和议”。

除张元之外，西夏的几员武将也是非常了得，其中知名度颇高的，当数野利旺荣和野利遇乞，不仅才智过人，而且勇猛无比，是设置在宋军前沿的心腹大患，连范仲淹也闻之胆怯，要想尽一切办法将这二将除掉。李元昊生性多疑的弱点，被宋朝名将种世衡利用，他使用了一招反间计，致李元昊上当，先后将二人斩弑。

关于野利氏兄弟二人之死还有另外一种说法，李元昊原来的老婆是野利旺荣兄弟俩的妹妹，后来李元昊又用卑鄙的手段撬了野利遇乞的老婆没藏氏，致使兄弟二人萌生了要投靠宋军的想法，以此来向李元昊讨一个说法，所以招来了杀身之祸。

不过，这两种可能性都存在。据《宋史 · 卷三百三十五 · 列传第九十四》记载，种世衡是很有计谋的一员大将，他利用了一个叫光信的和尚去向李元昊投降，并以宋朝的口气给野利旺荣送信，结果信件落在了李元昊的手里，导致野利氏全族被杀。至于另一种说法嘛，李元昊也确实撬了野利遇乞的老婆，并纳为妃子。

连这种事都能做出来，可见李元昊有多么卑鄙！

然而，对李元昊来说，如果这也算卑鄙无耻的话，那简直就是在表扬他，因为更加无耻、更加荒唐、更加龌龊的事还在后面呢。

走了狗屎运的李元昊不仅用诡计打败了大宋朝廷，迫使宋朝天子签订了“庆历和议”，让他的“大夏国”得到了中原朝廷的认可；同时，他每年还可以不劳而获地坐享宋朝“恩赐”的白银、丝绸和茶叶。更让他得意的是，不可一世的契丹也败在他的手下。大获全胜的李元昊变得愈发狂妄，自许天下第一盖世无双的神帝。

狂妄之人的下场往往都是以悲剧结束，“天下第一神帝”也逃脱不了这个厄运，就是从这个时候起，日益暴横淫纵的李元昊开始走上了一条不归路。

他不但把身边大将野利遇乞的老婆收了，就连他的儿媳没移氏也不放过。乱伦已经乱到了这个程度，李元昊也是在作死！

我们必须承认的一点是，党项人无论男女相貌都很漂亮。史料中所介绍的李元昊，也是一表人才。虽然党项灭族已经几百年了，党项人也逐渐地融入了汉族血脉之中，可他们的基因却一直保留到今天。只要去过甘肃、陕北的人都会惊诧地发现，这几个地方的美女特别多，尤其是陕北，没听说过那句话吗，“米脂的婆姨绥德的汉”，形容的正是这两个地区的男人和女人，而米脂和绥德这两个地方，恰恰是党项人实际控制的地区。野史传说，1227 年 8 月，曾经横扫亚洲不可一世的成吉思汗就是因为贪图党项美女，在甘肃清水县的萨利川丢了性命。

本来李元昊是要把没移氏给儿子宁令哥，可是，当李元昊看到了没移氏的美貌后，竟然动了心。在办理完宁令哥和没移氏的订婚仪式后不久，极度变态的李元昊就变卦了，把一顶绿帽子狠狠地安在了儿子的头上。

他和儿媳开始幽会。

大概所有的正常人都不敢苟同李元昊的口味风格。抢了宁令哥的老婆没移氏是因为她年轻漂亮，而偷偷再去趿拉上没藏氏这双破鞋，他的心理表现就不知道该怎么形容了。尤其是为了扫清他和没藏氏之间的障碍，不惜杀了手下重臣——曾经为其鞍前马后、立下了赫赫战功的野利旺荣和野利遇乞，李元昊该需要一种多大的勇气？

野利遇乞被杀后，没藏氏为了掩人耳目，就去了寺庙削发为尼了，但是这并不影响她和李元昊之间的野合。李元昊专门在后院开了一条直达寺庙的通道，两人之间明铺暗盖地勾搭，甚至在圣洁的寺庙也没少干那些媾和的勾当。也许李元昊觉得这么偷偷摸摸有失皇帝的体面吧，竟然将她偷偷迎进后宫，恣意快活。

纸总归包不住火，两人勾勾搭搭的行为惹恼了野利皇后，皇后的母狼嘴脸随之暴露。野利氏本来对李元昊杀了自己两个哥哥的事就窝了一肚子怨气，现在他又把自己的嫂子给搞到了床上，这事搁谁也得炸。于是，野利氏依仗着自己是太子母亲、正宫皇后的身份，怒气冲冲地找没藏氏兴师问罪，并大打出手，把没藏氏打得遍地找牙后，将她再度赶进了寺庙。

然而，谁也想不到，没藏氏竟然怀孕了。随着没藏氏的意外怀孕，一切都变得异常吊诡。

太子宁令哥的母亲恰恰就是野利皇后。野利氏总共生过三个儿子，大儿子李宁明知礼好学，不料喜上了旁门左道，在练功的时候走火入魔，被气“忤”了内脏，致无法进食而死。小儿子李锡狸幼年夭折，只剩下次子宁令哥。

史料上只有宁令哥的殁年却没有生年，按照他当时遇事的处理方式来推断，年龄估计也不会有多大。

这时的宁令哥也在长大，大约已经到了该结婚的年龄，可是父皇却没有为儿子举行婚礼的打算，虽然宁令哥也催过几次，李元昊也只是支支吾吾。直到没藏氏生下孩子，宁令哥意外地发现，自己的老婆怎么也在父王的卧室里，这才恍然大悟，自己稍不留神，曾经的老婆如今竟然升级为母后——这都是哪跟哪的事？

没藏氏生下孩子的时间是 1047 年 2 月 6 日。

得到这个消息的时候，估计宁令哥如五雷轰顶。也就是从这一天起，李元昊和宁令哥的生命都进入了倒计时。

一碗本来属于他的生米硬生生地被他爹给包成了粽子，而且还是个带馅的，这样残酷的现实让他没有办法接受。但是宁令哥即使有个天胆，这个时候也不敢去找李元昊兴师问罪，他只能把这股邪火撒在国相没藏讹庞身上。

当怒气冲冲的宁令哥闯进了没藏讹庞的家里要讨一个说法时，没藏讹庞已经打好了自己的算盘。

此时没藏讹庞所考虑的问题，并不是自己的妹妹嫁给了谁，或者是给谁生了孩子，而是如何能让李元昊废掉宁令哥的太子身份，重新立刚出世不久的外甥为储，这才是他要考虑的关键。他抬起头看了看一脸郁闷的宁令哥，一个史上最恶毒的“杀储立储”之计诞生了。

史书上没有记载没藏讹庞与宁令哥之间的谈话内容。但是通过之后事件的发展，我们不难看出在宁令哥刺杀李元昊的前后，没藏讹庞就像一个幽灵一样，始终出没在他的左右，所以，生性孱弱的宁令哥能出手刺杀李元昊，与没藏讹庞的挑唆有直接关系。

老婆上了爹的床，这事无论如何也让宁令哥接受不了，他在痛苦中倍受煎熬。然而，就在这时候，紧接着又发生了第二件事，让李元昊加快了死亡的速度!

历史事件的诡异往往来得都很突然，甚至突然到令人瞠目结舌的地步。正当宁令哥被痛苦折磨得死去活来之时，李元昊突然宣布废掉前皇后野利氏，立刚刚给自己生了儿子的没藏氏为皇后。

这就是李元昊找死的节奏了。

因夺妻之恨而被困扰了近一年的宁令哥，如今又面临着母亲失宠的厄运，而母亲失宠必然要影响到自己的地位，这使压抑在他内心的仇恨成倍放大，加上没藏讹庞的不断聒噪，终于让他下定决心，要对他爹李元昊下手。

这是1048年正月十五的晚上，喝得酩酊大醉的李元昊晃晃悠悠地往自己的皇宫走，突然墙角处有个黑影闪了一下，这如果在平时，早就引起了他的警惕。可那天的他喝醉了，步履不稳头重脚轻。就在这个时候，藏在黑影里的那个人跳到他跟前，只觉得一道寒光在他眼前一闪，他本能地侧过了头，却没想到自己的鼻子被锋利的剑刃给削了下来，痛得他顿时酒醒了，哇哇大叫。

第一个冲到现场的居然是没藏讹庞。他带着阴险的笑容看了一眼站在旁边呆若木鸡的宁令哥，命令手下把宁令哥抓起来，之后才将痛得鬼哭狼嚎的李元昊搀回皇宫。

李元昊终究没熬过一夜的痛苦，在凄惨的号叫中死去了。尽管这个极度变态的“西夏开国皇帝”已经死了，但是悲剧还没有就此结束。

据说在他临死前授命没藏讹庞，要他拥立宁令哥为皇帝。但没藏讹庞却没有照办，而是以谋反的罪名把宁令哥绑在柱子上，打得皮开肉绽后，再命刽子手将其拎起来，一刀把脑袋砍掉。

党项那几个能折腾的娘们儿

李元昊死后，西夏就进入了半个多世纪的太后听政时期。

没藏讹庞设计杀了宁令哥，使李元昊和没藏氏所生的儿子李谅祚顺理成章地继承了皇位，因皇帝年幼，由太后摄政，没藏讹庞监国。

这时的李谅祚确实年幼，而且不是一般的年幼，还不到一岁，屁股上还包着尿褯子的皇帝怎么可能临朝听政呢？所以治国大任必须要由皇帝的亲娘和舅舅来担负了。

李谅祚刚出生时，李元昊给他起名为宁令两岔，在党项语，意为喜欢得不行了。可惜啊，两岔是真的，李元昊为其丢了自己的小命也是真的。为了身边的女人，李元昊所付出的代价确实不小，假如说他在天有灵的话，不知道他是否会反思，为了这样的女人而招来杀身之祸到底值不值。

最后的结果证实：不值！

不过，对于他这种“活得龌龊，死得奇葩”的人来说，无论值与不值，两者之间还有什么区别呢？

没藏兄妹完全把控了朝政，把尚在襁褓中的小皇帝李谅祚深锁后宫，不许他出来看这个黑暗肮脏的世界。这倒不是说没藏兄妹的心地有多么善良，唯恐恶劣的环境玷污了小皇帝李谅祚的幼小心灵，而是出于一种将其永久尘封，兄妹俩独占江山的自私想法。然而，这兄妹俩可能忘了一个重要的信息，忘了李谅祚的爹是谁了。

狼走遍天下都要吃肉，这原本是动物界的丛林法则，但也适合部分人群。只要沿着李继迁、李德明、李元昊的血性轨迹捋一遍，也就能大概明白李谅祚将来会是个什么样的人了。当年李继迁曾经有过一句惊世名言，不要以为我不说话就代表会放过你。到了李谅祚这一代，这句话同样好使。

李谅祚被没藏兄妹在后宫里一锁就是十几年，十几年后，当他从深宫走出来，无论脸上还是心灵深处，都掩饰不住李家那些传统的桀骜与轻狂。虽然被没藏氏和没藏讹庞雪藏于深宫十几年，表面上他什么事也不知道，只是快乐地做他的“名誉皇帝”，朝政大小事务任由着没藏氏兄妹俩随意处理，只要没什么大事，不涉及他的人身安全就行；但是，这并不代表他什么事都不知道，因为他在皇宫里有卧底，而且不止一个。

卧底的名字叫毛惟昌和高怀正，两个职位不是很高的低级官员，可关键在于他们的老婆和李谅祚有着非同一般的关系：李谅祚是吃着她俩的奶长大的。毛惟昌和高怀正几乎每天都能把外面的新闻带回来向李谅祚汇报，李谅祚也就通过这种方式了解了外面的所有动向。且慢，两个低级官员再加上一个乳臭未干的小屁孩，无论如何也不可能搞定强大的政敌，如此说来，他的背后毫无疑问还站着一位高人，正是因为有高人给他支招，他才能够像顽强的小强一样活下来，否则，在那种错综复杂的政治环境下，即便李谅祚的能力再强，也不可能斗得过没藏讹庞。

那么这位高人究竟是谁呢？从种种迹象上看，此人应该是嵬名浪遇，又名李成遇，李德明的二公子，李元昊之弟。因为这个时候也只有他能替李谅祚站台挡枪，毕竟身份在那里摆着，任凭没藏讹庞如何狡诈，也奈何不了他。

看破不说破，这是让李谅祚能平安活下来的重要法则。他从来不敢忘记他祖先的那句名言，不要以为我不说话就代表会放过你。这才是他的生存法宝！

而显赫于朝政内外的没藏氏兄妹都在忙些什么呢？说起来，这两人都没闲着，而且各自都忙得不亦乐乎。先说没藏讹庞吧，这人很贪，不是一般的贪，即便把全世界的财宝都给他，他也绝对不会嫌多。从古到今，只要贪官能贪到不知天高地厚的地步，基本上也就活到头了。

没藏讹庞想钱都快想疯了，把敛财做到了极致。他甚至把手伸到了宋朝的境内，不惜冒着要和宋军开战的风险，派兵占下了宋朝境内麟州西北的屈野河（今陕西窟野河）地带的三十里土地，然后安排人过去耕种，而所有的收成全都归他个人所有。

面对这样一个要钱不要命的主，宋朝守将王韶都气笑了，也懒得和这些财迷心窍的野人去打，打什么打，打仗还得死人，干脆直截了当地关闭了边关上的榷市——直接进行经济制裁！

榷市被关，可不是个小事，毕竟事关每一个党项人的切身利益。于是各种上书、各种奏折、各种请愿、各种抗议也都纷至沓来，自摆乌龙的没藏讹庞自知理亏，所以也不敢怠慢，只能认㞞，交还土地，撤回农民。

不过这货最后还是不死心，在交出土地的同时，又在这片地里撒下了盐，使这块肥沃的土地就此变成了荒野。

而他妹妹没藏氏呢？也贪！只不过所贪的内容不一样，没藏讹庞贪的是钱，而没藏氏贪的是人。俗话说，三十如狼四十如虎，指的是女人的性欲。史书上没有注明没藏氏的生年，从年龄上推断，在李元昊死了十几年后，没藏氏应该已经到了虎狼之年，否则的话，也不至于饥渴到疯狂的程度。

说她饥渴，是因为她同时拥有两个男人，一个是前夫野利遇乞的财务官李守贵，另一个则是李元昊的侍卫官宝保吃多吉，一块老腊肉外加一块小鲜肉，一边一个，倒是快活。

偌大的兴庆府成为没藏氏恣意寻欢的淫乐窝，但是她疏忽了一个问题，恰恰是这个疏忽，最终让她成了一个孤魂野鬼。

论床上那点儿事，虽然老腊肉经验丰富，但是体力毕竟有限，上去个三下两下就被打回了原形；而小鲜肉就不一样了，年轻气壮火力正旺，左挺右挡游刃有余。这样毫无疑问地就形成了对比。就没藏氏而言，要选其中的哪一个作为长期床友，也就一目了然了。

说起来，这个没藏氏也是个蠢蛋，古今中外能把男人玩弄于股掌之中的强势女人有的是，比如武则天，什么薛怀义、张昌宗、张易之，不过都是些床上用品，呼之即来，一旦使用完毕赶紧下床滚蛋，稍不老实立刻杀之，这就叫手段。而没藏氏大概学的是秦始皇他老妈那一套，竟然和假太监嫪毐在一起生儿育女过上了日子，这不就是在公开地对所有人说，我活够了，你爱咋办就咋办吧！

既然活够了，那就成全你吧！

眼睁睁地看着没藏氏和小鲜肉宝保吃多吉成双成对地出入，老腊肉李守贵受不了这样的刺激了，心理的阴影面积可想而知。嫉妒让他起了杀心，他亲自挑选了几名高手，在没藏氏和小鲜肉兴致勃勃地去贺兰山打猎的路上，将这一对狗男女杀死。

时间是 1056 年秋天。

没藏氏一死，没藏讹庞的靠山立刻就倒了。这个时候他除了要灭掉杀人凶手李守贵一家替他妹妹报仇雪恨之外，当务之急就是要赶快再找一个能靠得住的靠山，以确保自己安然无恙。

于是，没藏讹庞化悲痛为力量，亲自把自己的女儿小没藏氏送进了皇宫，给年仅九岁的李谅祚当老婆，这也是尚未理政的毅宗皇帝李谅祚的第一位皇后。也恰恰是因了这位小没藏皇后的入宫，彻底把没藏讹庞一家送进了地狱。

小没藏皇后入宫后不久，就有一位亲戚前来探望，这便是没藏家族噩梦的制造者，但此时她的身份是没藏讹庞的儿媳、小没藏皇后的嫂子、其名尚不见经传的梁氏。

关于梁氏的出身有两种说法，一是说她是当地羌人贵族之女，而另一种说法则大相径庭，说她根本就是居住于党项地区的汉人。依照她的姓氏分析，支持第二种说法的人居多，甚至还有资料介绍说她有一个好听的名字，叫梁落瑶。但是查遍了所有的史料，发现这个名字没有任何出处，估计是那些写穿越小说的网络写手们给造出来的。

现在已经没有办法说清楚，梁氏和李谅祚究竟是什么时候勾搭在一起的，如果从 1056 年没藏氏被李守贵杀死，小没藏皇后入宫说起的话，似乎不是那么准确，因为这个时候的李谅祚年方九岁，如何能通晓男女之事。而梁氏十二岁就嫁给了没藏讹庞的儿子，此时进宫探望小没藏皇后时，肯定是在嫁入没藏家之后，所以这里只能根据理论上来推测，梁氏的年龄要比李谅祚大，至少要大三岁以上。

老谋深算的没藏讹庞这次是真的算错了账，他完全想不到，就在自己的眼皮底下，被他囚禁了多年的小皇上对自己的儿媳完成了男人该做的事。当这一切被他发现时，为时已晚。

李谅祚到底是李元昊的儿子，从这个时候起已经显露出西北狼的狰狞。

随着李谅祚的长大，没藏讹庞觉得有必要让这个熊孩子感到一种畏惧感，于是就更加严控朝政，并与大臣结党，凡意见相悖者均遭到排挤或者治罪。这一切李谅祚都看到了，但是他不说！

“不说”这个词在李谅祚身上体现得让人恐惧，似乎能看到他低着头翻开两眼往上看的样子，白眼仁所流露出的是腾腾杀气，但始终就是不提意见，既不表态赞同，也不明确反对。

尽管如此，还是有两件事让李谅祚对没藏讹庞动了杀机。当没藏讹庞得知高怀正和毛惟昌是李谅祚的卧底后，这个老不死的竟然在众目睽睽之下将两人直接杀死，并且对这两家施行了灭族。此举一出，地球人都知道，这就叫作杀鸡给猴看，让李谅祚以及那些还没暴露身份的卧底明白一个道理：没藏讹庞还是很会杀人的。

两位乳母的老公被杀，对李谅祚来说，相当于斩断了自己的信息来源，这个时候的李谅祚觉得他这位舅舅已经把刀架在了自己的脖子上，随时随地都可能要了他的小命。但是，看大堂上下，到处都是没藏讹庞的党羽，自己周围全是他的眼线，就连晚上睡觉也有人在监视他，他现在成了名副其实的"孤家寡人"。

李谅祚顿时有了一种毛骨悚然的危机感，虽然他仍然不说话，但已经意识到自己的处境。如何扭转局势呢？这个不满十五岁的孩子开始考虑他的动手方式。然而，摆在他眼前的最大问题是手下没人，毕竟是一个傀儡嘛，连通风报信的人都让没藏讹庞给杀了，谁还敢在这个时候听命于一个什么都没有的"名誉皇帝"呢？

连人都没有，还指望拿什么去和权倾朝野、手握重兵的没藏讹庞抗争呢？

背后的那位高人给他点了一个人，此人叫咩漫，原李元昊的一员武将，因看不惯没藏讹庞的独断专行而被解除了职务，目前赋闲在家。

接着说第二件事。

俗话说，纸包不住火，这话是一个真理。尽管梁氏和李谅祚一直都在谨小慎微地幽会，可还是露出了端倪。没藏讹庞的儿子开始对自己的老婆起了疑心，总觉得她有事没事地往王宫里跑，这里面肯定有问题。至于是什么问题，他自己也没有什么证据，仅仅是怀疑。

而晚上，没藏讹庞父子俩关于要杀掉李谅祚自立为西夏王的一席极为私密的谈话内容，很快就传到了李谅祚的耳朵里。

给李谅祚传话的，毫无疑问就是梁氏。

而李谅祚这个时候和咩漫的谈心也有了结果，两人最终结成了同盟。第二天上午，李谅祚突然约没藏讹庞到宫里来一趟，要找他商谈一件极其重要的事。

没藏讹庞毫无准备，一如往常大摇大摆地进了王宫。刚一进门，他突然意识到气氛不对，正要准备往外跑，身后却被一群兵给拦住了，领头的正是自己的死对头咩漫。

没藏讹庞的心彻底凉了，在这样的情况下，他唯有弯下那双尊贵的膝盖，向坐在大堂上那个十五岁的小屁孩跪地求饶。这时的李谅祚仿佛在转瞬之间化身为那个冷血的李元昊，眼神中射出的是两道咄咄逼人的寒光，那股寒气能把没藏讹庞活活戳死。李谅祚硬邦邦地吐出了三个字：去死吧！

没藏讹庞就这样死了，而且死的不止他一个人。残忍的李谅祚让他在极度恐惧和痛苦中，目睹了全家人被绑到刑场砍了头以后，才赐给了他一条白绫，让左右两个卫兵当场将其勒死。

但是有一个人没死，这就是把梁氏介绍给李谅祚认识的小没藏皇后。谁也说不清楚，李谅祚究竟为什么放了她一条生路，只是废了她的皇后地位，削为平民。至于她后来究竟如何，各种史料的说法也都完全不一样，有的说，过了几年后，李谅祚还是把她给杀了，也有的说她后来流落民间，隐姓埋名走完了一生。但无论哪种说法都不重要了，毕竟那个曾经权倾朝野、不可一世的没藏讹庞最终还是死于非命。

时间定格在1061年。这一年是西夏的奲都五年，李谅祚正式临政，立梁氏为皇后。

李谅祚这个人天生命苦，从十一个月大就接了李元昊的班当了皇帝，却被母亲和舅舅囚禁了十五年，终于熬出头了，没想到仅仅过了不到六年，那条小命就去了望乡台与他的列祖列宗会合了。李谅祚虽然执掌大位仅不到六年的时间，可是他给大宋边关带来的麻烦不比李元昊少。

李谅祚刚刚临政的时候表现得还不错，主动把当年没藏讹庞强占屈野河那三十多里的土地还给了宋朝，仁宗皇帝误以为这是个好孩子，连声表扬，孺子可教也。所以就重新开了榷市，恢复了岁币。

仁宗死后，英宗登位，西夏的老毛病可就又犯了，不过这次是宋朝那边惹出的事。

英宗登位之时，契丹、党项等地均派出代表团前往汴京祝贺。宋朝和契丹打了很多年，也议和了很多年，所以双方还能够做到礼尚往来。但是对于党项的态度就不一样了，自始至终宋朝从来就没瞧得起过这个靠偷抢起家的小瘪三，所以态度不怎么友好。

而党项派出的使臣名叫吴宗，算是个狂妄之徒，估摸着也没什么文化，就是个暴发户，削尖了脑袋要往贵族圈里挤。可是宋朝家大业大文渊深厚，压根就不理他这一套，于是，吴宗恼羞成怒，对宋朝的接伴使出言不逊，一通乱喷。

宋朝的接伴使却冷冷地看了他一眼，轻蔑地说出了一句惊世之言："当用一百万兵逐入贺兰巢穴！"

这话说得可够伤人的，但说出了宋朝的心声。宋朝上下，有几个瞧得起党项这条翻了身的咸鱼呢?

吴宗受不了宋朝的无礼羞辱，当即返回党项，把这话原封不动地又传给了李谅祚。李谅祚闻听此言，当即勃然大怒，率领党项军直接就冲进了宋朝的秦州等地，杀人放火无恶不作。这下惹恼了宋朝，宋朝断了岁币，关了榷市！

现在的人可能不知道过去榷市的重要性，这么说吧，党项人所需要的衣食住行等生活用品，绝大多数都是依赖于宋朝的进口，而他们的牛羊马等牲畜及其制品等也需要通过榷市进入中原。对于党项人来说，谁也不敢低估榷市的重要性，一旦惹恼了宋朝，说给你关了就给你关了。至于宋朝赐给的岁币嘛，就更容易理解了，那是李元昊豁出性命打出来的，“庆历和议”最后的结果不就是为这事嘛！岁币一旦让宋朝给停了，党项的那些“达官显贵”们还能贵得起来吗？

这就叫“辛辛苦苦几十年，一夜回到解放前”。李谅祚，你就作死吧！

这话还真让宋朝给说着了。1067 年 12 月，李谅祚突然受凉，其实这在今天算不得什么了不起的大病，也就是感冒之类，但是在缺医少药的党项，如此一个微不足道的小恙，居然能要了李谅祚年仅二十一岁的性命。

接下来，党项就进入了李谅祚的儿子李秉常时代。

说起来，李秉常的命运比他爹李谅祚还要悲催，李谅祚再不咋的，至少还有出头的那一天；可李秉常呢，窝窝囊囊了一辈子，一辈子都活在母后梁氏（史称大梁太后）的阴影之中。

李谅祚死的时候，李秉常还不满七岁。这样的年龄继位，皇权自然还是要由母后来掌控。在这一点上，梁太后要比上一任太后没藏氏会做得多，估计是从没藏氏身上吸取了教训。尽管她也让自己的家人来主理朝政，可没有像没藏氏那样，将大权全部交给她的弟弟梁乙埋打理，而是始终牢牢地抓住权柄，一刻都不敢松懈。

梁氏姐弟主政下的党项，从一登基开始，所做的第一件事就是剪除异己，结成母党。曾经帮助李谅祚灭掉没藏氏外戚集团的嵬名浪遇一家第一个就被梁乙埋赶出了兴庆府，流放到贺兰山腹地一个没有人烟的地方，任其自生自灭。之后，同样的厄运也降临到了诛杀没藏讹庞的咩漫头上，只不过梁太后没有让咩漫像嵬名浪遇那样在“世外桃源”里逍遥，而是走在半路上就将其杀死。

清除了异己后，梁太后将身边的亲信都罗马尾、罔萌讹等人都召集在自己左右，从而形成了一个庞大的外戚集团。这里特别要说的是罔萌讹，此人是梁太后的“贴身侍卫”，据说力大无比，“健壮如牛，顿餐斗粮，能举千斤之鼎”。原是奴隶出身，十九岁时被梁太后招募到身边做了警卫员，出入太后之门如入自家内室。一个小小的侍卫敢随便进入太后的房门？这里面的信息量可不小，不过史书上没写，我们只能靠自己去充分发挥想象了。

由于宋朝断了岁币，关了边境的榷市，党项内部穷困连连。梁太后以此向宋朝提出强势的要求：恢复岁币、重开榷市，并以塞门、安远两个寨子换回绥州。既然是请求，你倒是好好说话，可她用的并非商量的口吻，而是严厉的措辞，如果宋朝不恢复岁币、不重开榷市的话，就别怪我不客气了。

宋朝的神宗皇帝也不是个省油的灯，哪里会吃她这一套，所以就毫不客气地回了一句，岁币不给榷市不开，要打奉陪。

梁太后恼羞成怒，立即下令，倾整个党项的兵力，向宋朝开战。

1069 年 4 月，梁太后集结了三十万党项大军进攻宋朝的秦州，没想到刚一交手，就遇到了一员不怕死的守将，给她先来了一个下马威。

这员守将叫范愿。

范愿手里只有区区五千人马，却要面对三十万快要穷疯了的党项人，这场战争的输赢似乎毫无悬念。但是，结果却并非如此。

当党项人马刚刚出现在秦州城下的时候，范愿就突然打开了城门，一马当先地从里面冲出来，无所畏惧地杀进敌营，见人杀人，见马杀马，只要是活的，直接就是一刀，不大工夫，党项军内就一片哀鸿。

还没等党项人重新组织起来反扑，范愿已经收兵回城了。

这一顿厮杀把党项人直接给打蒙了，就连梁太后也被这阵势给吓得不知所措，在她的眼中，宋军不过是一群酒囊饭袋，哪里能想到，宋军竟然还有这么一群亡命之徒，只能暂且安营，另议计策。可是白天刚把党项砍了一顿的宋军并没有闲着，在夜深人静的时候又悄悄地出了城，只不过这回都是一身短打，而且每个人手里拿的是两只浸满了桐油的火把，神不知鬼不觉地聚集到了党项的营地。一声令下，所有人手里的火把全部点燃，然后在最短的时间内一齐投向党项人的帐篷。

范愿站在城楼上，望着城外熊熊燃起的大火，听着大营内所传来的悲凄号叫，豪气十足地哈哈大笑。在这个春天的晚上，秦州城外的上空被烈焰点燃，空气中弥漫着一片烧烤的味道。

党项军在短短的一天之内就连续两次遭到了宋军的沉重打击，损失了近三万人，这使梁太后暴跳如雷。她将所有军队兵分三路，对各路统帅下达了一条死命令，不惜一切代价必须拿下秦州城，违令者杀！

党项的进攻开始了，黑压压的党项人拼了命地向城池进攻，而守城的宋军同样也拼命抵抗。战斗在惨烈中进入胶着状态，党项人一批一批地死，宋军也伤亡惨重，鲜血把秦州城墙染成了红色。

尽管敌人的伤亡在宋军的数倍以上，可是范愿心里很明白，宋军已经到了死不起的关键时刻了。在等候援军无望的情况下，他只能号召全城百姓共同防守，同时把剩下的战士集中在关键据点，对进攻的敌人展开就地歼灭。

由于敌众我寡，宋军在经过了三天三夜的顽强抵抗后，残缺的秦州城终于被党项人攻破。在接下来的巷战中，范愿及仅有的几十名士兵与敌人面对面地进行厮杀，最后全部战死，没有一人投降。

当悲壮的秦州保卫战硝烟退去，今天，在所有的现代人所撰写的宋夏战争中，见到最多的字眼就是党项人如何英勇顽强，宋朝将士如何软弱无能，却很少有人描写宋军将士誓死保卫国家领土、以血肉之躯忠于职守、捍卫主权尊严的壮烈与不朽，这其中不乏一些名师与专家。

党项人在秦州所做的，依然是凶残的杀戮和抢掠。他们将屠刀挥向手无寸铁的妇孺和年迈的老人，因为城里几乎所有的男人和士兵们一样，都在这场战斗中壮烈死去，因此无辜百姓便成为党项人的杀戮对象。“活人依次受死，死尸成堆，活者仅十之有一，其余俱亡于夏人刀下。”秦州，这座西部重镇，遭遇了惨绝人寰的屠城之灾，让宋朝朝廷颇感震惊。

宋军虽然丢了秦州，但是党项并没有占到任何便宜，而宋朝的态度也极其强硬，没有做出任何让步。

自此，梁太后这个几近疯狂的女人对宋朝进行了轮番轰炸，在之后的几年中，几乎每隔几个月就要对宋发动一场大规模战争，她的目的简单可笑，就是希望通过战争方式胁迫宋朝恢复岁贡和重开榷市。然而，她的这些手段都不好使，强硬的宋神宗加上一个更加强硬的王安石，任梁太后再牙尖齿利，对方仍纹丝不动。

梁太后像个输红了眼的赌徒，穷兵黩武与宋朝对峙了几年后，终于消停下来，之后的党项与宋朝在边界上虽然冲突不断，但没有引发很大的战争。这种不冷不热的局面一直维持到 1081 年，才爆发了宋朝与党项之间的另一场大规模战争。

1076 年，西夏大安二年，党项第二位“名誉皇帝”李秉常年满十六岁。

李谅祚十五岁那一年，在嵬名浪遇、梁氏和咩漫的支持下，发动了宫廷政变，一举覆灭了没藏讹庞外戚集团后亲自临政，而如今他的儿子李秉常（假如是他的儿子）已经十六岁了，却还在母后及舅舅的压制之下，这事可就有点说不过去了。

李秉常决心要以他爹为榜样，他也找来了几位对梁氏母党心怀不满的人商量对策。其中大将李清向李秉常献计说，把黄河以南划给宋朝，以争取得到朝廷的支持，借力打败梁氏外戚集团。

李秉常当即表示同意，立刻委派李清出使宋朝。然而不幸的是，这么机密的消息竟然也能走漏了风声。梁太后在第一时间得知后，不动声色地在李清的必经之路上将他截住，什么话也没说，上前就是一刀，将李清杀死，同时也斩断了李秉常与宋朝的联络通道。在之后很长一段时间里，李秉常都一直在思考，究竟是谁把他和李清给出卖了呢?

随后，梁太后就带人过来找李秉常兴师问罪，母子之间没有问候，梁太后直接命令手下把李秉常给关押起来。

听到李秉常被囚禁的消息后，反应最为强烈的就是宋神宗赵顼，对梁太后的专横跋扈他早就耿耿于怀，当场就决定，发兵西北，教训一下这个臭娘们儿!

结果这场战争还是输了，失败的主要原因和李元昊打败耶律宗真一样，先取得了大胜，然后乘胜追击深达腹地，导致粮草耗尽，最终以失败告终。

李秉常在极其郁闷中终于熬死了梁太后。梁太后死于1085年，也在这一年死的，还有她的死对头——宋神宗赵顼。而在她死的前两年，逼迫李秉常娶了自己的侄女，即梁乙埋的女儿做皇后，而且两人还生了一个儿子。

这个儿子名叫李乾顺。

至于梁太后和罔萌讹的那个孩子最后的结果究竟如何，史书没有记载，所以也就不好瞎猜了。

说实话，李秉常的一生活得太窝囊，他就像一个站在前台的木偶，一举一动、一言一行都被母后和舅舅盯着，连自己的人身自由都受到了限制，成了一个活囚徒，被关押在距离皇宫十五里外的寨子里，五六十个警卫在保护他的生命安全，物业全天候服务，二十四小时内卫兵不请自来。

这皇帝当的，哪能不郁闷！

他以年轻的生命熬死了舅舅梁乙埋，接着又熬死了母亲梁太后，两年内该死的都死了，就在他长舒一口气之时，却没想到，他的路竟然也走到头了。

对于李秉常而言，用两句话就可以高度概括他的一生：生得窝囊，死得憋屈。他死于1086年7月10日，时年二十六岁。据说，在他死的那一刻，太阳突然被遮挡得严严实实，地上漆黑一片，整个党项为之骇然。

李秉常死后，西夏的皇位传给了他的儿子李乾顺，而为李秉常生下这个儿子的另一位梁氏也随之粉墨登场，史称小梁太后。

如果说，李秉常无论是李谅祚还是没藏的孩子，身上至少还有百分之五十的党项血统，但是到了李乾顺，就只有四分之一了，因为他的母亲是梁氏外戚集团的总裁梁乙埋的女儿，由此看来，梁氏专权后继有人，还得接着折腾。

自从李元昊死后，从没藏氏、大梁太后，再到小梁太后，党项已经历了三个太后把持朝政的世代，而这三个女人一个比一个狂妄，一个比一个不靠谱。

新科皇帝李乾顺时年三岁，代理他执掌朝政的，毫无疑问是他的亲妈小梁太后。也恰恰就在这个时候，大梁太后竟然死了，她死得很是时候，干净利落地给自己的侄女兼儿媳腾出了位置。

据估算，大梁太后死时大约四十五岁。

小梁太后没受什么委屈就顺利地从姑姑兼婆婆大梁太后手里接过

了党项的最高权杖，也继承了父亲梁乙埋的衣钵，主政之初就把自己的弟弟梁乞逋封为国相，以期梁氏母党能够继续传承下去。然而，事与愿违，梁乞逋却是一个不学无术的公子哥，除了吃吃喝喝及吹牛外，什么也不会，这点和他爹完全不一样，梁乙埋至少还懂得一些权术。

1092 年十月，党项的小梁太后在梁乞逋的忽悠下，亲率二十万大军，向宋朝环庆路发动了一场规模颇大的战争，意图以强硬的军事手段迫使宋朝妥协，目的依然还是老生常谈的岁币和榷市。

两军刚一交火，宋军因为兵力单薄就显出了败势，党项完全掌握了主动，一路穷追猛打，把宋军逼入了洪德寨，宋军成了瓮中之鳖，随时都有全军覆没的危险。

今天的洪德城依山傍水，南北两城呈一个大大的“8”字形，城外仅有一长溜开阔地带，地势极为险要，是宋代在环县修筑的唯一一座双城，规模相当于明朝环县城的两倍。据《环县志》载：“环县其疆域西北与宁夏固原势若唇齿，东北一带乃花马池、定边出入之要津，自灵武而南至郡城，由固原迤东至延绥，相距四百里，其中唯此一县襟带四方。实银夏之门户，豳宁之锁匙。”所以历代封建王朝皆于此驻游击一员，统兵扼守。

志在必得的小梁太后似乎并不在意对方主帅的真实意图，一味地指挥党项士兵向洪德寨发起一轮又一轮强大的攻势，但是她却疏忽了一点，二十万大军一旦集结到了城外狭长的开阔地，基本上就等同于找死。还有一点，宋军的统帅是刚刚上任不久的环应路经略使章楶，他可不是个平庸之辈，而且来头不小。这位章老夫子于 1065 年中进士，礼部考试第一名，直至 1091 年方以直龙图阁出任环应路并兼知庆州。

如果以上面的简历就把章楶判断为文官礼士，那可就大错特错了，这位章老夫子是货真价实的战场老狐狸，除了洪德寨战役外，在之后对党项的一系列战争中，尤以一场颇为著名的破袭战，把党项人打得闻风丧胆。宋军长途奔袭，依据章楶精准的计算，把党项精锐中的精锐“铁鹞子军”彻底打成生活不能自理——成为世界军事史中的一个典型战例，从而使党项再也不敢轻易进犯宋朝。战争狂人小梁太后受到了致命打击后，在不得已的情况下只能向契丹借兵，契丹不仅拒绝了她，还派出特使前往党项专程问候小梁太后，同时带去的还有一瓶能毒死黑熊的毒酒。小梁太后被逼饮下，在痛苦中死去。

时章楶率主力大军两万余人潜伏在附近的老爷山，眼看着党项军进入了洪德寨外的开阔地带，立刻命令手下以居高临下的优势向党项军发起进攻，一时间弩箭乱飞，擂石滚木齐下，再加上宋军所配的歼敌利器——虎踞炮，硕大的矢石与尖刺的铁蒺藜全部打向了党项军。

到午夜时分，党项军驼马受伤渐多，开始登山隐避。大约到了三更天，趁党项全部精力都集中在老爷山的宋军之时，城内的宋军突然打开城门，冲出一队骠骑直冲党项的核心。守城大将折可适一马当先，配合城外的主力，里应外合地对党项发起攻击，致西夏军马“自相腾塌，坠入坑谷，驼马、甲士枕藉积叠死者不知其数”。

被宋军这一顿暴打，彻底晕了菜的党项军竟然束手无策，马乏人困地聚集到河边暂且休整，却不知河水已经被上游的宋军下了毒药，“人马被毒死者居多”，党项遭遇了前所未有的惨败，就连小梁太后也在此战中险些丧命，一边逃跑一边脱下自己身上的黄袍和贵重首饰，从随军的民夫那里抢了一匹瘸腿驴，狼狈地从小道逃出，才免于一死。

这场景看上去眼熟。没错，当年赵光义兵败高梁河的时候，也上演过这么一出狼狈剧。

噩梦醒来天未亮

千万不要以为党项就这么轻而易举地让宋军给打趴下了，如果真的这么轻易地被打败，那可就不是党项了。

无论古代还是现代，越是那些穷得当裤子的破民族越有一种好斗的情结，明明知道自己已经到了穷困潦倒的地步，却还要硬撑着。

党项人就是这样。

挨了一顿臭揍的党项确实消停了一阵子，在那些日子里，小梁太后被笼罩在失败的阴影里夜不能寐，几乎天天都做噩梦，所梦到的全是宋军、漆黑的夜、埋伏的兵、下毒的河、难破的城，还有从天而降的擂木滚石，以及那个能撒下成堆成堆大石头的破机器（虎踞炮）。五年过去了，这个不知死活的娘们儿，从开始的害怕，到后来的痛恨，又萌生出报仇雪耻之意。

但是这五年，宋朝也发生了一系列变化，打完仗的章楶既没有功也没有赏，稀里糊涂又被调回了东京汴梁，周旋于那些闲得蛋疼的官员之中。而接替他的则是荣登“北宋奸臣榜”的吕惠卿。这老贼刚来到此地时，觉得自己终于摆脱了是非之地——京城，来到这么个山高皇帝远的地方，以图用自己的“能力”堵住朝廷上诋毁他的那些人的嘴。

当代国学大师南怀瑾曾经说过这样一段话：人生有三个错误不能

犯：一是德薄而位尊，二是智小而谋大，三是力小而任重。吕惠卿把这三条都占满了。

起初，他为了坐上高位，不择手段地利用王安石往上爬，打着拥护变法的幌子，极力表现自己。当他的目的达到后，立刻就与王安石翻脸。因此，在朝廷上，无论新党还是旧党，都视他为敌，而他还自以为荣！

绍圣三年（1096），丧心病狂的小梁太后集结党项五十万人再度进犯宋朝。

这次她选的对象在鄜延路，为首的是党项超级悍将嵬名阿埋和妹勒，目的有两个：一、彻底打败宋朝，要回失去的岁币和重新开通榷市；二、报洪德寨之仇。

这下吕惠卿傻眼了，就算五十万只蚂蚁发起进攻，也能把城池给啃噬殆尽，更别说来的是五十万年轻气盛、把宋朝当作死敌的党项人！而这个时候，整个鄜延路总共加在一起才有五万兵，双方一旦开战，五万肯定打不过五十万，即便是守，恐怕也很难守住。吕惠卿到底是从汴梁来的京官，自然有他的办法：打不过，跑可以吧？

当小梁太后带着党项军冲进鄜延路，准备大肆杀戮抢掠一番的时候，却发现那儿就连鬼都不见一个！好不容易攒足了劲要狠狠打一顿宋军，没想到扑了个空。依照小梁太后的秉性，肯定被气得暴跳如雷。于是党项人掉头西行，来到了另一座重镇——金明寨。

五十万人攻破一座金明寨，那太简单了。就算金明寨建得再坚固，守军们再顽强再勇猛，也抵挡不住五十万大军的进攻。

金明寨很快就被攻陷，破城而入的党项军对城里的守军开始了毫无人性的血腥杀戮。城内总共两千八百多人，除了战死者和五个藏身于尸体之中的人侥幸活命外，其余被俘的人全部被党项人残忍杀害！

这就是吕惠卿的所作所为。《宋史》是这样介绍他的“事迹”：

绍圣中，吕惠卿复知延州，途出西都。时程伊川居里，谓门人曰："吾闻吕吉甫，未识其面，明旦西去，必经吾门，且一觇之。"迨旦，了无所闻。询之，则过去已久。伊川叹曰："从者数百人，马数十，能使悄然无声，驭众如此，可谓整肃矣。在朝虽多可议，而才调亦何可掩也。"厥后，夏人欲以全师围延安，惠卿修米脂诸寨以备寇。寇至，欲攻城城不可近；欲掳掠则野无所得；欲战则诸将按兵不动；欲南则腹背备受敌。留二日拔栅去。小人固有其才哉！

这个时候，朝廷才明白，这位吕先生能耐不过如此。当宋哲宗要招章楶进殿的时候，那些因为吕惠卿究竟是作为还是不作为而争吵的面红耳赤的文臣们，突然就安静下来，再无争辩之声，新旧两党的意见格外统一，如要对付党项，非洪德寨战役的指挥者章楶莫属。于是，一张诏书又把他给调回来，哲宗皇帝的安慰奖状发了一大批，车轱辘话说了一大堆，最后才说出了主题，由他来全面指挥对党项的自卫反击战。

章楶这个人最大的好处就是能自始至终地保持清醒。该狠的时候他比谁都狠，但是到了该低调的时候，他绝不张扬。从他任京东转运判官、湖北刑狱到成都路转运使，所到之处政绩满满。大概就是因为他的这种低调做人的处世方式吧，和他自己所总结的军事思想一样，简单实用，但没有谁能猜透他的心思。

而今，颓废中带着沧桑、唏嘘里不露感伤、低调中透出冲天霸气的章楶，又回到了他之前的位置上，以他满满的豪情，要给党项人挖一个大坟墓，来祭奠所有在与党项人征战中死去的士兵！

在西北战场上，几乎没有人能弄明白章楶到底要干什么，不要说党项人，即便是宋军中能明白的，也不超过两三个人。且看能明白章粢的这两三个将领都是些什么样的人物吧：头一位，老将苗授，有勇有谋，永远身先士卒。他那套打仗设备看上去挺新奇，胸前后背背着两块破铁皮，一上马就当啷当啷直响。他使用的兵器只是一把锄地用的锄头，头上戴的是一顶大斗笠。这副打扮无论谁看了都忍不住想笑，这哪里是冲锋陷阵的将军，分明是个中原老农民的形象。

第二位叫种朴，这是一位爷，一位自小就在西北军营里滚大的爷。他是前西北边塞著名守将种世衡的孙子，正牌的高干子弟。种世衡打仗从不按套路出牌，我行我素，这仗怎么打你得听我的。最经典的案例就是使出了一招离间计，让李元昊杀了野利弟兄俩，事后李元昊明白过来，气得要死。可能得到了他爷爷的亲传，再加上他的“勤奋”，在与党项军交战的过程中，种朴稀奇古怪的鬼点子特别多。最重要的是，这些点子简单实用，比如洪德寨一战中，在老爷山上给党项人在河里下毒的损招，就是他的杰作。只有党项想不到，没有种朴做不到。

还有另外一位，沙场宿将郭成，这是个见了酒比见了女人还亲的酒鬼，一天到晚醉了不醒醒了再醉，喝醉的时间比清醒的时间还长。就是这么一位，前不久在南方与交趾的交战中，前一晚因为喝醉了酒，第二天上战场竟然忘了带兵器，手里只拿了一只酒壶，就稀里糊涂地来到了阵前。距离敌营约有二十米的时候，他的手突然一挥，将手里的酒壶给扔出去，敌方大将毫无准备，脸上就被狠狠地砸了一酒壶，随即跌落下马。而此时的郭成突然像变了一个人，拔出剑拍马冲进了交趾大营，只一剑就将落马之将的首级拿下，直到战后才知道，被他一酒壶打下马的那员将军，是交趾王李乾德的三王子李洪亮。

当然，西北战场上绝对不止这几个人，有不要命的疯子折可适，变态杀人狂魔姚雄，还有一个王恩，党项人称之为鬼见愁。一个古灵精怪的章粢，再加上三个活神仙，后面还跟着一大群亡命徒，小梁太后这次怕是凶多吉少。

不过，别急。章楶似乎并没有要大举进攻的意思，而是在专心致志地做两件事。第一件事，他把折可适、王恩、姚雄等几个人都放出去，每人各领一支部队，目标：党项；目的：杀人；兼职：抢劫。章楶又专门对每个将军面授机宜：从现在开始，你们就是游弋在党项边界的土匪，只要是党项的，无论是人还是物，该杀的杀该抢的抢，千万别客气。至于杀多少人才算完成计划呢，这个不设上限，上不封顶下不保底，看你们的能力了，杀三千两千不多，杀三十二十也不少，事干完不得久留，杀完人马上就走，绝对不要和那些党项主力纠缠。同时还对他们提出一个要求：必须保证把手里的事干完再回来，这期间可以在党项地界可劲儿地折腾！

这第二件事嘛，就是建两座城，只是这事比较保密，只有苗授、种朴和郭成几个人知道。

其实，就是用腿肚子去想也能想明白了，这四个人凑在一起所建造的这两座城，估计不会是什么好地方。但是，章楶还是给这两座城起了两个没什么文化的名字，大一点儿的叫作石城，后来改名平夏城；小一点儿的叫作好水寨，后改名灵平寨。估计这两个城的最初命名都出自种朴，因为从名字上看比较符合他一贯的气质，无论怎么听都觉得有一股说不出的邪意。

邪意？如果真的就这么简单的话，那可就对不起种朴这位邪恶大师的无限创意了。大师出手，必定要把种家的思想贯穿于其中，以便让党项人永远记得，在这个地方曾经领教过的一种恐惧，并且要让这种恐惧融化到党项人血液里。再过三百年，当他们提及此事和种朴这个人的时候，仍然会有头皮发麻心惊肉跳的感觉。

这就是种朴！

很快，边界上那些土匪就传回了消息，各位将军都杀得很尽兴，累计斩敌一万多人，抢劫物资不计其数，什么牛马驼羊一样都不少，一趟一趟地往回赶，忙得不亦乐乎，同时要求章老夫子批准，再扩大一下战果如何？

章楶正在忙着建他的城，这时已经基本完成，在做最后的完善工作。听完了属下的要求后，头不抬眼不睁地直接就给一巴掌拍死：不准，只能在方圆不超过一百里的地方活动，并且做好随时回防的准备。

平夏城终于建好了，小梁太后也极为配合地登场了。坐在车里的她，远远地望着草原上突然出现的这两座破城，就像两道专破党项风水的黑符，杵在党项的境内。说实话，那两座城从外观上看，确实不怎么好看，乌突突地出现在一片绿色之中，要美感没美感，要气质没气质，与周边环境极不协调。小梁太后不由得心生恼怒，下令人马冲过去，要把那俩破玩意儿拆掉。

前来参与拆除这两座钉子户的党项人总共不下十万人，等他们拍马赶到近前一看，都有些发蒙，这是有手的人盖的城吗？城墙歪歪扭扭，城墙下的壕沟挖得倒是挺宽，可该深的地方不深，该浅的地方不浅，很明显这是一个豆腐渣工程。更可气的是，城门楼上的旗杆，竟然也和这座城一样歪斜。在旗杆下的城垛里还有个醉鬼，举着手里的酒壶，咧着嘴也不知是嘲弄还是傻笑，乐呵呵地看着城下人头攒动的党项人。

小梁太后下令：进攻！于是党项人就纷纷跳进了壕沟，潮水般地涌向了平夏城。然而，当他们跳进壕沟后才发现，沟底是被处理过的，表面的浮土下，是一层极黏的糨糊，下去后几乎让人抬不起脚。这就是种朴的杰作，不过，这才刚开了个头，邪恶大师的作品哪有可能让党项人读一遍就能彻底明白呢？

正当壕沟里的党项人还在奋力挣脱的时候，让所有人都想不到的是，城门突然在这个时候从里面打开，从城门里冲出了一队人马，面对十万强敌他们丝毫没有畏惧，扯着嗓门发出惊天动地的怒吼，抡着大刀直直地就杀进了人的海洋。

领头的就是那个杀人狂魔姚雄，双手各持一把鬼头大砍刀，闭着眼什么都不看，只要是能活动的一律先砍再说。不一会儿工夫，就已经砍倒了一大片。而在外围的小梁太后等人还在思索怎么破城呢！他们怎么也没想到，突然遭遇了这么一群凶神恶煞的催命鬼，他们手里抡着大刀，兜头就劈。党项人一看势头不妙，掉头就跑。

可是刚跑出去没多远，突然从后面又冒出一个头戴斗笠手拿锄头的大汉，颌下留着两撇黄胡子，领着一群脏兮兮的宋兵从背后堵住了党项的退路，不讲套路也没什么章法，手里举着明晃晃的刀刃，二话不说就往党项人头上劈。

被砍蒙了的党项兵四处溃逃，留下了一路尸首。宋军好像对追击也没有太大的兴趣，象征性地追了几里路，便收了兵，茫茫大漠深处，只有东一伙西一撮的党项兵，惊魂未定地看着远去的宋军。但是他们没有意识到，更大的危险早就埋伏在他们眼皮底下。

第三拨宋军在“鬼见愁”王恩的率领下接近了党项。

战役很快就见了分晓，尚未做好充分准备的党项人纷纷逃窜，小梁太后也在士兵的护卫下快速离开了战场。临走前她抬起头往城楼方向瞭了一眼，恰好与一个蓄着两撇八字胡，手里拿着一把扇子的人的目光对在了一起，只觉得那眼神里透出了清晰的“邪恶”二字，让她不寒而栗！

这种感觉说白了就是害怕，从小梁太后掌权、与宋军打仗的那天起，她从来没有过这种感觉，即便是洪德寨一战输得那么惨，连她自己都险些丧命，她也没有这样的感觉。然而今天仅仅是与楼上的那个人对了一下目光，竟让她心生恐惧，她自己都觉得不好理解。

当苗授和姚雄会师的时候，城外的壕沟里已经堆满了党项人，死亡人数就不用再去清点了，光俘虏就足足有三万人！

手下过来请示，这三万俘虏怎么处理？满身是血的姚雄几乎连想都没想，嘴里就冒出了令所有人都感到惊悚万分的两个字：埋了！

姚雄之所以用如此极端的方式处置党项俘虏，其中有三个主要原因：一、如果把这三万人再释放回去，将来还是进犯疆土的生力军；二、如果把这些战俘留下，吃饭本身就是个问题，边关的粮草本来就紧缺，怎么可能有更多的粮食给他们吃呢？三、也是最重要的一点，所有在边关的将士都对党项人的一次一次烧杀抢掠痛恨到了极点，他们的手上都沾满了汉人的血。

一场战役下来，战死一万多，坑杀三万多，这一战强烈地震撼了整个党项。只要提起姚雄的名字，所有人都吓得面如土灰。就连狂妄一时的小梁太后也是心有余悸，但是，她倒并不关心坑杀党项人的恶魔姚雄，而是那个站在城楼上蓄着八字胡、眼神里充满了“邪恶”的家伙。她一定要查出这个人到底是谁，否则的话就连睡觉都要做噩梦！

答案很快就有了，此人姓种名朴，种世衡之孙，种谔之子也。

小梁太后倒吸了一口冷气。种家自始至终都在扮演着党项克星的角色，无论种世衡，还是之后的种家三虎——种诂、种诊、种谔，都是让党项人闻风丧胆的宋朝将领。种世衡自不用多说，只说这种家三兄弟，一个比一个猛，尤其是老三种谔，更是以残忍出名，仅米脂一战，就将八万西夏兵活活冻死在无定山。

不过，这个时候的小梁太后尚未真正领教种朴的厉害。按照小梁太后“有困难要上，没有困难创造困难也要上”的一贯作风，无论是为了三万名屈死的党项俘虏，还是为了那个尚未正式交手的种朴，或是那杵在她眼眶子里的两座违章建筑，她都要想尽一切办法争取到一个与种朴过招的机会，而且这一次她必定要押上血本，以倾国之力作为赌注，否则她将永世都没有翻本的可能了。

这步棋的走法早就在章楶的预料之中，因为这座丑陋的平夏城就是他布下的一颗棋子，他料定了党项人必定会不计成本地将其强拆，所以他启用了最善于使用“以毒攻毒”之计的种朴来做整个设计，又安排了最擅蒙人的郭成在此驻防，然后四周埋伏了苗授、姚雄、折可适各带的一群亡命徒。为了保险起见，还专门在四周稍远的地带设置了两伙劫匪。

一个党项人专属的超级大坟场宣布建设完毕，只等那些即将前往阎罗殿报到的客户们入住！

我们不得不承认，战争确实是一门艺术，一门残忍的、血腥的艺术。从战术的设计到实施，整个过程的布局、安排、推算，还有角色的设置、地点的选择、配备的方向，以及周边地区的警戒、协防、天气等，所有细节都必须一一精确计算到位，必须把所有的可能与不可能的因素全都考虑在内。

其实章楶并不懂什么叫作兵法，但是他的长项在于计算，知道在什么位置上该用什么样的人，什么样的人在什么样的时间里可以出击，出击的时候选择什么样的方式进入战斗，进入战斗的时候又该用什么样的策略，什么样的策略是决定这场全面战争胜负的关键因素！

一切准备得当，只等敌人入瓮。1098 年十月，宋元狩元年，小梁太后经过了一年的备战后，集结了党项最后的三十万有生力量，来到了距离平夏城三十里开外的地方，要和宋军主帅章楶做一场生死较量，同时也正式对外宣布，此次她就是为了找死而来。

其实小梁太后布局并不是外行，甚至也是经过了缜密的思考和推演之后，才做出了这样一个决战方案。皇族大将嵬名阿埋率大军专注攻城；名将妹勒带领三万精兵在周围游弋，严防宋军的援兵；党项的驸马罔罗埋伏在罗萨岭附近，随时警惕熙和路的宋军偷袭党项的背部；另一员皇将嵬名济驻守在白池，死死扼住鄜延、秦凤通往平夏城的咽喉，待战役开始后再逐渐移步主战场，以强势兵力全部歼灭宋军。

然而，百密总有一疏。她大概忘记了最致命的一点，在平夏城里等待她已经多时，并且在此与她决一死战的那个人是谁！

想来，战争就像电视里所演的狮子追羚羊，狮子追不上羚羊，充其量只是丢了一顿饭，而羚羊一旦跑不过狮子，丢掉的却是自己的性命。这个比喻无论对小梁太后还是对章楶，其实都一样，因为双方都下了最大的赌注，无论是谁这都是一场输不起的战争。

总攻的鼓声终于擂响，数十万党项人像一群蚂蚁，密密麻麻地奔向了平夏城。因为有了上次吃亏的教训，进攻中的党项人不但分出了兵种，而且每个士兵的身上还背着草编的席子和铲除糨糊的铲子，在一阵阵令人恐怖的呼叫声中，密集地冲向了那座破城。

工程兵在城外架设了攻城梯和攻城架，地道兵像一群土拨鼠，拼命在平地上挖地道，弓箭手选择在有效射程内不停地向城内射箭，以压制守城士兵的反击，还有投掷手向城墙上甩绳索。各兵种分工不同，都在拼命忙活，为的是尽快攻破此城，全歼宋军。

但是，守城的宋军主帅还是那么不清醒，手里继续端着他的酒壶，时不时地从垛口往下看一眼。当党项人的工兵终于挖通了地道，兴奋地钻进城内时，却发现外墙不过是一个幌子，真正的城墙居然在城门的里面，而且被间成了一块一块，四周都是墙壁。当然他们更不知道的是，在他们的头顶上有一个巨大的石碾，只要进了内墙就永远没有活命的机会了。就这样，一队一队的工兵被从天而降的石碾砸成了肉酱。

而攻城梯的命运也好不到哪里去，那些顺着梯子往上爬的党项兵们，无论如何也想不到，就在他们第一个即将摸到垛口的时候，城墙中间的石头却被人从里面抽开，两把大锯同时作业，不多一会儿，架好了的梯子就断成两截，一群一群地上，又一群一群地跌落下去。至于已经登上攻城架的士兵，则被城墙上倾倒下来的滚开的油直接炸熟。

这就完了？如果说这么简单的话，那就不是章楶了。白天攻城累得筋疲力尽的党项兵们，即使能想到宋兵有夜攻的爱好，也实在没有劲头去对抗了，进了帐篷一个个就像死猪一样，连动都不愿动半步。这可给那些白天吃饱睡足的宋军们提供了绝佳机会。埋伏在四周的苗授、姚雄和折可适趁着黑夜再次发起进攻，冲进党项大营一顿猛杀猛砍，临走再放上把大火，这才心满意足地离开。

白天的攻城毫无建树，晚上又遭到了夜袭，不但连宋军的毛都没伤到，自己反倒搭进去几万人，这时的小梁太后已经彻底疯了。然而这还不是最坏的，让她更加接受不了的，是驻扎在罗萨岭的党项军，一夜之间被宋军全部歼灭，党项驸马罔罗的首级被悬挂在罗萨岭营地的旗杆上。这远远没有结束，还有一个能让她七窍出血的噩讯：她的辎重和粮草居然被宋军给劫了！

农耕民族劫了游牧民族的粮草，这可是惊天的大新闻，听上去都不像话，就好像一群年轻力壮的大老爷们儿被一个小姑娘给暴打了一顿一样，怎么听都像是编出来的故事。

小梁太后实在不敢相信这一切，更不能接受这一切。可是这就是现实，现实的残酷让她目瞪口呆，只能眼睁睁地看着平夏城外变成了党项人的露天停尸场！直到这个时候，她终于明白过来，自己被一个高人给算计了，再继续下去也没什么好结果。于是，她决定暂时退兵。

来得容易，要走可不是那么简单。章楶一招狠似一招的毒计，已经把党项彻底推向了死亡的边缘，粮草没了士兵们吃什么？帐篷烧了晚上住哪里？西北高原的天气到了这个时节，可真就是个孩子脸，说翻就翻！况且一路上还有那么多伏兵，随时都有可能冒出来再恶狠狠地咬上一口。

果然，一路溃败下来的党项军，还没等自己喘口气，平地里就突然冒出一支宋军。以折可适为首的那帮抢劫犯们，在抢完了党项的粮草后并没有离开，而是在原地等候着战败溃逃的党项大军，出其不意地打他们一顿措手不及，顺手再继续抢掠一批战马和随身携带的衣物粮食，让党项人在上千里的茫茫草原上束手无策——没有马，累死他们，累不死也饿死他们，饿不死也能冻死他们！

第一波的伏击让党项人就吃了一个大亏，可到了这时候，吃亏是福，至少自己的小命还在，先跑出这个是非窝子再说。然而，前面还有人马，当头立着一面大旗，上面绣着让所有党项人头皮发麻的一个大大的“姚”字，杀人恶魔姚雄在前面等着呢！姚雄不抢粮食也不抢马，他关心的是人头，只须看到他的马前挂着一大堆血淋淋的党项人头，就知道这位是地狱派来的索命阎王，毕竟三万多党项俘虏被他活生生地坑杀，只要是党项人，谁听到这个名字不吓得胆战心惊？

结果第二波伏击又让党项人丢了几千条命，小梁太后更是懊恼不迭，估计骂了一万遍出门没看皇历之类的话。别急，苗授在前面已经恭候多时了，目的只有一个——砍人！

好不容易逃出了惊心动魄的三劫后，小梁太后终于进入了党项境内。但是当她意识到此处与兴庆府的距离时，那颗心再度凉了，帐篷被烧了，粮食被劫了，马被抢了，在这样的天气里，如此遥远的路程，没有马的话，这得走到何年何月？就在这个时候，她突然想到了距离此处不远的镇戎军，既然章楶把主力都放在了平夏城，这个时候的镇戎军应该是空虚的，何不乘此机会捞一把？还有这么多人，攻下一个镇戎军易如反掌，如此一来，吃的喝的住的就都解决了，还能给自己挽回些许颜面。

于是，她把令旗指向了镇戎军！

而这个时候最为紧张的，莫过于章楶，虽然看上去党项已经惨败而走，可小梁太后手里毕竟还有二十万大军，而自己把全部家当都押在了平夏城，万一党项打一个回马枪，随意去攻击任何一个城池，对宋军而言都将是一个灭顶之灾。

怕什么偏偏来什么。就在章楶一筹莫展的时候，党项果然掉转方向，把攻击目标对准了距离边界不远的镇戎军。章楶闻报，脑子顿时就大了，这一次镇戎军在劫难逃，麻烦大了！

这个时候镇戎军守城的全部兵力仅有三千人，而且还都是些上不了一线战场的老弱病残，这么一点守兵的镇戎军，即使铜墙铁壁也顶不住党项二十万大军的猛攻！

章楶吓得面如土色，就是现在立即调动部队增援，也已经来不及了。他急得在屋里团团转，嘴里不停地默念：听天由命，听天由命。

大概这句"听天由命"是章楶的咒语吧，听天果然由命，只不过是要了党项人的命。就在党项大队人马已经逼近镇戎军的时候，天突然变了，一场极为诡异的大雪从天而降，到了夜间气温骤降。而守城的士兵也学了当年杨延郎的那一招，趁机在城墙上泼上水，使镇戎军变成了一座冰雕玉砌的琉璃城，晶莹剔透，看上去甚为壮观。

党项人一看眼都直了，别说攻城，能走到城墙下面都费劲。就连老天爷都帮宋军的忙，小梁太后彻底绝望了，有气无力地喊了一声，撤！

撤？还能撤得了吗？漫天的大雪早已迷失了回程的路，再加上已经一天没吃过一口粮食了，党项兵们精疲力竭，已经没有办法再走一步。所以大多数人干脆就地坐下，他们直接选择了冻死！

第二天早上，当折可适带着前来救援的部队赶到镇戎军的时候，他被眼前的一幕给吓得呆住了：党项人全被冻成了冰棍，直挺挺地倒成一片，看上去活着的可能性很小。十万军队就这么冻死在了这场大雪中！

老天爷拯救了镇戎军的同时也拯救了章楶！

千里奔袭天都山

1099 年，新千年第一个世纪即将过去，此时注定要给这个世界留下点惊心动魄的故事，给血腥的历史再增添一些无法抹去的残酷记忆。

这一年的事确实不少，欧洲一群穷得连裤子都穿不上的屌丝们，在教皇乌尔巴诺二世的鼓动下，为了实现快速脱贫的目的，组织起了“十字军”，打着圣战的旗号从拜占庭出发，渡海进入了小亚细亚，成功偷袭了塞尔柱帝国都城尼凯亚等地，在这里他们第一次知道了来自东方的茶。

但是这些穷困潦倒的欧洲人并不知道，这种又苦又涩的树叶究竟是用来做什么的，于是得手之后便又丢弃。过了大约三百年，一场令人惊恐的大瘟疫在欧洲地区蔓延时，他们又为自己的这次随意而追悔莫及！

十字军于 1099 年 7 月 15 日攻破了圣城耶路撒冷，在城内疯狂地杀戮与抢掠的同时，他们第一次知道了天下竟然还有如此美味的食物——糖，这些该死的异教徒们，他们竟然每天都能吃到糖！

无独有偶，百年之后的女真进犯中原的一个重要原因是，宋朝人竟然每天都可以喝到茶！

也就在这一年，距离耶路撒冷万里之外的东方，在一场刚刚结束的战役中，被突如其来的暴风雪活活冻死的十万党项军人，他们的尸体还没有完全掩埋，另一场战役已经进入了紧锣密鼓的准备阶段。

从司马迁开始，中国历史上的史学家就成为一个很有意思的职业，他们几乎都带有一定程度上的偏见或很重的个人意愿去编写史书，因为加入了很强的个人情绪在其中，这样的史书传留下来的本身就可能有失公允。而对一些重大的历史事件，往往只有片言只语、一笔带过，即便后世的学者们再去进行补充，也只能在原本的基础上进行加注，可扩展的余地非常小，至少不像欧洲的史学家所记述的那么详细。比如关于“天都山奔袭战”的历史资料就非常少，相比之下，古希腊和古罗马时代，对一些历史的记录就比较翔实。

从今天的延安到银川附近的天都山，直线距离大约四百五十公里，沿包茂高速转青银高速大约驱车五个小时就可以到达。而近千年之前的这一区域，却是一片茫茫戈壁，由于地处黄土高原中心位置，这里的土地大部分被厚厚的黄土覆盖，经过流水长期强烈侵蚀，逐渐形成千沟万壑、地形支离破碎的自然景观，光秃秃的荒原上难见一寸青绿，山地、丘陵、平原与宽阔谷地并存，地貌极其复杂。风光绮丽的丹霞地貌、戳人眼球的波浪谷等自然景色，均在这一带显现身姿，所以自然条件奇特，水土流失非常严重，为世所罕见。

正是在这片看似宁静但不太平的土地上，自从出了个李继迁后，宋朝和党项之间的战争就没有停止过，李德明、李元昊以及党项那几个疯婆娘，一次次对宋朝疆土实施进犯，对中原王朝构成了极大的威胁。

当小梁太后所率三十万大军惨败于镇戎军，狼狈地逃回党项后，章楶和他的幕僚们并没有闲着，而是在密谋筹划一个更大胆、更具想象力的作战计划。

如果没有药宁这个人在关键时刻及时出现的话，也许这场奔袭战的时间会往后拖延。被老天爷拯救了的章楶可没打算就这么有头无尾地收手，“宜将胜勇追穷寇”的决心丝毫没有动摇，他一定要做一件无论是党项人还是契丹人都瞠目结舌的大动作，来证明他的能力以及对党项实施毁灭性打击的必要性，要让那些不知天高地厚的党项人充分认识汉文中“害怕”二字应该怎么写！只是这场战役的具体时间和具体地点尚未确定。

药宁，一员被宋将折可适策反过来的党项军将，职位大约相当于今天的营长之类，投宋之前是嵬名阿埋的手下，因在党项军内时间比较长，为人比较仗义，而且又是嵬名阿埋的亲信军将，所以在党项中下层军人中拥有相当广的人脉关系。关键是他的弟弟药飞，是嵬名阿埋的贴身保镖之一，他能拿到有关党项高层之间的第一手情报，这是促成这场战役的先决条件。

药宁在折可适的陪同下走进章楶的大堂，向这位大帅提供了一个非常重要的情报：嵬名阿埋和妹勒等党项军事首脑现在都在天都山，正在筹划和酝酿春季与宋军之间的大决战。

这个情报对于章楶来说太重要了，虽然他表面上无动于衷，甚至表现得有些漠不关心，但是在送走了药宁之后，当即就召集了种朴、折可适、郭成等主要将领前来商讨对策，对药宁所提供的情报进行分析。

首先第一个提出疑义的是种朴，毕竟他在西北军营滚战了多年，对党项人的习性了解得非常透彻，对他们的卑鄙、奸诈深恶痛绝，特别是党项人的传统套路“诈降”，曾经坑死了多少宋朝将士。而今，药宁突然出现，而且还带来了这么重要的情报，不能不引起警觉，如果轻易就相信了情报的可靠性，而盲目采取行动，这其中万一有诈怎么办？

这也是章楶所担心的关键问题，虽然折可适拍着胸脯以自己的性命担保此人绝对没问题，但还是让他感到担忧，毕竟他们对这个人的来历并不清楚。他思考了半天后才做出一个决定，现在让药宁再提供一份更加详细的情报，要求他把党项设置在天都山一带的布防图拿出来，并且在图上要详细标明什么位置有多少人马、嵬名阿埋等人的居所、突破的薄弱环节等关键要点。

情报很快就再次得以反馈，药宁传递回来的情报中，不仅把所有的位置全部标注得非常清楚，更重要的是还有另外一个重要信息：党项真正的军事灵魂人物仁多宝忠也到了天都山。如果现在立即动手的话，很有可能把党项的三个军事首脑一网打尽。

仗肯定要打，但是怎么打是个学问。从战术上说，宋军大营到天都山相距上千里路，这么远的距离如果兴师动众，用大部队前往围剿，没有可能不走漏风声；而出动小股部队前往骚扰，基本上等于隔靴搔痒，起不了什么太大的作用。

从战略而言，宋军仅仅是一场对党项的局部战争，并没有做好全面战争的准备，所以在行动之前，必须密切关注北边契丹的动向。党项已经成了一只垂死的耗子，怎么个死法只是方式问题。但在这个时候宋军的统帅最怕契丹冒出来搅局，一旦宋朝的精力全都集中在西线战场，契丹很有可能乘虚而入，对瓦桥关动手。如果契丹也顺势插上一脚，必定会使宋军腹背受敌，这样的话战事就会变得复杂很多。

不过好在现在的契丹已不同于往昔，成了一只垂暮的病老虎，虽然偶尔咧咧嘴呲呲牙，只不过是在刷自己的存在感。在这种情况下，章楶已经没有任何顾虑，可以随时随地放开手给党项来一次真正的外科手术。而当下要考虑的是，如何能把党项的三个家伙一举擒获。

折可适和郭成的提议是，立即出发，发动一场针对党项的突然袭击，矛头对准党项的指挥部，直截了当地将其干掉。至于那三个人嘛，尽最大的可能将其生擒活捉，如果实在不行就就地斩杀，绝对不能让他们再继续活下去。

章楶对这个提议表示赞同，他同意这个方案的重要因素在于，在过去很长一段时间里，宋军大多是在自己的防区内被动接受党项人的进攻，很少对其发动纵深攻击，如果此次行动反其道而行之，党项人必定不会有任何防备。但对于此次行动必须要保证两个先决条件：第一，兵贵神速，必须挑选精兵执行；第二，要绝对保密，而保密的对象毫无疑问就是药宁。既然要行动首先就要捂住药宁的嘴，能够保证药宁不说话的唯一方式，就是将其杀死，以防万一。

战争就是这么残酷，任何一个细微的疏忽都有可能导致整个战役的失败，所以，只要是能影响整个战事的一切隐患都必须彻底清除，做到防患于未然。毕竟章楶所谋划的，将是一场惊世骇俗的大行动，无论药宁是真投降还是假投降，为了整体的安全，即便药宁再不想死也只能委曲求全了。

一场非常难看的惨败，让党项统治集团内部的矛盾顿时升级，党项仅存的几个名将嵬名阿埋、妹勒，还有一个让汉人提起来恨不得生撕活剥了的仁多宝忠，在小皇帝李乾顺的支持下，与梁氏母党之间剑拔弩张的对撕已经处于公开化，形成水火不相容的紧张局面。被外戚集团压制了这么多年后，党项皇族的那股怨气加怒火早已积郁于胸，随时都有可能爆炸。

但是，这个时候尚且顾不得这么多，惨败之后的党项已危在旦夕，随时随刻都有可能被宋军乘胜杀到，所以当务之急要考虑的不是内部的恩怨，而是宋军的大举进攻。于是，党项在内部实行了坚壁清野，把所有能藏的食物都藏起来，随时做好向大漠深处逃亡的准备。

而小梁太后也深知当下的危险处境，如果只依靠党项现在这一帮残兵败将，能抵挡住强大宋军的进攻恐怕只是一个传说，从某种意义上说，如果宋军趁机再发动一次五路讨伐，党项灭亡就在须臾之间。

不客气地说，无论什么时代，战争永远都是一头魔兽，它侵吞的是财富，撕咬的是血肉，暗结的是仇恨，掩埋的是祸根。任何战争都不会有无痛的胜利，也不会有无怨的失败，只要敌人还在，那么战争迟早还会延续下去。就像第一次布匿战争，古罗马大败迦太基独占了西西里并威胁到迦太基本土，迫使哈米尔卡代表战败一方向罗马签下降书。这场持续了二十三年的战争，表面看是罗马取得了胜利，可是仇恨的种子已经埋下，战祸将不可避免地再度降临。

党项同样也是如此。

连年的战争已经让党项深陷人财皆空的尴尬境地，小梁太后处在山穷水尽的地步，即使到了这个程度，这个输红了眼的疯子还要固执地继续把这场战争打下去，没有任何收手的迹象。她一面在党项境内继续征募兵士，一面把兵役年龄从过去的十七岁减小到十三岁，同时加大税赋措施，以严苛的手段迫使所有人都必须往外掏钱，目的就是让她把这场不可能获胜的战争接着往下打。

然而，党项经历了两次惨败后，男人已经快死绝了，虽然已经把兵役年龄放到了最小，可仍然没有多少兵源。小梁太后不得已，只好亲自去了契丹，向耶律洪基借兵十万，联起手来报宋军这一箭之仇。

据野史记载，小梁太后到了契丹后，向耶律洪基极尽女人之媚，在契丹皇帝的寝宫内三天三夜没有出门。这个说法与事实肯定有很大的出入，毕竟 1099 年的耶律洪基和他治下的契丹一样，都到了苟延残喘的地步，哪里还有气力在这样一个已经疯狂的女人身上做文章呢？何况这位一生都没有什么作为的皇帝此时所关心的并不是党项的死活，而是契丹的下场。但是，这种可能性也不是完全没有，否则他为什么后来又派人去杀了她呢？

在小梁太后前往契丹的这段时间里，党项的军事首脑嵬名阿埋和妹勒则把仅存的几万党项军拉到了天都山。这里算是党项的最后一道防线，把部队拉到这里有两个原因，一方面为全族逃亡做好最后的掩护；另一方面是为了养精蓄锐，待开春以后再与宋军决一死战，以雪惨败之耻。

天都山，一度作为党项的骄傲，在李元昊时代曾耗巨资修建了行宫。当年他和没藏氏私通，与儿媳妇幽会，都在这个地方。因为没藏氏笃信佛教，李元昊为讨她的欢心，专门命能工巧匠做了设计，在山上挖了洞窟，在里面建了佛堂，画了佛像，成了一个著名的景点。

可惜的是，几年前，宋朝的一个不要命的太监李宪带着一群不要命的宋军，一顿猛杀猛砍后，将这里变成了党项的坟场，尸横遍地、血流成河，党项人的尸首被一堆一堆地摞起来，当作李宪军队的掩体。把人杀到这个地步了，李宪似乎觉得还不够过瘾，命令手下把行宫内那些金银财宝能带走的全部带走，然后放了一把大火。大火烧了三天三夜，曾经的骄傲和曾经的金碧辉煌顿时变成了一堆残垣断壁，惨不忍睹。

天都山地势险要，四下峥峰悬崖，唯有一条曲折小路直通山上，高山深涧千沟万壑已成天然之堑，像一把铁钳紧紧扼住宋地与兴庆府之间的咽喉，大有一将当关万夫莫敌之势。如今，嵬名阿埋又和妹勒回来了，带着仅存的党项残兵驻扎于此，为的是守住党项最后这一道防线。如果宋军来犯，可以充分利用这一带的复杂地形把宋军打残，并坚守到春天之后再去与宋朝做殊死较量。

但是，几天过去了，党项并没有等来宋军发起强大的攻势，这让嵬名阿埋和妹勒除了倍感侥幸外，多少还有些失落。也许大雪封了宋军的进攻之路，使他们放弃了一次绝好的追穷寇之机？也许是章楶用兵过于谨慎，根本就没有足够的实力继续征进？也许他们也在等到开春以后，再调兵遣将与党项进行会战？

各种假设和各种可能嵬名阿埋都已经考虑过了，总而言之，宋军没来。这让他心里没有了底，就像一个犯了重罪的囚犯，在没有得到法院的判决之前，心里始终惴惴不安。但是这种紧迫感往往随着环境的变化而变化，比如此时，站在天都山高处的嵬名阿埋，看到山下的漫天大雪和银装素裹的茫茫荒原，那颗悬着的心总算是有了一息放松。

然而，这一次他估计错了，而且这一错误估计的结果是致命的，因为他对章楶这个人太不了解——一个从不按套路出牌的战略家，怎么可能轻易地给一头受了重伤的困兽喘息之机呢?

章楶也在反复思考中，这场仗肯定要打，而且非打不可，因为他始终都很清醒，镇戎军冻死了那么多党项人，活下来的即便没有被冻伤，也基本上都成了惊弓之鸟，其战斗力肯定大不如从前。如果在这个时候不抓住时机彻底把党项打残的话，这头已经处在昏迷状态的西北狼，一旦再醒过来，将会给边关带来更大的灾难，所以必须坚决地将其打成生活不能自理。

但是怎么打很重要，假如还是按照常规思路向党项发起大举进攻，在这个时候显然不是上策。被打伤了的狼终归还是狼，随时随地都会绝地反扑，一旦被其狠狠地撕咬一口就划不来了。到了这种境地，即便就是把狼给打死，可自己的损失也太大了，杀敌一万自损八千，这样不划算的买卖别人做可以，发生在章楶身上绝对不行。

一个能把账算到骨头里的人，他还有怎样的妄为之事做不出来呢?

制订出严密的作战方案后，章楶立刻命折可适、郭成、李文杰、种师道、额芬和张泽六员超级猛将带一万精兵，不带粮草和辎重，轻装出发到纳木会集结，然后兵分六路，目标直指天都山溪斡井党项指挥部，由六路宋军共同实施这起足以惊天的特大绑架案。

这个计划太疯狂了，疯狂到足以逆袭之前所有的战例。当部队先后到达集结地后，所有人员都换上了和雪地一样颜色的白色盔甲，一万精兵分为六路人马分头向天都山方向进军。折可适、郭成负责前突，李文杰、种师道殿后，额芬和张泽埋伏打援，要求只有一个，就是要快，兵贵神速，有多快要多快，因为章楶给他们计算出的时间非常有限。

偷袭！而且是长途偷袭！

因为折可适曾经跟随李宪打过天都山，再加上他本身就是党项人，所以他对这条路非常熟悉。为了迷惑敌人的眼线，他和郭成所带的队伍呈环形前进，走过了一段很长的平原后，部队突然改变了行军路线，直奔天都山而去。

折可适很快就来到了天都山，趁着黑夜神不知鬼不觉地上了山，随手摸掉了几个守夜的卫士后，人马已经来到了溪斡井，嵬名阿埋等人的帐篷已经近在咫尺，借着帐篷内篝火的影子，影影绰绰地看到有几个人在喝酒吃肉，甚至能听到里面传来说笑的声音。

此时不打还待何时？折可适立即命令动手，第一个就冲进了帐篷。正在大碗喝酒大块吃肉的嵬名阿埋、妹勒和几个副将被突然冲进来的这一群天兵天将给吓得目瞪口呆，还没等他们反应过来，早就被宋兵摁倒在地，一根绳子四脚攒蹄一样将他们死死捆住。

几乎与此同时，李文杰和种师道也已杀到，刚好遇到出门撒尿的仁多宝忠。仁多宝忠似乎感觉到了周围的诡异，警觉地抬起头四下张望，就在这时宋兵突然出现，李文杰一马当先，看到仁多宝忠后二话不说拔剑就刺，狡猾的仁多宝忠往旁边一躲，锋利的剑锋刺中了他的左臂，他踉跄了几步，顺手把站在周围的几个卫兵往前一推，自己趁机逃了出去。等李文杰和部下们杀完了一群小喽啰，再去找仁多宝忠时，发现已经太迟了。

溪斡井的党项兵不多，但是这不能代表天都山，毕竟这里聚集了十几万党项军队。由于宋兵在活捉嵬名阿埋和妹勒的时候，不慎踢翻了火盆里的篝火，把帐篷点着了，周围的党项人马一见大营失火，从四面八方就围拢过来。

宋军很快就被包围，由于长途奔袭，折可适的坐骑已经累得爬不起来，身边的郭成赶忙要把自己的马交给他，并向他交代了自己的后事，却被折可适怒吼着拒绝，他要与郭成并肩作战。二将直接就下了马，拔剑冲向敌群。周围的士兵一看主帅如此生猛，士气顿时大增，面对十倍于己的敌人，宋军疯狂地举起刀枪杀了过去，和党项展开了一场面对面的殊死搏斗。

前面的战斗已经打起来了，埋伏在后面打援的额芬和张泽马上绕到敌人的后面，策马挥刀杀向敌人的两翼。此时的党项人还未从平夏城战役惨败的阴影中走出，如今又面临腹背受敌的境况，再加上主帅被擒，导致群龙无首，刚一交手立即就被宋军强大的冲击力给冲得七零八落。党项军这下彻底乱了，前面与折可适军交战的往后退，而后面的又遭遇到张泽的攻击，四下乱窜，几万人堆在了一起，互相踩踏，被踩死者不计其数。

战斗在党项军四处溃逃之后结束。这是一场没人敢相信的胜利，估计就连此战的设计者章楶也没抱很大的信心，本来就是一次几乎无法完成的任务，却被宋朝的勇士们奇迹般地完成。是役擒获党项俘虏三千多人，牛马羊等各类牲畜十万余头，最重要的是生擒了嵬名阿埋、妹勒和一名党项公主，唯一让人深感遗憾的是，狡猾的仁多宝忠逃脱了。

这场战役没有具体说宋军的伤亡人数，按照押回来的俘虏数量来看，估计可以忽略不计。即便是全军满员归来，这场面看上去也够壮观，平均三个人看押一名俘虏和三四万头牲畜，里面还包括了重兵看管的嵬名阿埋和妹勒以及那位不知名的党项公主。

在《宋史》中所记录的这场战役，仅寥寥几笔，尤其是写党项内部闻听惨败时，只用了四个字，却足以让人心惊胆战：夏主震骇！

这是一场中国军事史上教科书般的经典骑兵突击战例，宋军骑兵长途奔袭，一举打掉了党项人的指挥部，酣畅淋漓地摧毁了他们密谋中的春季攻势，同时也彻底瓦解了党项的斗志。

然而，从另一个侧面上看，这场战役充分暴露了几个重要问题：第一点，章楶的冒进，就他指挥的这场战役而言，已经严重违背了军事常识，纯属瞎猫遇到了死耗子，任何单一兵种的突击在没有任何援助的前提下，孤军深入本身就是极大的冒险，而且还是在数九寒天那样一个恶劣的环境下，长途跋涉去打这样一场战役，假设党项稍微有所警觉，这基本等于在找死。

第二点，情报来源并非绝对可靠，药宁的投降动机本身就很值得怀疑，从仁多宝忠的顺利逃跑和天都山周围的党项军布阵来看，敌人显然是做了事先的准备，这说明药宁投降的意图非常明显。只不过宋军的反应过于迅速，超出了任何人的想象，竟然在当天晚上就派出军队长途奔袭攻打天都山，使党项猝不及防。战后，已成俘虏的嵬名阿埋曾经询问宋军士兵谁是这场战役的指挥官，宋军嘲弄地告诉他是折可适。嵬名阿埋立刻讨饶说，请将军饶我一命。

第三点，章楶在设计这场战役的过程中，疏忽了一个最重要的环节，就是马的持久力。经过了千里奔袭的战马是否能坚持到战斗结束？比如折可适在最关键的时刻，就是因为马的问题，险些功亏一篑。不过这还要感谢党项兵，由于失去了主帅，所有党项人便成了无头的苍蝇，组织不起任何有效的进攻。这就是乌合之众与正规军之间的最大不同。党项人往往都是依靠人数上的优势获得胜利，一旦被他们得手，接下来的就是烧杀抢掠；而任何一个攻击点遭到了挫折，立刻就变成了一盘散沙，只顾自己逃命。

但是，不管怎么说，这场战役最终获得了胜利，一胜遮千丑。

因为此战的胜利，哲宗皇帝大摆庆功宴，擢升章楶为枢密院直学士、龙图阁瑞明殿学士、进阶中太傅。而参与此战的折可适、郭成、种师道、李文杰、额芬、张泽一干将军皆受朝廷奖赏，参战士兵全部给予奖励。

这场战役的胜利，也证明了一个道理，不论身处哪个领域，所有的成功者都怀有一种相当惊人的决心，而这种决心具体表现在两个方面：一、他们具有更多的勤奋；二、他们明确地知道自己最终想要什么结果。

比如章楶，他不仅有自己的决心，还知道目标和方向。

这是一次载入了世界军事史的著名奔袭战例，无论从战役的设计、战场的选择还是时间的切入以及对所有情报信息的分析，都以无可挑剔的完美度创下了奔袭战的经典。其精准的目标距离计算、精确的时间位置和穿插的配合、接应的地点等，诸多军事战术中所有元素，全部表现得游刃有余。这个战例震惊过古今中外赫赫有名的军事专家，几乎所有人闻听后都会面面相觑。曾经被美国西点军校、德国柏林军事学院、苏联伏龙芝军事学院等国际著名军事院校作为教学课程进行过反复推演，并且在“一战”“二战”的战场上都有过实战演练。

1943 年 9 月 12 日，纳粹德国特种兵部队在奥托·斯科尔兹内少校的率领下，在意大利的大萨索山成功营救了意大利法西斯头子墨索里尼，就是学习了这一实战后制订的方案。

古罗马时代的第二次布匿战争期间，迦太基著名将领汉尼拔曾经率领军队翻越阿尔卑斯山对罗马实施了致命的打击；几乎与汉尼拔生活在同一时期的中国汉朝著名悍将霍去病，曾经率领八百骑深入敌境六百里，杀得匈奴四处逃窜。但是上述两位都是著名的军事家，而偷袭天都山一役的设计者，却是一位书生！

近千年来，学界一直都在争论关于宋朝和党项之间开战的原因，其实答案很简单，都是为了钱嘛！从地理位置上看，党项的位置恰好就处在西部商道上，这里是宋朝通往西域经商的必经之道，而党项只是想借用这个地方，向中原朝廷讨要几两碎银，权当过路费而已。可是它所采用的手段不对，其行为就像一个与大户人家为邻的毛贼，想伸手要钱却没那个胆量，又无法忍受邻家大鱼大肉的诱惑，于是就趁邻家大人不在家的时候，抢人家的银子不说，还欺负人家的娃。如此明火执仗，邻家大人回来后肯定不能算完，要把毛贼打一顿，一来二去这事就夹生了。

毫无疑问，党项就是那个小毛贼，他们就是通过这种抢劫行为引起了朝廷的注意。而宋朝也实在不愿去生这个气，不就是想要钱吗？行，给你！可没想到，毛贼总归是毛贼，蹬着鼻子能上脸。大概连党项自己都没想到，朝廷竟然这么容易就松了口，心里就觉得不平衡了，于是就变本加厉不断地给自己增加筹码，而宋朝为了自己的颜面，也只好一步一步退让，以至于到了李元昊时代竟然自成一国，与宋朝分庭抗礼了！

讨口饭吃要块钱花，这事怎么着都好说，可是一旦要分裂国家，这事可就上升到原则问题上了。朝廷终于忍无可忍，这就叫奴才欺主子——无法无天了。无论如何也得让这个不知天高地厚的小毛贼知道，什么叫马王爷头上的三只眼，于是两地之间就交上了火。从李元昊开始，接下来是李谅祚、大梁太后和李秉常、小梁太后和李乾顺，宋朝也是从仁宗、英宗、神宗到哲宗，双方的四代人持续火并了六十多年，虽然互有胜负，但都还不至于伤筋动骨。但是天都山一役，使党项彻底陷入了被动。

这场战争的结果对于党项来说则是厄运连连。小梁太后亲自前往契丹借兵未果，这使她的自尊心严重受挫，以致性情也发生了巨大的变化，变得愈发像个骂街的泼妇，所到之处除了咒骂契丹外似乎没有什么更好的话题，咬牙切齿地把耶律洪基的祖宗十八代问候个遍，什么恶心说什么，把最恶毒的、最无耻的和最下流的问候，全都送给了耶律洪基。这些话很快就传到了耶律洪基的耳朵里，据说，耶律洪基气得全身颤抖，过了半天才拍着桌子暴跳如雷地说了一句话：让她去死！

过了没几天，应党项皇帝李乾顺的邀请，契丹派来了一队使者，对党项进行友好访问，随团带来的是耶律洪基专为小梁太后准备的一样特殊礼物——一坛能毒死一头成年熊的毒酒。

在毒死小梁太后的过程中很有戏剧性，酒过三巡，契丹使者就搬出了那坛毒酒放在小梁太后面前。小梁太后可能已经预感到了什么，坚决不喝，这时从身后来了两个彪形大汉，将她死死摁住，另一个人直接就将酒给她灌了进去。就这样，小梁太后在众目睽睽下，毫无尊严地被毒死，她那张嘴从此永远地闭上了。而小皇帝李乾顺却像什么也没发生一样，继续吃喝，只是在小梁太后的尸体被搬出去时，才抬起头冷冷地看了一眼。

契丹为什么要毒死小梁太后，官修正史有两个解释：一、小梁太后过于跋扈，以严厉手段压制了李乾顺。二、耶律洪基报了先王耶律宗真两败党项的私仇。但是这两种说法都过于牵强，而让耶律洪基动了除掉小梁太后的真正原因，恐怕也只有他自己才知道了。

其实这个事无须再去戳破，历史的记录也颇具玩味。这里只说一句，一个年轻漂亮的寡妇，之所以能够颐指气使地开口向契丹借兵，对于耶律洪基这样的好色之徒而言，还能有什么理由呢？

其实你懂的！

第二章

帝国的垮塌

茶为药材时，是医人手中的灵叶，可以清热，可以祛风，可以延年益寿；茶为饮品时，就是寻常百姓的生活常物，可以解渴，可以互斟，可以茶余饭后；茶为文化时，就是文人雅士的精神享受，可以怡神，可以清心，可以茶禅一味；茶为必需品时，就是帝王将相控制人民的工具，可以获税，可以征伐，可以开疆拓土。

千百年来，茶从药到饮，无论富人喜欢，还是帝王痴迷，或者雅士追捧，慢慢推动其发展，在世代茶人手中演化出各种妙不可言的变化。国盛而茶香，无论历史中的茶如何影响了朝代的更替，但从今以后，茶应该无须与战争有再多瓜葛了，我们因为这片树叶经历了太多的战争，从唐到清，哪一个朝代都在茶叶上记录了一个大大的“血”字。在走向新时代的今天，我们只祝愿这片神奇的树叶，永存美好。

——钱晓军

赵煦的难言之隐

消停了！彻底消停了！

战争贩子小梁太后终于死了，而且还是不得好死，这个消息对于哲宗皇帝赵煦来说，终于可以松一口气了。

小梁太后死后，刚刚临政的李乾顺立即就向宋朝纳表，前面说得都还算比较客气，诸如我等小族无论从哪个方面都无法与大宋天朝相比，前面所有的错误都是母后之过，如今母后已经死了，党项愿意痛改前非重新做人，继续与天朝修好，大宋天朝依然是我的主子，我还是天子脚下的一臣民，云云。可是到了后面内容就不一样了，主要的意思是，你看我都已经承认错误并且改过自新了，请求天朝皇帝能看在这份情面上，恢复答应我的岁币，重开榷市，并且能念及那些战死的党项士兵们孤儿寡母的可怜生计，再拨一笔抚恤金给他们。

见过不要脸的，还真没见过这么不要脸的！

大臣们一听直接就恼了，我大宋天朝是战胜国，没有开口向蕞尔党项提出战争索赔就不错了，现在竟然还反过来跟我们提条件，天底下哪有这样的事？无耻到极点！

然而，赵煦却同意了。不过只是同意了前两条，第三条被他否了。

党项，这只很难养熟的白眼狼，从太宗时代的李继迁开始就没让大宋消停过，可那会儿还真没把它当回事，谁也没想到，白眼狼竟然也有成精的那一天。宽厚的宋仁宗觉得用自己的热情，即使是块石头也能把对方给暖热了，却没想到狂妄到了极点的李元昊竟然擅自立国，这就叫给脸不要脸了，如果再不给予惩戒的话，这孙子怕是要蹬鼻子上脸。

于是，从宝元二年（1039）开始，宋朝与党项的战争就没怎么停过，历经仁宗、英宗、神宗、哲宗四代皇帝，时断时续地敌对了整整六十年，对于那几个娘们儿，宋朝从皇帝到大臣，无论谁听到都觉得头大，太难缠了！

如今，章粢以超强的能力组织起一次又一次的打击，已经到了几乎让党项灭国的地步，这场战争终于算是告一段落。在这样的情况下，哲宗皇帝同意了党项国王李乾顺提出的和议条件，并且恢复了对党项的岁币，重开榷市。对此，很多大臣都非常不理解，如果我们要恢复岁币重开榷市的话，何必要牺牲这么多人力物力、耗费这么长时间去打这场战争呢？

赵煦很无奈，也只能苦笑着说一句：没钱了！

没错，战争是个烧钱的机器，士兵的招募、粮草的准备、兵械的配备、军马的供应、盔甲的配置，还有各种军需物资和运送物资的民夫，以及那些战死在疆场的将士抚恤金，等等。所要花费的钱财多了去了，而且花钱像流水一样，几乎看不见什么，所谓的战前预算就已经花得差不多了。这样说吧，无论古代还是当代，任何一个国家只要准备打仗了，首先要考虑的是军费问题。所以说，战争又是国力的比拼。而像党项这样的民族，他们挑起战争的动机就是借助战争这一手段，从而攫取到他们的利益，所以他们发动战争的积极性也就格外高涨，至于战死士兵的问题，则完全不在他们的考虑之内，贱命一条，怎么死不是死！

从仁宗盛世的民富国强，到哲宗皇帝的捉襟见肘，五十多年对党项人的战争已经让宋朝把国力消耗殆尽，而且只有出项却没有进项——西部通商之路一旦被党项人给掐断，宋朝的经济即刻就面临空前的困难。从某种意义上讲，任何形势下的制裁对双方都是伤害。所以，赵煦对党项重惠恩泽，也是有他的考虑。至于说党项在战争中死了多少人，爱死多少死多少，关我大宋什么事？

当今天再回过头来重新看待赵煦对于党项和议的态度时，我们会发现这样一个问题，历史不是由谁所设定的阴谋，它就是一个系统格局，无论是谁，只要身在其中，其实都是身不由己。因为谁也无法看到整个局面，只能从眼前所能触及的现实出发，去做出一个对当时有利的判断。

这便是赵煦在当时的情况下做出的决定，无论这个决定正确与否，毕竟已成为事实。至少，西部商道又重新开启，长长的驼队带着中原帝国的茶叶、丝绸、纸张和瓷器等大宗物资，在经过了近半个世纪的中断后，再次出现在沙漠荒原，沿着这条通商之路再次通往西域方向。

被后人命名为“丝绸之路”的西部商道究竟通向哪里呢？其实这条古商道并非一条路，而是由多道组成，大致可分为北路、南路和中路三条线。

北线由长安（东汉时由洛阳至关中）沿渭河至虢县（今宝鸡），过汧县（今陇县），越六盘山，沿祖厉河，在靖远渡黄河至姑臧（今武威）。虽然路程较短，但沿途供给条件非常差，是早期的路线。

南线由长安沿渭河过陇关、上邽（今天水）、狄道（今临洮）、枹罕（今河州），由永靖渡黄河，穿西宁，越大斗拔谷（今扁都口）至张掖。

中线与南线在上邽分道，过陇山，至金城郡（今兰州），渡黄河，溯庄浪河，翻乌鞘岭至姑臧。南线补给条件虽好，但绕道较长，因此中线后来成为主要干线。南北中三线汇合后，由张掖经酒泉、瓜州至敦煌。

丝绸之路自玉门关、阳关出西域有两条道，一条从鄯善，傍南山北，波河西行，至莎车为南道，南道西逾葱岭则出大月氏、安息。另一条是自车师前王庭（今吐鲁番），随北山，波河西行至疏勒（今喀什），称为北道。北道西逾葱岭则出大宛、康居、奄蔡（黑海、咸海间），北道上有两条重要岔道：一是由焉耆西南行，穿塔克拉玛干沙漠至南道的于阗；一是从龟兹（今库车）西行过姑墨（阿克苏）、温宿（乌什），翻拔达岭（别垒里山口），经赤谷城（乌孙首府），西行至怛罗斯。

关于怛罗斯的具体位置，至今还是一个没有完全破解的谜。有专家考证是在今天的印度江布尔一带，但是从历史学家张星烺先生在20世纪30年代主编的《中西交通史料汇编》中所标明的唐代地图位置来看，怛罗斯应该位于今天的吉尔吉斯和哈萨克斯坦的边境附近，更加接近哈萨克斯坦的塔拉兹。塔拉兹是近十年来才重新改过的地名，而之前这里的名字恰恰叫作江布尔。所以，因为两地之间的名称相同，有可能出现了不该有的乌龙。

致使怛罗斯闻名于世的，除了丝绸之路外，还有一场著名战役，这就是唐朝与黑衣大食之间所发生的“怛罗斯之战”。恰恰因为这场战役，中原王朝包括丝、茶、瓷、纸等秘不外传的独门绝技传入了波斯及阿拉伯地区，尤其是造纸术在阿拉伯帝国颇为兴旺，为其赚取了数不清的财富。也就是从这个时候开始，阿拉伯人有了喝茶的习惯，为日后的兴起打下了坚实的基础。

由于南北两道穿行在白龙堆、哈拉顺和塔克拉玛干大沙漠，条件恶劣，道路艰难。东汉时在北道之北另开一道，隋唐时成为一条重要通道，称新北道，也是宋朝商旅的通道，而原来的汉北道改称为中道。

新北道由敦煌西北行，经伊吾（哈密）、蒲类海（今巴里坤湖）、北庭（吉木萨尔）、轮台（半泉）、弓月城（霍城）、碎叶（托克玛克）至怛罗斯西段。

丝路西段涉及范围较广，包括中亚、南亚、西亚和欧洲，历史上的国家众多，民族关系复杂，因而路线常有变化，大体可分为南、中、北三道：南道由葱岭西行，越兴都库什山至阿富汗喀布尔后分两路，一条线西行至赫拉特，与经兰氏城而来的中道相会，再西行穿巴格达、大马士革，抵地中海东岸西顿或贝鲁特，由海路转至罗马；另一条线从白沙瓦南下抵南亚。中道（汉北道）越葱岭至兰氏城西北行，一条与南道会，一条过德黑兰与南道会。北新道也分两支，一经钹汗（今费尔干纳）、康（今撒马尔罕）、安（今布哈拉）至木鹿与中道会西行；一经怛罗斯，沿锡尔河西北行，绕过咸海、里海北岸，至亚速海东岸的塔那，由水路转刻赤，抵拜占庭帝国的首都君士坦丁堡（今土耳其伊斯坦布尔）。

通过这条商道走出去的物资，在当时相当于整个宋朝每年将近十分之一的收入来源，但是因为与党项之间的战争，使这条通商之路就此中断，再加上战争所发生的巨大开支，宋朝的损失巨大。单从这一方面来说，西部商道对宋朝的重要性不言而喻，这也是哲宗皇帝力排众议接受党项议和的重要原因！

但是，赵煦也有无法一洗了之的难言之隐。

前面所提到的太后专权，不只是党项的专利，其实宋朝也一样。从仁宗时期开始，朝政也一直掌握在太后手里。

仁宗的母亲刘娥，自真宗死后把控朝政十一年，虽然在这十一年里刘娥的政绩斐然，甚至整个“仁宗盛世”全部是这位刘太后一手打下的基础，上至朝纲的建设，下到庶民的生活，仅用十年时间就使宋朝发生了彻底的变化，这是平庸的宋仁宗倾其所能也无法做到的。

然而，纵使刘太后有如此之功，毕竟她也是专权而为，致后人杂论颇多，以至于编出了所谓“狸猫换太子”的故事对她进行恶毒攻击。

仁宗身后没有子嗣，不得已只能从近亲选择，于是赵曙成了幸运儿，继位后为英宗，但是依然由曹太后垂帘听政。没想到仅过了四年，碌碌无为的英宗却早早地挂了，他的儿子赵顼继位。

神宗皇帝在位时，希望以自己的能力重新打造一个富强的宋朝，起用了以王安石为代表的革新派，这就是历史上著名的“王安石变法”。其变法主要是通过改变旧有常平仓制度的“遇贵量减市价粜，遇贱量增市价籴”的呆板做法，达到刺激市场的目的，灵活地将常平仓、广惠仓的储粮折算为本钱，以百分之二十的年利率贷给农民、城市手工业者，以缓和民间高利贷盘剥的现象，同时增加政府的财政收入，改善了北宋“积贫”的现象。通过这一时期茶叶产量大幅度提高的情况就可以看出，王安石的变法还是起到了一定的作用。他的目的很简单，就是希望通过锐意改革，达到国富民强的目标，同时以强硬的态度与党项对峙，希望用军事手段彻底平灭所谓的西夏国。

但是神宗的母亲高滔滔却成为变法的最大反对派，致使新旧两党严重对立，宫廷矛盾分外严峻。在高滔滔的干扰下，神宗的改革派遇到挫折，再加上操之过急，引起了民众的强烈不满，从而使宋朝陷入了一个内外交困的境地。本想励精图治，却把宋朝送上了一条灭亡的不归路。

1085 年，三十七岁的宋神宗最终在焦虑中死去，他的第六个儿子、年仅九岁的赵煦提前上岗。小皇帝上位，皇权必然旁落，已到皇奶奶辈的高滔滔再次垂帘听政。

刚刚接过权杖，高滔滔连一分钟都没等，即刻就下令全面废止了王安石的变法，对新党施以全面清理扫荡。王安石的新党成员下岗回家，以司马光为代表的传统顽固派开始全面主政。

北宋的垮台就是从这时开始。

时至今日，妇孺皆知的司马光有两个著名事件成为环绕在他头上的两道不朽光环，一是他小时候砸缸救人的故事，二是他在弟子刘攽、刘恕、范祖禹、司马康等人的帮助下完成了长达三百多万字的宏伟巨著《资治通鉴》。也许就是因为这两件事吧，致使他在烟云浩瀚的历史岁月中博得了一致的赞扬。但是，如果抛开了《资治通鉴》呢？

对待历史，首先一定要从历史格局的角度入手，而在今天，我们看待历史的时候往往带了很多的个人偏见，或者带着不同人的观点角度以及初始位置进入这个迷乱的格局中，难免会片面修正和排斥历史中的那些真实，而这种修正恰恰是在错误信号下所导入，对某人或某事件已经潜移默化地强加了一种思维定式。

比如司马光。

且看司马光上任伊始是如何攻击新法的。李焘在《续资治通鉴长编》中有这样的记述司马光的一封奏折："……王安石不达政体，专用私见，变乱旧章，误先帝任使，遂至民多失业，闾里怨嗟。……敛免役钱，宽富而困贫，以养浮浪之人，使农民失业，穷愁无告。"

新党与旧党之间俨然已成为死敌，不是你死就是我活！

既然司马光对新党新法如此深恶痛绝，把王安石怼得体无完肤，恨不能踏上一万只脚让他永世不得翻身。但是，对于一个国家政体而言，在施政纲领上需要政治家的口条来诠释自己的方向，但是在施政过程中，更重要的还是要看具体业绩，因为只有通过业绩，才能看出一个责任人的真正水平。

且看王安石的新法，一路走来政绩斐然。1068 年，宋神宗继位后的次年，为摆脱宋朝所面临的政治、经济危机以及契丹、党项不断侵扰的困境，他召见王安石。王安石提出"治国之道，首先要确定革新方法”，勉励神宗效法尧舜，简明法制。神宗认同王安石的相关主张，要求其尽心辅佐，共同完成这一任务。

1070年，王安石提出，当务之急在于改变风俗、确立法度，提议变法，得到了神宗赞同。为指导变法的实施，设立制置三司条例司，在全国范围内推行新法，开始大规模的改革运动。所行新法在财政方面有均输法、青苗法、市易法、免役法、方田均税法、农田水利法；在军事方面有置将法、保甲法、保马法等。仅过了短短一年的时间，新法就见到了成效，整个宋朝从经济的高度危机到转危为安，确切地说仅用了八个月。

当然，必须承认的一点是，新法的推广在某种意义上也的确出现了急于求成的过激行为，而法律依据又得不到及时的补充，引发了一些问题的出现。但就此将新法以偏概全地全盘否认，也是一种不负责任的工作态度。

那么，彻底否定了新法后，司马光又做了些什么呢？用章惇的话说，司马光是一个祸国殃民的奸贼，老奸擅国（此称号授予高滔滔和司马光二人），死不足惜，即便死了，也要剥其功名，罚其财产，掘其坟墓！

这话固然过于极端，但是司马光为相的短短一年中，仅凭一“元祐更化”就将新法彻底否定，把新党赶尽杀绝，使宋朝初见成效的新法就此作古，王安石也在一年后郁闷地死去。

老不死的高滔滔终于死了，这个以“勤俭”著称的女人，和旧党一起死死地把持了九年朝政，也把哲宗压制了整整九年，遗憾的是，她死得太晚了，如果再早死两年，宋朝的历史肯定会改写！

高滔滔死，哲宗赵煦主政，他所做的第一件事就是立刻召章惇进京，因为被旧党折腾得一片糊涂的内阁，现在急需一位既有能力又有能量的人前来主政，所以章惇是不二人选。

赵煦为什么一定要用章惇呢？第一他很忠，忠于国家忠于人民；第二他很硬，强硬的性格加强硬的手段，就连契丹党项都畏惧三分；第三他很强，超强的治国能力和超强的推广方式，无论他的政敌还是朋友都对他佩服有加；第四他很正，正直的政治胸襟与正确的处世方式，在太后与旧党专权时，唯有他敢面对太后、怒斥旧党；第五他很谦，与民众的谦和、与同僚的谦虚，即使贵为独相，也始终虚心接受同僚的相悖意见。

如果没有章惇的强硬，就没有章楶在西部战场上的作为。曾经不可一世的党项被章楶打得丢盔卸甲尸横遍野，使党项人只要听到章楶的名字，就能吓得闻风丧胆，那是何等的威武？

一门三进士，不是吹来的！

西边的威胁暂时已经扫清，但是还有北边。

契丹，这头趴在北边的野兽，始终在觊觎中原的每一个动向。1040年，当宋军在好水川等战役中惨败的消息传到契丹的时候，契丹人那张可憎的贪婪嘴脸立刻表现得淋漓尽致。当时的契丹皇帝耶律宗真觉得抓住了一次难得的机会，就趁机密谋准备大举犯宋，不断在边界挑起事端制造麻烦，以便为他的犯宋找到合适的理由。与此同时，又专门派出使臣萧特末和刘六符到汴京，以索要瓦桥关以南的十个县为名，张开血盆大口与宋朝“协商”有关增加岁币的事宜，史称“重熙增币”或“庆历增币”。

起初，契丹人还拼命地把自己装扮成一个大尾巴狼，只是拿着瓦桥关以南在说事，绝口不提增币的事。但是他们并不知道，在此之前，宋朝已经通过契丹内部得到了他们此次前来谈判内容的全部文件，所以也就显得有了底气，纵使你契丹有千条妙计，到我这里也有一定之规。

瓦桥关，不知道究竟是宋朝的荣耀还是耻辱呢？想当初后周皇帝柴荣御驾亲征，率领大军以破竹之势北伐契丹，兵不血刃收复了宁州、益津关、瓦桥关，攻破幽州只在闪念之间。然而，就在这个时候历史突然来了一个急刹车，生猛的柴荣突然病亡。如若不然，以那时的气势，后周一举灭掉契丹并非一句诳语。

1005年，已经处于半疯狂状态的萧燕燕倾全国之力，率军进犯大宋。瀛洲城下，宋朝名将李继隆搬出了战场上的最新法宝“床子弩”，由部将张环一锤砸下，当场射死了契丹主帅萧挞凛，从而改变了战争的格局。强弩之末的契丹已经处在宋军的重重包围之中，将其灭掉也不过一句话的事。可是，就在这个时候历史再度出现了拐点，这便是后来著名的“澶渊之盟”。

“澶渊之盟”不仅放了萧燕燕和契丹一条生路，也为宋朝带来了巨大的和平红利，每年白白流掉的三千万两战争白银至少能够节省下来了。而仅仅向契丹“赠予”银、绢、茶总计三十万两，应该说这还算是一笔合算的买卖。契丹似乎自己也感觉到白拿人家钱财不好意思，又主动把瓦桥关以南十个县归还宋朝，对宋朝而言，这也算是个意外惊喜了。

然而，时至四十年之后，当契丹再次拿着瓦桥关说事的时候，领土问题再度成为宋朝一剂吞不下咽不了的苦药。

契丹使臣萧特末只字不提“澶渊之盟”契丹归还瓦桥关这一事实，而是把话题扯到了后晋。后晋总共经历了两位皇帝，一个蠢驴，一个蠢蛋。蠢驴就是认贼作父的石敬瑭，主动拜耶律德光为干爹，一笔就把燕云十六州作为自己的心意孝敬给了契丹。而石重贵则是个蠢蛋，竟然脑子发热，忘了自己能吃几碗干饭，以瘦弱的体格去和契丹硬碰硬，虽然契丹一度被打得异常狼狈，可最终城破被俘，他自己也被契丹掳去北方高寒地区，过着囚徒的生活。

宋朝派出的谈判代表是富弼，对契丹人的狂妄表现出一副鄙视的样子，冷冷地回了一句，既然你提到了后晋，在那么小的土地，那么少的人，那么贫困的日子里，同样都能把你痛扁一顿，何况在今天？

但是，无赖就是无赖，如果与无赖去讲道理的话，真就好比是对牛弹琴。反正不管你富弼怎么说，萧特末和刘六符就认一个死理：我得要回瓦桥关以南的十个县，你要不给咱们就打。估计在当时的那种情况下，富弼就是脾气再好也能被这俩货给气蒙了。好话都说遍了，可人家就是不接茬。看来和这俩人是没什么好说的了，那就去契丹吧，当面和耶律宗真去掰扯。

来到了契丹，也见到了耶律宗真，车轱辘话说了一堆又一堆，还是和什么都没说一样。仅此一点，就彻底暴露出契丹人的流氓本性。摆明了就是趁火打劫，却偏偏还要用一个“协商”来装点，而且还要再趁机亮一下肌肉，分明是在嘲笑宋朝，你连一个偏安一隅的小王都打不过，怎么敢和我堂堂契丹对武呢？

富弼确实已经被逼进了死胡同，只好拿出了自己的撒手锏：给钱可以吧？

没想到此言一出，吸引了所有契丹人的注意力。富弼恍然大悟，原来问题的症结在这里！

弱国无外交！富弼欲哭却无泪，他为自己感到悲哀，为大宋江山而悲哀！宋朝于无奈之中，只好再次接受契丹的敲诈，在“澶渊之盟”的基础上，每年再增加银十万两、绢十万匹、茶十五万斤。

屈辱啊！平白无故地遭到勒索，这口气搁谁也咽不下去。但即使给钱，也得争取个说法。于是给其开出了几个条件：一、瓦桥关以南的事从今以后不要再拿出来说事；二、“澶渊之盟”中双方所谈定的各项规定，双方不得再有违犯；三、管教好你契丹的小弟党项！

然而，对于欲壑难填的契丹来说，这才仅仅是第一步，他们接下来的所作所为，更让宋朝哭笑不得。

庆历四年，耶律宗真率领十七万大军御驾亲征，对党项实施讨伐，却不幸中了李元昊“诱敌深入”之计，在渺无人迹的河曲地区，被李元昊杀了一个回马枪，致十七万精兵全军覆没。此事对于耶律宗真来说是一个沉重打击，他一直在伺机报复。直到李元昊被其子宁令哥刺杀后，小皇帝李谅祚刚刚登位，不怎么厚道的耶律宗真感觉自己报仇的机会终于来了，于是再次出征党项。

1049年，耶律宗真率十万大军兵分三路第二次征伐党项，发誓必雪前败之耻。北枢密使萧惠依然率南路军渡黄河，杀向河套地区；北道都统耶律敌鲁古先进攻贺兰山，再转向攻打凉州（甘肃武威）；中路则由耶律宗真亲自率领，攻打党项中部地带，与萧惠的南路军会师，三军合力一举拔掉党项这个毒瘤。

计划貌似很周全，但是没想到，五年前惨败魔咒再一次降落到了契丹人的头上。不争气的萧惠几乎和上次一样，遭遇到埋伏于此的党项军的袭击，只不过这次换成了一个女人。没藏氏带领党项军突然杀出，打了萧惠一个措手不及，契丹军再次遭遇重创，萧惠只得带领残部仓皇逃出战场。而耶律宗真的中路军因为没有了萧惠的侧应支援，已成为一支孤旅，所以不敢继续冒进。唯有耶律敌鲁古的北路军击败了没藏讹庞的部队后，如期攻破凉州，俘虏了李元昊的遗孀和部分官僚家属，外加万头牲畜，算是找回了点面子。

不过，从另一个角度来看，虽然宋朝再次遭遇了契丹人的敲诈，但这也成为加速契丹灭亡的一个原动力。

由于接连两次征战党项失败的阴影，再加上意外捡到了宋朝发的大红包，这个时候的契丹，无论皇室还是庶民，莫名其妙地刮起了虚荣之风：皇室追求穷奢极欲，庶民流行汉人风格，饮酒赋诗，夜夜笙歌，尤以汉地斗茶风日渐兴盛。原本草原游牧民族的彪悍勇猛，却已荡然无存。

茶叶，俨然成为契丹灭亡的罪魁祸首！

就宋朝而言，哲宗皇帝赵煦应该称为最有能力改变时代的皇帝之一，但是他被其祖母高滔滔压制的时间太久，使他没有办法去施展自己的施政思想。比如在王安石变法的问题上，他从开始就持绝对支持的态度，因为他看到了变法所带来的变化，让他的父亲宋神宗由贫困变得有钱。但是父亲死后，太后专权，立刻废除了新党的变法，一切改回旧制，使整个朝廷成为一台空转的机器，战争、灾荒、叛乱，乃至被迫给北边契丹的岁银，以及残酷的宫廷内部矛盾，这些都是一个一个巨大的窟窿，如果不赶快想办法弥补，整个国家很快就会陷入可怕的恶性循环中，随之而来的将是一场灭顶之灾。

何以解忧？唯有章惇！

党项的几次战役，让世人知道了章惇的水平，要么不打，要打就一定要打疼你，而且随时来犯随时打你，这叫能力；打完了不是目的，而是要开启紧锁了近半个世纪的商道，把积压在自家的东西卖出去，这叫智慧！那是半个世纪啊，就因为党项这么个小毛贼，大宋王朝少赚了多少银子！

但是，这一切都已经太晚太晚。尽管章惇很卖力，为了复兴宋朝他使出了浑身的解数，甚至已经看到了希望，然而，残酷的历史还是让这一切在黎明之前就落下了帷幕。

1100 年，也就是打败了党项、宋朝恢复西部商道的第二年，坚决支持章惇锐意改革的哲宗皇帝赵煦，却年纪轻轻地奔向了西方极乐世界，年仅二十四岁的他，与他所勾画出的帝国大业一起，和这个世界告别。

就在赵煦弥留之际，章惇力挺赵煦的同母弟弟简王赵似，而在后宫里的所有人也都听到了赵煦最后的遗诏：立简王。

但是，就在这个时间节点上，鬼使神差地，历史又出现了一个最不应该出现的女人，而且这个该死的女人只说了爆炸当量不低于今天原子弹的一句话，就把北宋王朝送进了万劫不复的境地，致使中国的历史遭到彻底改写。

这个女人是宋神宗的老婆向太后，她向守候在大堂上的文武大臣说的那句话是：皇帝遗诏，立端王！

章惇勃然大怒，拍着桌子怒斥这个老女人：即便要宣皇帝遗诏，也应该是皇帝的生母朱皇后而不是你，按照立储的规矩，在皇帝没有子嗣的前提下，应立他一母之兄弟，你因何擅立端王？

向太后一怔，脸上没有任何表情，然后就离开了大堂。

章惇的脸上写满了悲哀，他仿佛已经看到了大宋社稷的落寞，落寞得就像被寒风吹残了的一朵黄花，无趣地掉落下来，随后又被时代的脚步狠狠地碾碎，只剩下一丝残存的细絮，偶尔被人扫一眼，随后便消失在茫茫尘雾中。

如果，高滔滔早死两年，或者赵煦晚死两年；如果，没有向太后横空冒出来的那个掺和，也许宋朝都能逃脱亡国的厄运。

但是历史没有如果！

赵佶的梦想

在北宋，最不应该早死的皇帝是哲宗赵煦，年轻有为，有思想有远见。而最不应该当皇帝的，毫无疑问就是徽宗赵佶了，如果只是做一个艺术家，该是多么惬意的一件事！

首先还是惋惜赵煦的早死，章惇所安排的治国纲领刚刚体现出来，便要遭到全盘的清算。毕竟一朝天子一朝臣，何况他这种在大庭广众之下公然得罪新皇帝的人，被政敌、被见风使舵的人清算，也该在预料之中。

于是，章惇被贬，只是他没想到赵佶对他的清算下手还算是比较客气，虽然那些曾经遭受其“迫害”的言官们三番五次上书，声色俱厉地强烈要求把他贬到雷州，但赵佶还是念他的年龄，去南方吧，那里比较适合你。于是章惇就去了舒州（安徽省安庆市），而家则安在了杭州旁边的睦州（浙江淳安）。不知道游览于富春江畔的章惇是否在充分体会他的前辈范仲淹那种“处江湖之远则忧其君”的境界。

因赵煦生前没有子嗣，只能把皇位传给他的弟弟。宋神宗赵顼一生总共有十四个儿子，哲宗赵煦行六，赵佶排在十一，前面的十个哥哥除了老九赵佖还活着以外，其余都先后早殇，但是因为赵佖是个盲人，无法继承皇位，如果按年龄往下排的话，皇帝的宝座也许只能由赵十一来坐。

但是赵煦临死前明明说了一句传位于简王，而宰相章惇也赞同拥立简王赵似，却偏偏被突然冒出来的向太后斜插了一杠子，篡改了赵煦的遗诏，当众宣布传位于端王赵佶。

历史在最关键的时刻，却因为一个即将死去的老太婆所说的一句话，而和宋朝开了一个要了亲命的玩笑！而且更狗血的是，向太后把赵佶推向皇位后就毫无征兆地死了，仿佛她这最后的一句话，就是为了让宋朝彻底灭亡而专门设计！

于是，赵佶登基了！

平心而论，赵佶刚登基时并不是个没有抱负之人，他也打起精神，决心致力于朝政的发展和建设。如果当初没有这么多想法，赵佶可以有很多种人生选择，要么远离政治，当一个纯粹的艺术家；要么就做一个平庸的皇帝，不去给自己招惹那么多的是非和麻烦；要么自己很有主见，不去听身边那几个人的忽悠。上述这几项他任选一样的话，其下场都要好得多。可是偏偏他是个有想法的人，而且是个脱离了低级趣味的人，站在艺术家的角度上，以源于社会又高于社会的眼界去思考，然后再用同样的修为去和这个邪恶的世界做交流对话，他不被世界里的那些怪兽们打残才怪！

严格地说，赵佶也很想干得像模像样，但是只要看看他任用的那几个宰相就明白了，一个比一个不靠谱，只须听听那些名字，即便在近一千年后的今天，也是如雷贯耳：蔡京、李邦彦、王黼、朱勔，还有两个太监童贯和梁师成，此六位合称“北宋六贼”，再加上杨戬之流的掺和，有这么一帮败家子们凑成的班底把持着朝政，即使大宋江山再好，也肯定好不到哪里去。连赵佶自己在被金国掳至黑龙江“北狩”时，都望天兴叹道：“用人不淑啊！”

无论是赵佶的悲剧或是北宋的悲剧，“北宋六贼”都难逃其咎。

先说童贯。

关于童贯这个人，大多是从《水浒传》里认识的，然而真实的童贯并不像施耐庵所描写的那么猥琐，而与这个形象恰恰相反的是，他甚至是一名颇为伟岸的人。我们知道，宋徽宗是一个画家，他的审美观念和普通人绝然不同，从已经获得的史料上来看，他对于每个手下的挑选，首先是取决于外貌，其次才是学识，而能力则放到了最后。

众所周知的一点是，童贯是个太监，出自李宪之门。李宪是宋神宗时代的一员悍将，虽是太监，却勇猛无敌，曾经在西部战场所向披靡，一直杀到了天都山，一把火烧了党项的皇帝行宫，党项人只要提到他都如同在谈虎。

中国历史上的太监并不都是乱国首恶，反而很多太监在关键时刻敢于挺身而出，拨乱反正，解决了危机：

是谁写下了“史家之绝唱、无韵之离骚”？是司马迁，太监；

是谁发明了造纸术，传承了人类文明？是蔡伦，是太监；

是谁伏边定远，为大唐平定西南蛮夷？是杨思勖，是太监；

是谁操持国政，挽唐廷于既倒？是鱼朝恩，是太监；

是谁创造了史上的军事神话，打得契丹丢盔卸甲？是田钦祚，是太监；

是谁扬帆远航，扬国威于万里之外？是郑和，是太监；

是谁只手遮天，压制了祸国殃民的东林党？是魏忠贤，是太监！

所以，我们对太监不可以偏概全地妄下定义，比如早期的童贯。

童贯算得上古今中外历史上的一大奇人，也可能是唯一。之所以说他这个人“奇”，并不是因为他有多大的能耐，而仅仅是身体的某个特征。我们翻阅过大量历史文献或文学作品，但凡太监能留着一副胡须的，大概除了童贯再无第二个人了，而所有史书都明确说他的确是一个宦官。究竟是真太监还是假太监，过去了一千多年后，也已经无法对其人验明正身了，总而言之，他是一个蓄着胡子的太监，更是一个尚武的太监。毕竟师出曾经八面威风、威震党项的李宪之门，修来的也是一番狠功。

但是，人性中往往离不开两个字：贪欲。这两个字无论是对古代的还是当代的贪官而言，都是一个准确的定性。作为宦官的童贯，自然也摆脱不了这一俗套，尽管他从李宪门下走出的时候，还算是历经沙场的军人，可是身份和地位一旦改变，贪欲二字就变成了双刃剑。

这时的童贯已经成为赵佶身边一个正在走红的小红人，依照他对书画的鉴赏水平，慢慢地走近了赵佶。童贯之所以能以太监身份走向权位的巅峰，就是从这个时候开始的。

其次是蔡京。

第一个向童贯行贿的是蔡京。蔡京原是新党中人，但是那会儿的新党不乏王安石、吕惠卿等大佬，而他位低官小，基本上没有什么话语权。在新旧两党你死我活对撕的时候，他这类夹缝中的小官吏只能夹着尾巴谨慎地观察，充其量就是你指示我照办之类，无论对新党还是旧党，他统统都是这副工作态度，所以并没有引起很多人的注意。尽管如此谨小慎微，旧党再度翻身，他也同样遭到株连，被贬到了杭州。

生活在今天的人们往往戴着有色眼镜来看待历史人物，这多多少少都是受到了后人所编的那些评书说话的影响。比如在京剧舞台上，只要看到大白脸，立刻就会联想到曹操、蔡京和明代的严嵩等奸人。

但是，如果通过深入史书来研判一个人，会发现与他们当时所在的时代环境有很大的关系。

就蔡京而言，绝非评书中所说的一味谄媚不学无术之徒，蔡京1070年与其弟蔡卞一起中进士，在当时一门双进士也算得上是一个不小的事件，可见其人的学识并不差，而且兄弟俩的书法在宋朝那个文人如林雅士成片的时代，能成为人人临习的苏黄米蔡之一，也是一件了不起的事。只不过后来因为蔡京的恶名，而把这个蔡字改成了蔡襄。

没有人会想到，如闲云野鹤般居于杭州，在逍遥自在中过活的蔡京，会有东山再起的那一天。

1102年，童贯作为赵佶的内官来到杭州，为老大搜寻历朝历代的名人字画，这事恰被蔡京得知，便踊跃帮忙。仅这一样，就给童贯留下了深刻印象，从杭州带着各时期的字画回京向赵佶邀功的同时，顺便表扬一下帮了大忙的蔡京，这也合情合理。功夫不负有心人，只要找对了靠山使够了钱，什么样的大事也能办。于是，在童贯的帮忙下，蔡京终于咸鱼翻身了。

童贯帮蔡京给赵佶递话不假，但是赵佶之所以能让蔡京顺利地回汴梁当宰相还有一个更重要的原因，那就是缺人，而且缺的是既能臣服于赵佶，又能左右文武，还得了解整个朝政体系的人。最关键的一点是，艺术家赵佶要重建皇宫，此举没有人同意，主要原因只有一个：没钱！

这所有的路都铺平了，接下来就看蔡京怎么走了。

这一时期主政的宰相范纯仁刚刚去世，他就是大名鼎鼎的大文豪范仲淹的儿子，而掌握朝政的是赵佶最放心不下的一个人——故相韩琦之子韩忠彦。

当然，童贯帮忙也是动了一番脑子，他首先找到的是蔡京的旧人邓洵武，由他出面先忽悠赵佶，然后再通过另一个老家伙曾布来铺路，接着利用自己手里的那些人脉，架空韩忠彦。

这样，蔡京的机会就来了。

当上了宰相就得兑现承诺，蔡京上任后所面临的第一件事就是，徽宗皇帝要重新修建皇宫。修建皇宫可不是在家随便垒个鸡窝搭个煤棚那么简单，而是需要一大笔钱，倘若没钱，指什么修呢？

蔡京想出了一个好主意，先把汴京做一个规划，然后变卖规划的土地，再出台一些相应的措施，忽悠百姓们都来买地建房，这样很快就套进来不少钱。然后，借用当年新党的一些方法，重新修订盐铁茶法，同时加快西部商道，刺激茶叶大量出口。

几乎所有人都明白一个道理，只要能保证西部商道的安全，就能确保茶叶的出口，这是一个大前提。问题是打残了党项，西边就太平了吗？答案当然是否，因为在这一带的，不仅有党项，还有吐谷浑和吐蕃。不过，此时的吐谷浑已基本上属于生活不能自理了，可以将其忽略不计；但是，还有另一个更为可怕的敌人——吐蕃！

当时通过西部商道西行的茶叶以陕茶为主，“中茶易马，惟汉中、保宁，而湖南产茶，其直（值）贱，商人率越境私贩，中汉中、保宁者，仅一二十引”。

同时也在国内大力推广茶叶，而宋徽宗在早期的发展中起到了很重要的作用，尤其是赵佶的名篇《大观茶论》问世之时，饮茶之风开始盛行于全国。

《大观茶论》在某种层面上也反映了宋朝人对茶的认识和了解，作为艺术家的徽宗皇帝对茶的理解则更具文艺范儿：

> 则非遑遽之时可得而好尚矣。本朝之兴，岁修建溪之贡，龙团凤饼，名冠天下，而壑源之品，亦自此而盛。延及于今，百废俱兴，海内晏然，垂拱密勿，幸致无为。缙

绅之士，韦布之流，沐浴膏泽，熏陶德化，盛以雅尚相推，从事茗饮，故近岁以来，采择之精，制作之工，品第之胜，烹点之妙，莫不盛造其极。

由于皇帝的艺术水平，把整个宋朝都引领到了一个艺术高度。古代美学，到宋朝达到了一个空前的高度，无论书画还是瓷器，做到了最大也是最为奢华的简单。这种以简单为最美的风格，直到20世纪40年代才被德国现代建筑师瓦尔特·格罗皮乌斯命名为“极简主义”（Minimalism），而这种风靡一时的“极简主义”仅仅是针对建筑风格而言，但是在近千年前的宋朝就早已经把这种极简应用于生活中。

一千年后的今天，我们在议论宋徽宗这个人的时候，会经常说起他的书法、文学和画作，同时也为他的悲怆结局感到惋惜。没错，如果他不去做这个皇帝的话，可能他无论在艺术或文学上的修为都不比当时的那些书法家、美术家乃至文学家的水平差。但是，命运往往是个很难说准的玩意儿，随时随地会在我们身边挖掘一些看不见但能摸得着的深渊和黑洞。

这让我们想起距离赵佶大约三百年前的唐朝诗人白乐天曾经写过的一首诗：

周公恐惧流言日，
王莽谦恭未篡时。
向使当初身便死，
一生真伪复谁知。

不知道被金兵掳至北方的赵佶，在其漫长的囚徒生活中，是否认真反思过这首诗的含义！

唉——历史往往也只是这一声叹息！

那么，宋朝的灭亡和童贯到底有着怎样的关系呢？

首先要提到的还是西部商道。不要以为章楶打残了党项，西边就变成了一片太平之地，这种理解是完全错误的。不要忘了，党项是靠小偷小摸起家的毛贼，如果他们能老实了，也就不会是党项了。但是除了党项之外，还有河湟地区——宋朝的养马场。

河湟，始终是宋朝躯体上的一块疤痕，虽然已经结痂，但是谁都碰不得，原因是居于此地的吐蕃人。

远在唐朝解体前的六十五年，即公元 842 年，曾经显赫一时的吐蕃帝国因末代赞普朗达玛灭佛，被僧人雇用的死士暗杀，从此宣告吐蕃王朝分崩离析。随后就是一场昏天黑地的内部杀戮，结果，以朗达玛后人吉德尼玛衮为首的前王族，率领家人和部分支持者去了现在的藏西的阿狸地区，建立了神秘的古格王国；而另一部分则通过迁徙，与原来就定居在青藏高原一带的吐蕃原住民结合在一起，在河湟一带定居下来。

历史上的河湟地区，泛指黄河上游、湟水流域和大通河流域一带的平原，古称“三河间”。这里最早是氐、羌的聚居区，后来被从北方长途迁徙过来的吐谷浑人占领。唐朝贞观年间，因吐谷浑人与唐争夺茶叶，在此地，唐朝出兵对吐谷浑实行了围剿，迫使大部分吐谷浑人再度北迁。不久后这里被吐蕃人占领，吐蕃人成为宋朝茶叶的一大主顾，茶马互市在此地方兴未艾。

后来，随着党项人的崛起，他们也看好了茶叶这块肥肉，就在通商之路上实施抢劫，从而破坏了游戏规则，党项人以此手段获得了大量的茶叶，将其卖给吐蕃人，达到了快速致富的目的，并用这些钱招兵买马，扩大了自己的势力范围。

由于党项破坏了游戏规则，吐蕃也很快行动了，反正丛林法则就是这么规定，先下手为强，后下手遭殃，拳头大的自然是大哥，谁下手快就是谁的。

宋朝对党项吐蕃的恶劣行径实在忍无可忍，也派兵进行过围剿，可是收效不是很明显，虽然也把党项人打痛过，但是毕竟山高路远，不可能在此地对其进行长期清剿。而比兔子还要狡猾的党项人采取的是游击战，只要发现官兵，立刻就坚壁清野，所有人进了茫茫戈壁，官军连个踪影都找不到。在这种情况下，宋朝实在毫无办法，只好收买了此地的吐蕃首领潘罗支，用以毒攻毒之计，通过潘罗支诈降，近距离地进入了党项内部，最终用毒箭暗杀了党项头领李继迁。虽然后来潘罗支也被党项人用计所杀，但从此以后，党项与吐蕃之间就结下了怨。

李元昊继位后，为了给他爷爷报一箭之仇，同时为了达到独霸一方的目的，率兵在青唐城（今青海西宁）与唃厮啰发生了激烈战斗，结果中了唃厮啰设下的圈套，以惨败告终。

1098 年，章楶彻底打败了党项以后，重新开通了必经此地的通商之路。吐蕃的竞争对手已经被打残，所以吐蕃觉得发财的机会来了，他们变成了西部商道的抢劫集团。但是由于蔡京实施了新的“茶法”，使走在这条路上的茶叶价格发生了变化，引起了各方的强烈不满。茶叶还是那个茶叶，可价格发生了变化，商人们只能通过掺假的方式来维系自己的利益。即便如此，西部商道上却从来不是一个太平之地，吐蕃人的行径更加野蛮和疯狂。由于吐蕃人在西部商道对过往的商旅进行杀人越货的勾当，引起了赵佶的不满。1103 年，赵佶出兵河湟，对河湟地区的吐蕃展开了攻击。

童贯也就是在河湟的战役中一战成名！

童贯不愧是李宪的跟班，上了疆场就暴露出嗜血的本性，管他是吐蕃还是党项，下手绝不留情，来一个杀一个，来一对杀一双，不仅杀，而且还抢，也不知道到底谁是真的劫匪了。不过这一手倒是很有效，只用了不到一年的时间，在崇宁三年（1104）四月二十六日，就宣告河湟战事全部结束，吐蕃被打得服服帖帖，只有投降，没有他路可选。

河湟之战，童贯痛揍了吐蕃，迫使他们投降，保证了西部商道的太平，顺手还夺回了被党项掠走的土地。本想借用此招调戏一下党项，可党项小皇帝李乾顺假装视而不见，虽然不至于坐困城愁，可无论如何也不想出城再和宋军拼命了——我装孙子还不成吗？他是真的被宋军给打怕了。

李乾顺确实已经被宋朝给打怕了，他几乎是在娘怀里目睹了党项的一次次惨败。小梁太后穷兵黩武，连年的战争已经把整个党项整得穷困潦倒，民不聊生，连饭都吃不上，哪里还有精神去打仗。虽然李乾顺不想打仗，可后面还有他的老大——契丹站出来说话了。

花着宋朝的钱，却装个大尾巴狼的契丹，这时候出来替党项打抱不平的原因有两个，一是李乾顺娶了契丹皇帝耶律延禧的妹妹成安公主，两家成了舅子与妹夫之间的关系；妹夫受委屈，舅子必然要出手帮忙，这也合情合理，但是他想借党项的事再敲诈宋朝一回，这就不厚道了。

但是，蔡京却发现这是个门道。

著名艺术家赵佶在皇位上坐了十年，用蔡京的手敛钱，不仅修建了皇宫，而且连自己的坟地也挖好了，然后用童贯的兵保护了西部商道，保证了财源的滚滚流入，貌似一切都走向了一条正规发展的道路。但是他却忘记了一个道理：杀鸡取卵的结果不过就是一时。

到了政和元年，也就是公元 1111 年，赵佶忽然天方夜谭地开始琢磨有关燕云十六州的事。依照蔡京和童贯的主意，无论是西部党项也好，或者北方边界也罢，只要能引起契丹的恼怒，徽宗这事也许就齐了。但是，千万不要认为这两个人和赵佶一样是在考虑社稷的问题，他们所想的是一旦引发了大规模战争，所有的钱就不再由赵佶掌控，否则也就不会说蔡京是六贼之首了。

差不多在这个时候，党项小皇帝娶了契丹皇室宗亲之女耶律南仙，契丹那边就充当了说客，为了调停宋朝与党项之间的矛盾，派来了使臣与宋朝谈判。谈判的大概内容是，契丹现在和党项已经结为姻亲，而且他们现在也不惹事了，请求宋朝放其一马。但是蔡京和童贯并不这么想，立刻奏明赵佶，这事不能就这么轻易地听信契丹的话，和党项的世仇必须要报。

赵佶也不动脑子，毫不含糊地就让蔡京派了一个超级生猛的人前往契丹，主要职责就是当面和耶律延禧对撕，只要能把契丹的火给点着，让他出兵攻打宋朝，这事就算成了。

派往契丹惹事的那个人叫林摅，时为翰林学士，福建福清人，有一副极好的口条。蔡京交给他的一项任务就是，无论如何也要戳中契丹的要害，把契丹惹恼后出兵犯宋，至于你的个人死活就管不了那么多了，这要看你自己的造化了。

估计这位林大人也是个不知死活的人，到了契丹就和耶律延禧面对面地叫板，耶律延禧说东他偏要说西，目的很简单，就是要让耶律延禧生气上火，他的使命也就完成了。可没想到，耶律延禧还挺大度，无论你说什么始终就是不上火不生气，让林摅很是郁闷，于是就说了一通极其难听的话，终于把耶律延禧惹怒了。《宋史》中只说“延禧暴怒，诏断其食”，至于究竟说了些什么，却只字未提。总之，林摅确实把耶律延禧惹恼了，自己好不容易才逃回中原。但是，契丹并未出兵与宋朝开战。

蔡京恼了，二话不说，直接就给林摅开出了一张去儋州（海南）

“度假”的假条，没有诏令就永远别回来了。

在这种情况下，只好再派以端明殿大学士郑允中为团长、童贯为副团长的朝廷特使访问团代表宋徽宗前往辽国，就双边的具体事宜进行磋商。

但是，也就在童贯出使契丹的过程中发生了一个意外事件，使这次正常的互访往来变成了一次诡异之旅，诡异到直至北宋灭亡，也没有人能够找出准确的答案。而制造这个意外的，是一个叫马植的不速之客。

马植，是世代居住于燕云地区的汉族人，从石敬瑭把燕云十六州割让给了契丹后，连同居住在这一地区的民众一起都划入了契丹人的管辖和统治之内，从这个时候开始，汉人就像落入后娘手里的孩子，噩梦连连。

他们对汉人统治的手段是横征暴敛加疯狂杀戮，在他们的眼里，汉人的命不如猪狗，可以随时随地以任何理由或根本无需理由地杀死，而且无须承担任何责任。契丹人对汉人的血腥杀戮很多时候取决于心情，心情好了杀，心情不好也杀，就连与宋朝战争失败也归罪于这些手无寸铁的汉民，随手抓来几个当街杀死，以解心中失败的怨气。甚至赌博所下的赌注也是汉人的一条性命，不仅如此，他们在训练那些年仅十几岁的契丹少年时，也随意从大街上抓几个汉人杀死，以此来锻炼胆量，充分暴露了契丹人的嗜血品性。残暴的镇压使居住在这一地区的汉族居民人人自危，每一天都在胆战心惊中度日，恐惧像一块沉重的石头压在汉人的心里，今天能活下来就算是幸运，谁也无法知道明天是否还能看到早晨的太阳。在这种野蛮的统治下，积郁在汉民心中的仇恨终于爆发——因为以抢劫为主要生活来源的契丹人，肯定不会知道有这么一个成语：物极必反！

公元996年，居住在瀛洲（今河北河间）的汉人纪尚因新婚妻子被契丹人强奸并残杀，一怒之下带着自己的四个弟弟及好友向契丹人扯起了反旗，响应者竟多达千人，他们用同样的暴力手段对契丹人大开杀戒，只要见到契丹人，不论男女老少，只有一个字：杀！暴动的汉民一度攻占了瀛洲城，以更加残忍的手段处死了契丹官员。契丹最终血腥镇压了这次暴动，同时在这起恶性事件后也颁布了一项专门针对汉人的"保护令"：居住在该地区的契丹人不得随意伤害汉人的利益。命令虽然是这样写的，但是契丹人残杀汉人的暴力事件仍然时有发生。

马植的先人们就是在这样的气氛下小心翼翼地活了下来。

史料中没有马植的生年记载，从已知的文献中能获知，他的家境不错，在燕云地区算得上富裕人家，读过书也做过官，做过的最高的官是辽国崇禄寺少卿，所以他对辽国内部情况有比较系统的了解。当他得知中原朝廷派使臣来辽国进行访问时，便花钱买通了外面的守卫，连夜闯进了童贯下榻的客房。

童贯住的那个地方当时还不怎么出名，但是八百多年后，这地方成为举世瞩目的一个焦点，1937 年 7 月 7 日，日本鬼子制造了举世震惊的"卢沟桥事变"，从此，中国进入了全面抗战状态。时至今日，所有的中国人在每年的 7 月 7 日提起这个地方，心里都会倍感愤怒。

那条河叫作永定河，古称卢沟河，只是那会儿河上还没有那座桥，因为卢沟桥是在七十八年后的 1189 年才开工建造，到 1192 年 3 月才修建完毕。而立于桥头上的两头狮子，那已经是 1444 年明英宗朱祁镇时期的事了。

马植究竟是出于什么居心前来面陈童贯，历史在行进了近千年后，真相已经无法追究，但是他能如实向童贯报告当下契丹真实状况，至少给了童贯在谈判桌上很重要的筹码，这一点确实是真的。所谓诡异的一点是，他给童贯出了一个计策，当下女真正在逐渐强大，宋朝为何不趁这个机会联合女真共同伐辽呢？如果能与女真联手，契丹的末日就不远了，中原王朝不须费吹灰之力，收复燕云十六州便指日可待。

正是这个计策，成为北宋王朝垮台的一个主要原因。

童贯获得这个消息后大喜过望，因为他很清楚，燕云十六州是宋朝历代皇帝的一块心病，无论太祖还是太宗，连做梦都想把这个地方收回来，尤其是赵光义时代，大军已经包围了幽州城，就差了那么一点点。然而，那“一点点”最终功亏一篑。高梁河一役，大宋十万大军被契丹打得一败涂地，就连赵光义也险些命丧疆场，以极其狼狈的方式逃回汴京。

从这个时候开始，就没人再敢提及收复燕云的话。但是不提归不提，并不能代表皇帝不去思考，就像赵匡胤所说的：卧榻之侧岂容他人鼾睡，况且趴在自己身边的还是一只随时都有可能跳起来伤人的饿狼。如今，这只曾经在大宋的国土上肆意东咬西噬的饿狼已经老了，且已病入膏肓，如果趁这个机会与女真联手，前后夹击必能致契丹于死地，那么燕云十六州将唾手可得！

马植的这个计划看上去不错，就当时的情形来说，女真也确实需要中原这样一个强有力的帮手，但是双方之间合作的概率有多大？童贯却没有考虑，或者说没有时间考虑，他觉得应该把这个人先带回去再说。

这里应该确认的一个问题是，童贯之所以把马植带回汴梁，首先是基于个人因素的考虑。作为佞臣，往往最先想到的是个人得失，其次是赚取的好处或讨好皇帝的一个条件，最后才考虑国家与社稷的问题。因为在过去很长一段时间里，宋朝都一直想通过某种途径从契丹手里夺回燕云，也曾经有过与其他部族联手的方案，比如哲宗时期，司马光就曾经想过与西夏或者高丽联手对付契丹，但从来就没人考虑过正在崛起的女真。女真毕竟还是个不值得一提的“蕞尔小国”，二三十个部落千八百个兵，就这点儿家当要和契丹抗衡？基本上等于找死！现在马植提出这个全新的想法，让童贯眼前一亮。

童贯经过深思熟虑后，决定往回走的时候把马植一起带回去。

马植就这样随童贯一起来到汴梁，并且受到了赵佶的亲自接见。赵佶当堂赐马植姓赵，改名为赵良嗣。估计马植（对了，现在已经叫赵良嗣了）初见皇上内心非常激动，于是又献了一计，说现在女真对契丹是恨之入骨，如果万岁派出使团从登莱（今山东半岛蓬莱、莱州）地区上船渡海，和女真一起攻打辽国，那么燕云很快就会回到大宋版图内。

但是此计遭到大臣们的一致反对，唯有王黼表示赞同，这让赵佶心花怒放，当场封马植（赵良嗣）为秘书丞，办公地点设在龙图阁，专门负责与女真的联络和谈判事宜。

也就是从这个时候开始，收复燕云十六州的计划正式纳入朝廷的议事日程中，同时也宣布了北宋和契丹这对打了百年的冤家双双走向灭亡的不归路。

如果说，党项只是一个毛贼的话，那么契丹充其量算是个奸诈的骗子，而接下来的女真，可就是杀人越货的强盗了！更要命的是，这个强盗在北宋掏钱将其喂大喂肥后，又回过头来一口把北宋咬死！

差不多在与宋朝筹划对契丹的一些具体方案的同时，女真也确实像赵良嗣所说那样，对契丹已到了恨之入骨的地步，其原因是契丹的胃口越来越大，利用手中掌控的茶叶，变本加厉地对女真进行敲诈，上到兽皮人参，下到山珍靰鞡草，无不向女真伸手索要，而换回的茶叶数量却越来越少。尤其是自 1092 年，完颜刻里钵去世，他的长子完颜乌雅束继承了都勃极烈（大酋长）以后，这种情况愈发严重，逼得女真叫苦连天。尽管这时的契丹仅差一根将其压垮的稻草，可瘦死的骆驼总归比马大，毕竟女真人少兵稀，无法与之匹敌，也只能忍气吞声。

《金史》记载，完颜乌雅束虽然有勇却没什么谋略，曾经有率五百兵士砍翻来犯的一万高丽兵的辉煌，足以见其威猛骁勇。名义上他是女真的都勃极烈，但整个女真实际掌控在他的五叔完颜盈歌手里。也正是因为有了完颜盈歌这个老狐狸的掌控与治理，为后来完颜阿骨打起兵叛辽打下了基础。

就在赵良嗣（马植）紧锣密鼓地开始策划说服女真加盟宋朝一同抗辽的方案时，辽祚帝耶律延禧却和完颜阿骨打结下了梁子。1112 年，身患重病的女真都勃极烈完颜乌雅束派他的弟弟完颜阿骨打前往长春州（今吉林乾安北）参加耶律延禧召集的女真各部族首领聚会，不作就不会死的耶律延禧喝醉了，当着所有人的面，用最恶毒的方式对完颜阿骨打进行人身侮辱，并扬言迟早有一天要将完颜氏灭掉。

这种公开的羞辱让完颜阿骨打完全没办法接受，虽然在当时他强压着内心的怒火没有发作，可耶律延禧的话始终让他如鲠在喉。回到当地后，完颜阿骨打实在没办法咽下这口恶气，就开始暗地里招兵买马，打算起兵，死磕辽国。

很多时候我们没有办法说清楚什么叫作机会，只能给予一种想象，说机会是个满街乱窜的莽汉，随时随地都有可能出现在我们的面前，如果及时伸手，就可能把这个叫作“机会”的家伙给抓住，然后紧紧地握在手里。1113 年，忍了将近一年窝心气的完颜阿骨打，终于等来了一个千载难逢的机会。因为就在这一年，他的哥哥完颜乌雅束很是时候地离开了人世，都勃极烈这个位置落到了他的头上。从这一天开始，契丹灭亡正式进入了倒计时。

从史料上分析，完颜阿骨打的性格和他的爷爷完颜乌古乃很像，骨子里都有一种一般人所不具备的气质，那就是坚毅与邪恶的化身。当年完颜乌古乃在族群内曾经被人用一种鸟的名字给他起了一个著名的绰号“胡来”，传说这种叫作“胡来”的鸟，专门啄食牛马骆驼等家畜脊背上的伤疮，直到把这些家畜啄死为止。由此可见完颜乌古乃的邪恶和卑劣。

1113 年，完颜阿骨打起兵，正式拉开了灭亡辽国的序幕。

契丹的没落

公元前 2 世纪，迦太基名将汉尼拔曾经说过："无论多么强大的国家，都不可能保持长久的国泰民安。即使没有来自外敌的威胁，也会出现产生于内部的敌人。这就如同人体一样，强健的体魄可以抵御外来疾病的入侵，但是内脏器官的疾患，却会制约身体的健康成长，并使人饱受折磨。"（李维《罗马史》）

比如契丹，曾经何其强大，如今已经沦落为陷入平原的老虎。

完颜阿骨打起兵叛辽的两个最重要的原因之一就是，大辽骑在女真头上作威作福已达数百年之久，从公元 926 年耶律阿保机剿灭了女真（靺鞨）治下的渤海国起，历史已经向前迈进了一百八十七年，横跨五代十国一直到北宋晚期。在将近两个世纪的历史长河中，女真始终都处在契丹的高压统治下，人参、貂皮、名马、北珠、俊鹰、蜜蜡、麻布等，除依照定期定量向辽朝进贡而外，辽朝东北边境的官吏和奸商在朝廷的纵容下，还经常到榷场中用"低值"去强购，称为"打女真"，这早就在女真人的心里种下了仇恨，尤其是对生活必需品之一的茶叶的控制格外严格，更让女真恨之入骨。

"澶渊之盟"后，虽然契丹从大宋购销茶叶已经没有了贸易壁垒，但是他们对女真等民族的茶叶管制丝毫没有放松。还在萧燕燕主政的辽圣宗耶律隆绪时代，她就亲自制定了有关对女真、室韦等游牧民族茶叶管控的专项制度，明确规定“凡治下私由汉人购茶者逾百斤，不论主从一律处斩”。此项规定由她的情夫韩德让亲自落实，可见契丹在茶叶专控方面对其他民族的严厉性。

契丹没落早在耶律宗真时期就已经显现出来，除了敲诈宋朝成功之外，其他方面就再也没什么起色了。两次征伐党项，均以失败告终，尤其是第一次征战党项时，被李元昊打得丢盔卸甲，十七万精兵全军覆没，创下了契丹历史上除了唐朝时期李尽忠、孙万荣之乱被官军剿灭后的第二次惨败，而且这场极其难看的惨败已经奠定了契丹灭亡的必然性。

第二次征讨是趁李元昊刚死不久，十一个月的娃娃不主国事，耶律宗真试图利用这个机会给上次的惨败找回点颜面，可没想到再次被打得屁滚尿流，大致过程基本上和第一次差不多，虽然没有败得那么惨，可也没捞回什么面子，只是把李元昊生前的几个女人给抓回来，每个女人和他睡了一觉，也算是把李元昊给“羞辱”了一通。

瞧他这点出息吧！就是这么一个心胸狭隘到了极点的人，他的能力和水平也就可见一斑。

连战连败已经把自己的名声给彻底搞臭了，不仅让宋朝和党项开始对其鄙视，就连契丹本族内也产生了一些抵触情绪。不过，这些还都算是外忧，还有更加要命的内患。内患问题一旦得不到很好的解决，那就是埋在自己身边的一颗定时炸弹，这颗炸弹一旦被引爆，则事关契丹的生死存亡。这颗未爆的炸弹，是关于立储问题。

这事还得从耶律宗真的老妈萧耨斤说起。

现在谁也没有办法说清楚在那一段时间里究竟出现了什么样的天文气象，太后擅权竟然成为一种主流现象，党项有大小梁氏，宋朝有高滔滔，而契丹也不甘落后，出了一个萧耨斤，这四个女人简直就像中国历史上著名的四大妖姬，四人同时现身，且都是奔着亡国而来，一个比一个强悍，一个比一个能折腾，一个比一个不靠谱。[1]

然而，无论党项的大小梁太后还是宋朝的高滔滔，尽管她们很能折腾，都还算是依据先帝的遗诏，所以再怎么胡闹别人也说不出什么来。可是这位萧耨斤就不一样了，因为她的太后身份是自己封的，一个名不正言不顺的假太后，竟然也敢这么为所欲为，就很让人匪夷所思了。

1031年，辽圣宗耶律隆绪临死前曾遗诏皇后萧菩萨哥为太后，耶律宗真生母萧耨斤为皇太妃。这可是先皇遗诏，明明写得很清楚，谁也不敢随便篡改。可是到了萧耨斤这里，什么遗诏不遗诏，我不管那一套，如今我儿子是皇帝，我就应该是皇太后！于是就把自己封为太后，大模大样地垂帘听政了。

据说，萧耨斤最早只是萧燕燕房内的侍女，长相平平，面色黝黑，因而不受萧燕燕的待见。有一次在给萧燕燕收拾行宫时，打坏了别人送给萧燕燕的一个金蛋，这可把她给吓坏了，恰在这时萧燕燕回宫，萧耨斤情急之下一口就将金蛋吞下，结果导致她发了高烧。可是退了烧以后，整个人就像脱胎换骨一样，连耶律隆绪都看上了她，于是当晚就将其临幸。

1　四大妖姬分别指中国古代时期的妺喜、妲己、褒姒和骊姬。妺喜，传说中夏桀的情人，因为为夏桀所宠，导致夏朝的灭亡。妲己，商纣王之欢，为讨她的喜欢，纣王不惜滥杀无辜，致商朝灭亡。褒姒，周幽王之宠，周幽王为博其一笑，竟然点燃烽火台，从而导致西周的灭亡。骊姬，春秋时代晋献公之妃，以妖媚惑众闻名，挑拨晋献公杀死其长子申生，逼走次子重耳和三子夷吾，致使晋国险遭亡国之虞。

也是她的肚子争气，仅和耶律隆绪睡了这一次，竟然就有了身孕，生下了耶律宗真。但是这里需要注明的是，《辽史》中所记载的萧耨斤曾经是萧燕燕的内侍，这个时间应该在1004年到1007年之间，1009年萧燕燕去世，在此前一年萧耨斤被封为元妃，而耶律宗真出生于1014年，这时萧燕燕已经死了五年多，所以，应该在耶律宗真之前，萧耨斤还有一个男孩，估计夭折了。

虽然这位皇太后名不正言不顺，也没有什么治国的能力，可只有一点，够能折腾，比起党项和宋朝那三位太后的折腾劲，萧耨斤有过之而无不及。

头一条就是跋扈专权，刚登上大位，她就诬陷正牌皇太后萧菩萨哥与其兄参与谋反，试图毒死耶律宗真，于是将萧菩萨哥的两个哥哥处死，逼迫萧菩萨哥自杀。此案受到牵连的宫廷卫士上百人，另有四十多个契丹贵族稀里糊涂地被牵涉进去，并遭到诛杀。

一个自封的皇太后能肆无忌惮地剪除异己专权朝政，这事听上去就够狗血的，可是对于萧耨斤来说，这才仅仅是狗血的前半段。她是铁了心一定要把狗血事业做到底，没有最狗血，只有更狗血！

一人得道鸡犬升天，这话用在萧耨斤身上是太合适不过了。史书上没有她的出生年份，不过按照《辽史》记载，重熙十六年，辽兴宗耶律宗真把“年届七旬”的萧耨斤从庆陵接回来，她在专权时的年龄应该在五十岁左右，正值女人的更年期时期，可以想象，一个处于更年期的老女人还有什么事做不出来呢？

比如，汉朝的吕后。

萧耨斤同样也是如此，她把她家所有的兄弟全都封了王，甚至数十位奴仆也都委以重任。这还不算，她的姐姐秦国夫人看上了长沙王谢家奴，萧耨斤竟然动手将谢家女人杀死，把自己又丑又老且只有一只眼的姐姐强行嫁了过去。而她的妹妹晋国夫人几乎同出一辙，看中了一表人才的户部使耿元吉，萧耨斤二话不说就派人杀了耿元吉的原配，威逼他娶了晋国夫人。

但是，这些还都不是事，最重要的是，这老婆娘也不知道怎么想的，半道上打算废掉耶律宗真，与北院枢密使萧孝先等人合谋，欲立另一个儿子耶律重元为皇帝。大概连耶律重元也觉得这事不靠谱，就向耶律宗真报告了这一阴谋。耶律宗真大怒，下诏废了萧耨斤的太后之位，将其送到了庆陵，去给亡夫耶律隆绪守陵去了。至此，耶律隆绪时代由萧燕燕打下的契丹盛世，已经被萧耨斤在短短的四年内折腾殆尽。

而这个时候的耶律宗真已经二十多岁了，任由萧耨斤在朝堂胡作非为而无动于衷，如果不是因为自己的皇位，甚至性命受到了威胁，他依然没有要扫除外戚专权的想法，仅此足可见其能力之低。

因为弟弟耶律重元的举报，使耶律宗真躲过了一劫，耶律宗真向弟弟颁发了大大小小各类口头奖状无数，并亲封耶律重元为皇太弟，任何人都可以理解为，哥哥死后弟弟继位。但是就因为耶律宗真随口给了耶律重元这么一封，给日后的宫廷内乱埋下了伏笔。

1048 年，随着耶律宗真第二次征战党项的失败，契丹的风气突然发生了变化。与党项的战争结束后，耶律宗真以胜利者的姿态“班师回朝”，但是战败的消息还是很快就传遍全境，一种绝望的风气在契丹贵族中蔓延开来。

1055 年，耶律宗真死了，但是皇位并没有传给他弟弟耶律重元，而是传给了儿子耶律洪基。

我们所熟知的耶律洪基，是在金庸的武侠小说《天龙八部》中，他和丐帮帮主萧峰结为拜把子兄弟，在萧峰的帮助下，耶律洪基有了超强的治国能力。但是那个耶律洪基只是小说中的一个人物，和真实的耶律洪基相比有着天壤之别。

说实话，耶律洪基的水平比他爹也强不了多少，他明明知道自己的皇位曾被耶律宗真传给耶律重元，也很清楚这个事如果得不到很好的解决，那就是一颗随时都有可能爆炸的炸弹，但是却在继位后依然拜耶律重元为皇太叔，同时加封天下兵马大元帅，这就等于把兵权全部交给了别人。

从另一方面来说，耶律重元这个人也很让人费解，对于耶律洪基继位他没有提出任何异议，甚至欣然接受了侄子的加封。可是到了八年后的 1063 年，他不知道哪根筋出现了问题，突然回过味来，和儿子耶律涅鲁古一起，联合了陈国王陈六、知北苑枢密事萧胡睹以及四百多名士兵一起谋反，制定了一套自以为完善的计策，要杀了耶律洪基，自己当皇帝。

游牧民族的智商朴素得让人很难理解，尽管他们也已经学会了文明的生活方式，甚至也已经有了自己的文字，但是他们的处事方式却依然停留在原始社会时期。

耶律重元和耶律涅鲁古经过密谋，决定先假冒耶律重元重病，把耶律洪基诱骗到自己家里后将其杀死。可是阴错阳差，耶律洪基有事耽搁没有前往，第一次暗杀行动就此流产，耶律洪基逃过了一劫。

但是，耶律重元并没有收手，他是铁了心要把耶律洪基置于死地。很快就制订了第二套暗杀方案，趁耶律洪基打猎的时候，亲自率领四百亲兵悄悄地接近他，然后将其一举杀死。

作为“天下兵马大元帅”、契丹第一军事领袖的耶律重元，似乎疏忽了一个最简单的道理，因为契丹皇帝出行时，身边都带着自己的“斡鲁朵”，也就是通常所说的卫队。所谓“斡鲁朵”，个个都是经过严格选拔的兵中之精，他们只服从于皇帝本人，除了皇帝外，任何人（包括皇后）未经许可都不许入内，他们的使命就是随时随地保护皇帝的安全。

当耶律重元所率领的四百人暗杀队自以为神不知鬼不觉悄悄地接近了耶律洪基大营的时候，还是被两个人发现了，而这两个人正是因为这起意外暗杀得到了耶律洪基的重用，从此飞黄腾达，甚至影响了契丹此后的命运。这两个人一个叫作耶律仁先，另一个叫作耶律乙辛。

耶律仁先最早发现了树丛中有一群形迹鬼祟的人正在悄悄地向皇帝的行营靠近，随后就大吼了一声，举起刀冲了过去。其他人闻讯而至，一齐冲了过去。四百个散兵游勇哪里是“斡鲁朵”的对手，刚一交手就看出了差距。

这是一场短兵相接且毫无悬念的搏杀，所以战斗很快就结束，耶律重元的四百兵除了当场被“斡鲁朵”砍死之外，其余全部缴械投降。在清理战死者遗体的时候，卫队的士兵突然发现耶律涅鲁古竟然也在其中，这才明白了是怎么回事，赶快通报了耶律洪基。

虽然耶律洪基亲眼见到了耶律涅鲁古的尸体，但是他仍然不相信这是他的皇太叔耶律重元所为。直到第二天早上，耶律重元竟然又回来了，而且这回带来了两千人，把耶律洪基的大营包围了个水泄不通。

耶律洪基勃然大怒，下令“斡鲁朵”全部出击，一定要全部歼灭叛匪。卫队分成了两组，一组由耶律仁先护驾，保护耶律洪基的安全；耶律乙辛领命，带队杀出重围。待耶律乙辛冲出去后才发现，这两千多人更不禁打，还没等“斡鲁朵”冲到近前，所有人便一哄而散。而耶律重元一见大势已去，在追兵的追逐下，只得单骑逃进了茫茫大漠，直到被追得走投无路，才停下马对追兵们说了一句“涅鲁古使我如此”，说完拔剑自刎而死。

有几个跟随耶律重元逃跑的叛乱分子被卫队士兵抓住，经过审问才知道，原来他们是附近村子里的奚族农民，是被耶律重元所说“圣上被贼人劫持，务须前往救驾”的谎言骗来的。

耶律洪基听罢哭笑不得，只得释放了这几个奚族农民。

这场史称“重元之乱”的谋反计划随着耶律重元的自杀而画上了句号，虽然跟随他一同参与谋反的陈国王陈六、知北苑枢密事萧胡睹等人都遭到了满门抄斩的惩罚，但是也反映出了契丹统治集团内日益突出的尖锐矛盾。

而此时的契丹，似乎已经完全忘记了自己游牧民族的本质，从宫廷到民间大兴汉风，尤其南京（今北京）一带，酒肆遍地，茶坊林立，一身囊肉的胖子随处可见，达官显贵们早已脱下了“皮草”而换成了绫罗绸缎，生活方式也从大口喝酒变成了文雅品茗，吟诗作赋、琴棋书画颇为盛行，成为引领时尚的风向标，如果不能对答几句诗赋，都不好意思出门见客。

茶叶，历来都是契丹贵族权力的象征，谁家囤积的茶叶越多，谁家的地位就越高。自从“澶渊之盟”后，中原王朝在放开了对契丹的茶叶封锁的同时，也把汉地的饮茶方式一同带了进来，使契丹人不仅把茶叶与奶制品一同煮饮，而且单品茶也日渐成风，于城区主要街道上，茶馆林立。有些茶馆为了招徕顾客，专门从中原招募点茶师来到北方授艺，甚至刚刚在中原流行起来的斗茶、茶百戏图、赏盏等活动也大行其道。

这哪里还有游牧民族的彪悍，有的仅仅是附庸风雅的虚荣。正是这些虚于表面而缺少实质的萎靡，成为契丹灭亡的最重要的原因。

起因是发生在宫廷内部的一起命案，凶手则是在平息耶律重元的谋反之战中那位表现勇猛的卫士耶律乙辛。

自从平灭了耶律重元的谋反后，耶律仁先和耶律乙辛的命运从此发生了天翻地覆的变化。耶律仁先得以平步青云，本来只是一个小小的“斡鲁朵”，一名低级卫士因救驾有功，被耶律洪基封为“于越”——要知道，“于越”可不是随随便便就能封的，要么战功赫赫，要么德高望重，在契丹前后两百多年的历史中，总共才有四个人获此殊荣。第一个是耶律曷鲁，这是个不得了的人物，耶律阿保机的绝对心腹，契丹建国位排二十一个功臣之首；第二个叫作耶律屋质，是历经了耶律阿保机、耶律德光、耶律阮、耶律璟和耶律贤五个时代的大臣，以沉着冷静著称，曾经先后两次平息了宫廷内乱；第三个就更厉害了，高粱河一战，把宋太宗赵光义打得狼狈不堪、号称契丹战神的耶律休哥。而第四个，也是契丹史上的最后一个“于越”，就是这位耶律仁先。

那么耶律乙辛呢?

据《辽史》记载，耶律乙辛出身贫寒，从小就给别人家放牛，好在他爹有远见，让他读了几年书，也算是个有知识的放牛娃了。长大以后，曾经的放牛娃却长得一表人才，再加上人比较聪明，能对得上几句诗赋，更是受到青睐。后来他的机会终于来了，被选送到当时的皇帝耶律宗真身边当了一名“斡鲁朵”。耶律宗真属于那种闷骚型的皇帝，闲时作几笔丹青，口占两句诗词，水平还都不低，至少曾经获得过宋仁宗的表扬。

一个偶然的机会让耶律乙辛有了出头之日。某日，耶律宗真心情大悦，面对周围的美景随口就吟了一首诗，前三句都还不错，但是第四句却对不上辙了。正在苦思冥想之际，一旁的耶律乙辛却给对上了。这让耶律宗真喜出望外，立刻将其擢升为御前笔砚吏。千万不要以为这只是个铺纸研墨的小吏，那毕竟是皇帝身边的人，如果表现得好，很快就能得到提拔。

果然，过了没有多久，耶律乙辛就被耶律宗真提拔为护卫太保，相当于贴身保镖的头目，手下有了二三十个人，工作嘛，就是保护皇帝的安全。

可是，让他想不到的是，耶律宗真在提拔了他之后不久就病死了，耶律乙辛的心凉了，他知道过去所有的努力现在全部归零，在新皇帝面前，一切都要从头开始重新表现，所以他始终夹着尾巴做人。如果没有耶律重元谋反这件事，他可能一辈子也就是个护卫太保了，永远不可能有翻身之日。所以，从某种意义上说，他心里永远都在感谢耶律重元、耶律涅鲁古父子俩。

因为救驾立下了大功，耶律乙辛和耶律仁先成为契丹英雄，加官封爵这是板上钉钉的事。他自己连做梦都没想到的是，耶律洪基出手竟然如此阔绰，封他为北院枢密使兼赵王，后面还跟着一个含金量十足的超级大奖：匡时翊圣竭忠平乱功臣！

一步登天了！

于是，他娶了契丹最漂亮的女人为妻，享受了过去从来不敢想的荣华富贵。唐朝的李白曾经说过，“人生得意须尽欢”，可是，没想到，他的欢尽大了，尽得让他自己到了找不到北的地步。

然而，这是条狼，一条永远都喂不熟的白眼狼。

蠢得像驴一样的耶律洪基根本就不可能看到自己身边这位“超级红人”身上所暴露出的邪恶，否则的话，契丹不会那么早亡国，宋朝也就不会有靖康，历史也许会重写。如果我们换一个角度来说，也许历史会在每一个关键节点上，都安排这样一个小丑专门来改变世界的进程。

1069 年，耶律乙辛署理太师，耶律洪基诏令四方：如有军事行动，允许耶律乙辛斟酌时势自行处理。自此，耶律乙辛权势倾动朝野，门下贿赠者络绎不绝，凡曲从迎合的就受到荐举提升，凡忠信耿直的则被废弃贬逐。

到了 1075 年，太子耶律浚正式辅佐耶律洪基参与朝政，对耶律乙辛私结同党、以权谋私、贪污受贿看不下去，就奏明耶律洪基对耶律乙辛进行彻查，但是耶律洪基却并未当回事。可对于耶律乙辛来说，意义就不一样了，由此，他对耶律浚恨之入骨，无论如何也要将其除掉。

要想除掉太子，谈何容易？必须要找到一个下手的机会！

欲做掉太子，必先从他的母亲开始。耶律乙辛决定从耶律洪基的皇后、耶律浚的母亲萧观音身上寻找突破口。

前面已经介绍过了，从耶律宗真时期开始，契丹就开始盛行汉风，对诗作赋俨然成了一种时尚，而这个风恰恰是从皇宫开始兴起的。作为当朝皇后，萧观音自然不能落后，经常写几笔诗赋抒发自己的情感。可以这样说，她的诗词歌赋在当时的契丹无人能与之相提并论。近代大学者吴梅对萧观音的作品有过非常高的评价，说她的词“词意并茂，有宋人所不及者”。意思说得很明白，她的作品水平之高，就连宋人都达不到。清朝康熙年间的著名词人朱彝尊和纳兰性德在吟诵她的作品时，都颇为用情，对她这种悲剧寄予了莫大的同情。纳兰性德甚至“一醉一咏三叹”后一病不起，七日后溘然长逝，年仅三十岁。

就是这么一位才貌双全的一代女词人，却没想到因为自己的几句诗而中了奸臣的暗箭，含冤而死。

奸诈恶毒的耶律乙辛制订了一整套完整的奸计，准备趁耶律洪基出外打猎之际，从萧观音下手，将皇后和太子逐个处死。这就是契丹晚期颇为著名的“十香词冤案”。

1075年，契丹皇帝耶律洪基再一次离开上京出外狩猎。但是他和皇后萧观音都没有想到的是，这次出行，竟然成为他们的诀别。

皇帝刚刚出门，耶律乙辛就紧锣密鼓地开始了他的阴谋。他拿着一份别人所作的《十香词》来到萧观音府邸，谎称这是宋朝皇后的作品，皇帝临走时专门交代，由娘娘再抄一遍，并请宫内作曲乐师赵惟一谱上曲，作为两国皇后的共同之作再送回宋朝。

萧观音并没有多想，接过来就按照原词誊写了一遍。这一誊写，让她想起了远在野外狩猎的丈夫，便在最后又追加了一首七绝

《怀古》：

宫中只数赵家妆，
败雨残云误汉王。
惟有知情一片月，
曾窥飞燕入昭阳。

随后觉得还是没有尽情，萧观音又写了十首诗，合在一起叫作《回心院词》，借以表达思夫之情，并命赵惟一谱上曲。赵惟一接旨，用尽了心血，把《回心院词》发挥得淋漓尽致。一支玉笛、一曲琵琶，萧观音与赵惟一一丝一竹相合，情切切意绵绵，每每使听的人怦然心动。

事坏就坏在了附在后面的这首《怀古》，“宫中只数赵家妆，惟有知情一片月”，连赵惟一的名字都出现了，再加上香艳十足的《十香词》和《回心院词》，这些内容足以被耶律乙辛充分利用，并当成两人私通的铁证。这样铁证如山的罪行，即便萧观音再有能耐，还有可能再活下去吗?

而在这个时候，两人压根就没有想到，就是因为这一词一曲会招来杀身之祸!

过了没几天，在野外狩猎的耶律洪基收到了一份特快专递，是一份反映皇后萧观音不守妇道，和宫内的伶官私通的报告，除了详尽介绍两人的不轨行为外，还专门附上了物证，就是抄在绫绢上的《十香词》。这份报告在历史上的名气非常大，全名叫作《以德皇后私伶官疏》。

皇帝被戴了绿帽子，这让耶律洪基情何以堪?他当即暴跳如雷，立刻下诏，赐给萧观音一条上吊用的白绫，凌迟处死赵惟一，并诛杀其九族！

可怜的萧皇后，临死前哀告要见耶律洪基一面，当面向夫君把内情解释清楚，却遭到粗暴拒绝。赵惟一更是冤枉，他只是宫里的一个琴师，哪里会想到，就是因为奉了皇后之命谱写了一首曲子，就遭到了千刀万剐的厄运，而且还牵连到了那么多无辜的人，这个理找谁去评呢？

萧观音死了，但是这事并没有结束，因为耶律乙辛的阴谋还在继续，他的最终目的不仅仅是除掉萧观音，还有太子耶律浚！

但是，要废掉太子可不像暗算皇后那么简单，因为刚满十八岁的耶律浚太干净了，干净得就像一张白纸，无可挑剔也无处下手。如果在这个时候还要霸王硬上弓，搞不好会殃及自己，耶律乙辛肯定不会让自己吃这么大的亏。

既然要彻底搞掉太子，耶律乙辛肯定自有他的一套毒招。其实罪名都已经老掉牙了，就是太子谋反，也只有这一个罪名才能把太子置于死地，不过这次在操作方式上，耶律乙辛可是颇费一番心思。

耶律乙辛先花大钱买通了牌印郎君，即“斡鲁朵”里的礼宾队长萧讹都斡（这个官是耶律乙辛给的），让他主动去找耶律洪基“自首”，说自己奉太子之命，要在什么时间什么地点先杀掉耶律乙辛等朝廷重臣，然后再伺机刺杀耶律洪基。因事关重大，自己不敢隐瞒，特来禀报皇帝，听候陛下处理。

说耶律洪基是头蠢驴还真对得起他的朴素智商，连脑子都不动一动，当即勃然大怒，将耶律浚废为庶人，关押至上京，并敕命耶律乙辛和汉臣之首张孝杰一同彻查谋反，把所有参与者一并捉拿归案。最要命的是后面还跟了一句话：此案无论牵涉到谁，一律追查到底，绝不姑息！

这下等于给了耶律乙辛彻底解决异己分子的一个绝佳机会，凡是那些与自己有矛盾或是对立的人，都被划为谋反案的嫌疑人而抓起来，进行逐一“甄别”。所谓甄别，不过是用了一个好听的名词罢了，其实地球人都知道，“甄别”在这个地方的其他含义。更何况遇到了耶律乙辛这样心如蛇蝎的恶人，这些人的境遇可想而知。

“甄别”的结果很快就出来了，所有在押人员“一致供认”，耶律浚大逆不道，所犯谋反之罪证据确凿，凡参与者一律当街问斩，唯有“首犯”耶律浚被押在大牢，等候耶律洪基回宫后再处理。

耶律浚被关进大牢以后，还抱着等父皇回来诉说冤情讨回公道的希望。但耶律乙辛不可能给耶律浚任何活命的机会，他所谋求的就是他死亡，只要他还活着，对自己都将是致命的威胁。在将耶律浚押进大牢的第三天夜里，他安排了两个同党——萧达鲁古和萧撒八走进了大牢，把年仅二十岁的耶律浚给活活掐死。为了证明耶律浚确实已经死亡，两人用随身携带的佩刀割下了他的头，呈现给耶律乙辛以验明正身。

而远在白山黑水之间的耶律洪基所接到奏折的大概意思是，耶律浚在被审查期间暴病身亡。虽然有谋反之嫌，但毕竟是他的儿子，如今儿子突然死了，也免不了黯然神伤。冥冥之中，他隐约感觉到这事有些蹊跷，似乎不像耶律乙辛所描述的那么简单，可疑点在什么地方，他自己也说不出，只是一种直觉罢了。

脑子是个好东西，可不长在他身上。

耶律洪基下令，让太子妃萧氏来御前把事情的经过说清楚。然而，当萧氏在护卫的严密保护下前去面陈耶律洪基时，在路上，她所乘的轿子却被轿夫们抛下了万丈深渊，随后冲上来的护卫队又把轿夫当场砍死。

行凶者被护卫队员们当场杀死，这叫死无对证！这个案子似乎到此就应该结束了，但是整个过程却被一个年仅两岁的孩子看得清清楚楚，这个孩子就是耶律浚之子，契丹的最后一个皇帝耶律延禧！

真的就这么结束了吗？

就是用腿肚子想想，这事也不可能那么轻易地就过去，毕竟那是耶律洪基家的三条人命啊，先是皇后，再是太子，最后是太子妃，都这么悄无声息地死了，这事如果没有猫腻，怕是连鬼都不会相信。从另一方面来说，即使耶律洪基再糊涂，可也有明白的时候，只不过他明白得有点儿晚！

让耶律乙辛睡不着觉的是，耶律延禧还活着。无论他长大后是否还能记得发生在他跟前的事，都会让耶律乙辛倍感心惊，尤其是发现耶律延禧在看他的眼神时，让他感到毛骨悚然，尽管这时的耶律延禧还是一个孩子。

已经丧心病狂了的耶律乙辛决定无论如何也要把这个孩子杀掉，所以，当耶律洪基再次准备出外打猎的时候，耶律乙辛毫不隐晦地要求皇帝，能否把耶律延禧留下。

耶律洪基这个时候脑子灵光一现，想起了近几年中，从皇后到太子的非正常死亡事件，一切都是那么诡异，特别是在耶律乙辛专权的这几年中，各部落的不满情绪日益高涨，甚至有些地方已经公开举起反旗，契丹已经到了分崩离析的边缘，而这一切，似乎都和耶律乙辛有关。耶律洪基突然明白了什么，所以他做了一生唯一一个正确的决定，自己无论如何也要照看好这个皇孙，不准任何人靠近他。

耶律乙辛失望了，然而这仅仅是个开始。从耶律洪基离开上京的那一天开始，他的官位和他的权限就一天天被贬低。直到 1081 年，也就是耶律浚被害后的第四年，他的荣耀和生命终于走到了尽头，罪名是“鬻禁物于外国”——私自把茶叶等专控物资倒卖给女真等治下部落，而皇后、太子被杀却没有提及，从而为日后耶律延禧继位后对耶律乙辛余党大开杀戒埋下了伏笔。

死刑的判决很快就下来，向耶律乙辛宣布死刑诏令的依然是他的同党张孝杰，而对他执行死刑的，则是掐死耶律浚的那两个人：萧达鲁古和萧撒八，两人将一条牛筋绕在了耶律乙辛的脖子上，然后同时用力。

耶律乙辛就这么死了，带着很多不可告人的秘密死了。而他的死也让那些跟着他犯下了滔天罪行的同党们都松了一口气，终于可以把这一切罪恶全都释放到空气中去，不会有人再重新翻开这本充满了血腥气息的旧账，一笔一笔地去和他们清算了。

1101 年正月十三，昏庸的耶律洪基在皇位上坐了四十六年后终于死了，他的皇孙耶律延禧继位。时年二十六岁的耶律延禧脑子里没有忘记父母的惨死，上台伊始，就为父亲耶律浚以及受到耶律乙辛迫害的大臣们平反昭雪，并委派专人重新调查耶律乙辛的罪行。

这个时候，耶律乙辛、张孝杰、萧十三等佞臣虽然都已经死了，但是耶律延禧仍然不可能放过他们，下令挖开他们的坟墓，将尸首剁碎后再焚烧，而他们的家人全部被斩首，凡是涉及耶律浚“谋反”案中的人，无一幸免，全都被处死。那一段时间里，整个契丹处在腥风血雨的杀戮中，人人自危，从而也使契丹加快了灭亡的步伐。

最后的挣扎

“英年早肥”算是本书首创的一个名词了，用这个词来形容刚刚继位不久的耶律延禧，应该是最恰当不过。

契丹从耶律隆绪的鼎盛时期到衰败直至灭亡，仅仅经历了耶律宗真、耶律洪基和耶律延禧三个时代一百多年的历史。“澶渊之盟”给契丹带来了空前的实惠与繁荣，不仅远离了旷日持久的战争，更是通过利用宋朝的“岁币”，使游牧民族进入“文化民族”的开端。

和平，永远不会是怜悯的产物，只有当自身足够强大时才有可能掌握谈判的筹码，方会不战屈人兵，这也就是平常所说的一个道理：怀揣利刃才可言和。如果不是宋朝常年在敌后袭扰，如果没有将士们一次一次击败了契丹的进犯，更重要的是，如果没有宋将张环一箭射死了契丹主帅萧挞凛，契丹铁骑肯定不会为了区区几十万两白银而罢兵。

宋真宗用微信红包的方式买来了停战，表面上看似乎有失颜面，但从长远来说，这笔小钱花得值。也正是因为这笔小钱，使契丹逐渐丢失了游牧民族的彪悍与威猛，安于歌舞升平中不能自拔，最终荒废了自己的武功，被后来兴起的女真给灭掉。

及至后耶律隆绪时代，以耶律宗真为代表的契丹大兴汉风，贵族们脱下了“皮草”而换上了华丽的丝绸，扔掉了原始的器皿改换为精致的用品，似乎从这个时候开始，他们已经从野蛮的游牧民族改头换面而走向了文明。然而，他们大概忘了一个简单的道理，汉民族的文明有着几千年的思想沉积，具有深厚的历史渊源，在发展过程中，任何一个符号的改变，背后都有深远的文化元素支撑。而契丹则不然，他们所缺少的恰恰就是这种文化，尽管他们脱下了兽皮，也学会了品茶，但这一切并不代表他们的思想也离开了草原。就像生活在今天的暴发户，豪车洋房各种名牌应有尽有，甚至武装到牙齿，但也只不过是一张掩人耳目的皮囊，与其内在的本质无法匹配一样。

奢华之风的盛行也使这个马背上的民族变得越来越懒惰，靠着宋朝给予的红包打赏，作为其生活的主要来源。伴随着商业的快速兴起，放牧农耕甚至兴兵骑射之事似乎与他们的距离已经很远，人也就显得无所事事了。

在这种情况下，契丹也只有靠着再去“收拾”女真等尚未开化的原始民族来维持自己的生活。宋代的洪皓在《松漠纪闻》中载：“每春冰始泮，辽主必至其地，凿冰钓鱼放弋为乐，女真率来献方物，若貂鼠之属。各以所产量轻重而打博（贸易），谓之打女真。”

契丹打女真已经有很长的历史，从耶律德光时代开始，女真就向契丹进贡鹰、马、貂皮等特产。其中最重要的是一种叫作“海东青”的鹰，南宋徐梦莘在《三朝北盟会编》中对海东青有比较细致的描写：“海东青者出五国。五国之东接大海，自海东而来者谓之海东青，小而俊健，爪白者尤以为异。”

所谓海东青，学名叫作矛隼或鹘鹰，生活在北极和北美洲地区，在我国主要聚集在黑龙江一带，数量极为稀少。海东青不同于一般的鹰，眼刁爪利，是捕食天鹅的高手。捕获后可将其训练成狩猎助手，以猎捕天鹅为主。天鹅常以珠蚌为食，吃了蚌后将珍珠藏在嗉囊中，而训练有素的海东青就捕捉天鹅，然后开嗉取珠。这种珍珠非常名贵，宋代被称作“北珠”，是皇室的用品，一般百姓家中不许私留此物，否则会招来牢狱之灾。

一只海东青到底有多名贵呢？这么说吧，如果一个人犯了死罪，家里人只要给朝廷进贡一只海东青，即可无罪释放。到了清朝，同样也是女真族的康熙皇帝曾经赞叹：“羽虫三百有六十，神俊最数海东青。性秉金灵含火德，异材上映瑶光星。”仅此就足以可见其价值。

如果说，从耶律德光到“澶渊之盟”之后，契丹打女真还算公平的话，那么到耶律宗真后期，契丹的“打真”就变成了“真打”——直接动手抢劫了。由此可见，从这个时期开始，契丹就已经滑向了没落。

契丹对女真的“真打”简单、粗暴，用“低其直（值），且拘辱之”的方式，迫使女真交出宝物，否则的话就抓起来。

此举看上去是契丹占了便宜女真吃了大亏，但是女真头领似乎对此并不以为然，尤其是完颜部落都勃极烈（酋长）对契丹的态度，更是耐人寻味，颇有一副你打了左脸我再把右脸给你的贱气，让契丹人获得一种统治者的满足感，心里的感觉好极了。

那时候的完颜部落，在整个女真中还是一个很小的族群，小到谁都可以过来打两巴掌的地步。当其他部落的女真无法忍受契丹的“真打”恶行时，完颜偏偏以最窝囊的表现对契丹毕恭毕敬，更让其他部落瞧不起。但是，这种方式却恰恰说明了完颜部落的奸诈所在。他们也就是通过这种装孙子的方式，获得了契丹的信任。从完颜乌古迺那一代开始，完颜部落就利用了契丹的这种信任，做好了统一女真的所有准备工作。

完颜乌古迺获得契丹垂青的主要原因，还是那只叫作海东青的鹰。作为俊鹘名鹰的海东青，每年的产量极少，而捕猎过程非常艰难，捕猎者甚至为此丢了性命。然而，契丹却根本不管捕猎者的死活，限令女真各部族，每年必须按照规定数量完成上贡，倘若数量不够，就直接抓人。这么一来，就引起了女真部落的强烈不满，纷纷起来抗争。当时的女真分白山部、耶悔部、统门部、耶懒部、土骨抡部、五国部以及完颜部等几大部落，其中尤以五国部最为难缠，多次因为捕猎海东青问题对契丹起兵。最严重的一次是五国蒲聂部节度使拔乙门联络其他各部一同对契丹兴兵，致使鹰路不通。契丹欲进行讨伐，但是奸诈的完颜乌古迺却给契丹出了一计，告慰契丹用兵不妥，弄不好会把事情搞得不好收场，不如动动脑子，用计来将其征服。

于是，完颜乌古迺就假装拥护拔乙门，并取得了他的信任，但是背后却以拔乙门的老婆孩子做人质，突然向拔乙门发动攻击，将其擒获后交给了契丹。从此以后，契丹视完颜部落为亲信，“送与茶及财务供其逍遥”，而完颜乌古迺也趁机将五国部收拢于自己旗下，完颜部的势力开始增大。

及至完颜乌古迺死后，他的儿子完颜劾里钵继承了老子的奸诈套路，继续扩大自己的地盘，用极其下作的手段先后击溃了温都部的乌春和活剌浑水的纥石烈等部落后，以完颜部为首的部落联盟已经达到了三十多个。曾经在女真势力最小的一个部落，摇身一变竟然成了带头大哥。

与契丹打成死结的，是完颜阿骨打。

关于女真，最早来源于东北的肃慎，居于长白山一带。据说从大禹时代就有了这个民族，至汉晋时期改名为挹娄，到北朝时又名勿吉。史载勿吉有十部，分粟末、白山、黑水、伯咄、安车骨、拂涅、号室等部落，分别居于松花江、长白山一带。历史进入隋唐以后，为了统一读音，勿吉被译为靺鞨。虽然在文字上将其改称为“靺鞨”，但是却不能按字音来读，依然是读“勿吉”或“沃沮”音。

靺鞨延续了勿吉时代的七大部落，其中以粟末靺鞨的势力最大。唐初，粟末靺鞨头领乞乞仲象、乞四比羽率部族人马投奔名将刘仁轨，北征高丽、西战吐蕃，因作战勇猛，立下赫赫战功，回归营州居地（今辽宁朝阳市）。公元 698 年因受不了唐营州节度使赵文翙的横征暴敛，配合也驻扎于此地的契丹头领李尽忠、孙万荣起兵造反。最终契丹被唐军所灭，而乞乞仲象的儿子大祚荣却在松花江流域建立了一个粟末靺鞨的政权——渤海国。

926 年，渤海国被契丹的耶律阿保机所灭，其臣民全部被划入契丹编列，并由契丹改称为“女真”。但是女真又分了七大部落，除了已经臣服的粟末部落以外，还有生活在更北地区的女真族，这其中就包括黑水在内的其他部落，因没有被编入契丹籍，又被称为“生女真”。《金史》载：“其南者籍契丹，号熟女真；其在北者不在契丹籍，号生女真。生女真地有混同江、长白山，混同江亦号黑龙江，所谓‘白山黑水’是也。”

完颜氏就是黑水生女真当中的一支。

由元朝的文化人脱脱主撰、汉人欧阳玄主笔的《金史》和金代的完颜勖等撰修的《祖宗实录》中有一个比较一致的说法是，女真完颜部落的始祖完颜函普原是粟末靺鞨人。粟末靺鞨人多为高句丽王国的雇佣军，后战败，大量俘虏均被汉人所杀，完颜函普侥幸得以逃脱，只身一人来到黑龙江和松花江一带，以狩猎为生，迎娶了另一部落女子在此繁衍生息。大约从公元 9 世纪起始更名女真，只是仍然披兽皮、吃生肉，在深山密林中过着极为原始的生活。

完颜部的历史是从完颜石鲁这一代才有记录，这是一个扮猪吃虎的家伙，花花肠子可不少。孩懒水乌林荅部落首领孩懒石显有个独眼妹妹，没人愿意娶她，但是完颜石鲁用两只海东青作为聘礼，将其娶了回来。也就是从这个时候开始，完颜部落才从任人欺凌的卑贱地位中走出来。而这位独眼夫人也毫不含糊，一口气给完颜石鲁生了包括完颜乌古迺在内的几个儿子，再加上势力强大的孩懒水乌林荅部做靠山，完颜部落终于得以强大。

这个时候的生女真还处在比石器时代进化不了多少的原始、蒙昧、落后阶段，一切都以原始部落弱肉强食的方式作为生存之道。没有文字，没有官府，也没有法律，甚至不知道年月，日子既没有初一也没有十五，给孩子起名字更是随心所欲，看见狗就是狗，看到猫便是猫了，所有人都不知道自己的年龄，唯一计算年龄的方式就是一生见到过几次草绿、几次花开。

从完颜石鲁到完颜乌古迺，完颜部的势力在不断扩大，到了完颜劾里钵接班的时候，完颜部落已经今非昔比，强大到可以与任何人为敌的地步。

在完颜劾里钵的十三个儿子中，完颜阿骨打排行第二。《金史》中所记载的完颜阿骨打出生于 1068 年，但是关于他的出生时间仅仅是根据史官的估摸，因为在没有文字也没有数字的原始女真部落，所有人的出生与死亡不过都是根据草原的颜色而定，绝对不可能精确到具体的年份。所以，即使有史书的记载，但是具体到某些个体事件绝非就一定是史实。根据该书对此人的描写，有很多地方也不可信，比如说他八岁习武，十岁射箭，力大无比，有伏虎拳熊之猛，尤其在纥石烈部的活离罕家亮出了他的善射绝活，更是技惊四座："散步门外，南望高阜，使众射之，皆不能至。太祖（完颜阿骨打）一发过之，度所至逾三百二十步，宗室谩都诃最善射远，其不及者犹百步也。"

按照过去的两跨为一步，每步的距离为今天的一米七五左右，完颜阿骨打这一箭射出了将近六百米！这话不管你信不信，反正我是不信。这哪里还是记述历史啊，分明是在写武侠小说。

完颜劾里钵死后，女真的部落联盟长先后由完颜颇剌淑、完颜盈歌和完颜乌雅束担任。经过一系列的征战后，完颜部的势力不断增强，而且内部分化已经非常明显，一个奴隶制的国家雏形正在形成。

1112年是个耐人寻味之年，就在这之前一年童贯出使契丹，极其诡异地获得了马植送来的情报，将其带回了京城汴梁献给了宋徽宗赵佶，马植当场献上一计，要宋朝与女真联起手来共同对付强大的契丹，而这个时候的女真还是契丹最信任的小弟，借助契丹的势力还在继续扩大自己的地盘，更重要的是，这时的女真还是在完颜乌雅束的统治下，以完颜乌雅束的能力和水平而言，要叛辽的可能性几乎没有。这就引出了一个疑问，如果马植不能掐也不会算的话，完颜阿骨打在这个时候是不是就已经做好了要害死哥哥自己掌控女真的准备呢？否则的话，马植为什么偏偏就在这个时间节点出现，而且还要主动请缨去做女真的联络人呢？那么这个马植到底是什么人呢？

历史在这里留下了一个永远也不知晓答案的谜！

二月初十，契丹天祚帝，也是契丹的最后一个皇帝耶律延禧来到长春州（今吉林乾安北）参加契丹一年一度的“头鱼宴”。彼时的契丹虽然已经走向了“文明”，但是其先人是居无定所，随水草逐寒暑四处迁徙的游牧民族，以狩猎采集为主，捕鱼也是其主要行业之一。后来契丹立国，但从耶律阿保机时代就定下规矩，无论到什么时候都不能忘记祖先之业，所以历代帝王也都沿袭了这一习惯，每年都去山林狩猎，射鹿或打虎。和祖先们狩猎的唯一区别在于，过去这是谋生的一个手段，而今却是娱乐的一个节目。

也正是因为这一沿袭，致使契丹的继位皇帝险象环生，尤其是耶律洪基，离开皇宫不久，后院就起了火。头一次出门，就差一点被他的“皇太叔”耶律重元和耶律涅鲁古谋反得手；再次出门更惨，竟然被耶律乙辛钻了空子，害死了皇后萧观音，掐死了太子耶律浚，最后又摔死了太子妃萧氏，就连耶律延禧那条小命也差一点死在他的手里。即便是遭此大难，祖宗的规矩还是不能破。

1101年正月十三，耶律洪基死了，他的孙子耶律延禧继位。但是，没有想到的是，耶律延禧竟然比他爷爷耶律洪基还要昏聩，直接把契丹这条破船给送上了一条不归路。

现代科学研究表明，人在有记忆之初所见刻骨铭心的事，往往会影响其一生的成长。可能是小时候曾经亲眼见过耶律乙辛是用怎样的残忍手段杀死了自己的母亲，耶律延禧的脑子里始终有这么一个固定的影像，尽管他上位后给奶奶和父母都平了反，也用同样残酷的手段报复了耶律乙辛余党，可那个影像自始至终刻在他的记忆深处，时时刻刻会触发他回忆起那些沉痛的往事，让他不敢轻易相信任何人，除了身边两个人之外。

萧奉先和萧德里底。一个是他舅子，另一个是佞臣世家。

大安三年（1088），十三岁的耶律延禧奉他爷爷耶律洪基之命，先后迎娶契丹姐妹花萧夺里懒和萧贵哥。因为史料上没有这两人的出生年月，只能根据她俩入宫的时间推算，这姐妹俩的年龄应该比耶律延禧大四到五岁，耶律延禧登位后，立萧夺里懒为皇后，萧贵哥为元妃。《辽史》所记载的这对姐妹品行没问题，说萧夺里懒性贤淑，有仪则；而萧贵哥性格宽厚，沉默寡言，就连近侍偷了她的裘貂，她也假装没看见，所以说她们的品行很好。但是她们的两个哥哥萧奉先和萧保先可就不敢恭维了，一天到晚忽悠耶律延禧吃喝玩乐不理朝政，而 1112 年初春，耶律延禧在长春州的一切表现，皆因为萧奉先从中挑拨。

按照契丹和女真的风俗，“头鱼宴”是每年极为重要的一件盛事，契丹的历代皇帝在这个时候下令捕鱼，捕获第一条鱼后，即举办大型宴会，这就是“头鱼宴”的由来。一般举行“头鱼宴”的地方有两个，一个是混同江（今松花江），另一个是长春河，也就是今天的吉林省前郭尔罗斯境内的查干湖。一般的头鱼多为鳇鱼、鲟鱼和胖头鱼。头鱼烹制完成后，要先做祭礼，祭天祭地祭神，预祝一年顺顺利利平平安安，之后便敬献皇帝、皇后（或太后）和诸位近臣以及从各地赶来的头领酋长。

然而，这一年的“头鱼宴”看上去和往年没有什么不同，里面却暗藏了惊天的杀气。酒过三巡后，萧奉先撺掇耶律延禧，为了增加饮酒作乐的气氛，命各部落头领跳舞。

这一年，女真完颜部都勃极烈完颜乌雅束正值重病在身不能前来，就委派了他的弟弟完颜阿骨打为代表，出席这场盛宴。当耶律延禧命令完颜阿骨打表演节目的时候，他却表现得很冷漠，“辞以不能，谕之再三，终不从”。

完颜阿骨打的表现，让耶律延禧感到有失颜面，遂对其心生杀念。待宴席结束后，他对萧奉先说：“前日之宴，阿骨打意气雄豪，顾视不常，可托以边事诛之。否则，必贻后患。”

但是萧奉先却并没把完颜阿骨打的这一举动当回事，摇着头对耶律延禧说出了那句最终让契丹灭亡的绝世名言：“麄（粗）人不知礼义，无大过而杀之，恐伤向化之心。假有异志，又何能为？”

就因为萧奉先的这一句话，让完颜阿骨打逃过了一劫的同时，也把契丹干净利落地送进了万劫不复的境地。因为从此以后，无论耶律延禧用什么方式召见完颜阿骨打，都被他以各种各样的理由拒绝。耶律延禧心里就有数了，这就叫作放虎归山，回到山林的老虎还会束手就擒吗？

大难不死必有后福，这话说得很有道理。侥幸捡回了一条命的完颜阿骨打回到部落后，就对天发了一个毒誓：此生必灭了契丹，以雪被辱之耻！

1113年，也就是完颜阿骨打和耶律延禧在“头鱼宴”对峙的第二年，完颜乌雅束离开了人世，他的弟弟完颜阿骨打顺利接班，当上了完颜部的都勃极烈兼女真部落的联盟长。他紧锣密鼓地开始修缮工事，私自准备大量的矛戈等军械，并着手训练兵马。同时，派人招募那些已经入了契丹籍的女真族人回归，安抚距离较远的东北各部落，用极具诱惑力的承诺，把所有女真人召集到自己身边："同心协力，有功者，奴婢部曲（奴隶）为良，庶人官之，先有官者叙进，轻重视功。违誓者，身死梃下，家属无赦。"

在这种诱惑下，达鲁古部、铁骊部、鳖古部等部落相继归附于完颜部，使完颜部落空前壮大，至此完颜阿骨打已经具备了叛辽的全部条件。

而这个时候的耶律延禧已经明显感觉到，来自女真的威胁正在向他靠近，况且他也非常明白一个道理，"女真满万，则不可敌"。

果然，不久后完颜阿骨打就派人过来，直截了当地向耶律延禧提出，要求契丹把女真的叛徒阿疎交还给女真，由女真按照家法自行处理。

阿疎原来是纥石烈部的一个部落长，在完颜颏里钵时代，被完颜乌雅束和完颜阿骨打击败后投奔了契丹，此后便久居契丹不回。现在完颜阿骨打以此为借口找契丹要人，谁心里都明白，完颜阿骨打此举毫无疑问就是"项庄舞剑，意在沛公"。

耶律延禧心里已经明白了完颜阿骨打的用意，采用胡萝卜加大棒的方式，一方面派人专程前往对女真进行安抚，另一方面则调出由萧嗣先为都统的一支军队开进女真属地，直接进行武力威胁，目的就是要迫使完颜阿骨打就范，从此不再提及有关阿疎的所有事。

完颜阿骨打见状心中暗喜，总算找到了叛辽的最佳时机。他从各部调集了两千五百人马，集结在来流水（今拉林河口西，吉林扶余石碑崴子屯附近），一面与契丹军队形成对峙，一面传梃誓师，历数契丹之罪状："我们女真世代都为契丹做事，恪尽职守，平定乌春窝煤罕之乱，征讨萧海里等，屡立大功，但所有这一切契丹不但不给我们赏赐，反而继续欺侮我们。这一次，我们一再向契丹讨要女真的罪人阿疎，但是他们不但不把这人送回，反而派出军队欲对女真进行血洗。现在我们要问罪于契丹，天地可鉴！"

当晚，萧嗣先所率的契丹军队刚刚在来流水对岸驻扎完毕，半夜时分，完颜阿骨打就带着女真悄悄地渡过了河，向着毫无准备的契丹大军冲过去，一时间契丹大营里火光冲天，尚在睡梦中的契丹兵士被震天的喊杀声惊醒，狼狈不堪地四处溃逃。

坦率地说，这是一场没有任何悬念的战役。自从耶律宗真时代契丹和党项打过两场失败的战争后，时间又过去了六十五年，契丹就再也没有经历过任何战争，如今面对来势凶猛的女真军队，双方还没有形成对战，契丹就已经败下阵来，而且是溃不成军。女真则乘胜追击，一举攻破了由契丹统兵萧挞不也守备的宁江州（今吉林扶余县东石头城子）。契丹，这个当年羽扇纶巾、倚天屠龙的江湖老大，如今沦落到了这个地步，也是让人唏嘘不已！

由于宁江州一战的胜利，女真的军队已经从最初的两千五百人集结到三千七百余人。如果说宁江州一战完全是靠运气的话，那么接下来的三场战役靠的就是实力了，而这三场决定性的战役，也确定了女真的未来。

第一战是出河店（今吉林前郭旗八郎乡塔虎城）之战，契丹为抵御女真的进一步进犯，在这里备下了七千多兵力，欲将女真全部歼灭。宁江州的失守，让契丹即刻陷入了非常被动的局面，而出河店则是其除宁江州之外的另一个重要据点，如果出河店一旦落败，那么其身后的黄龙府就直接暴露在敌人的眼皮下，随时都有被攻破的危险。所以，契丹在此备下了七千人马，依照他们的思维模式，以二对一的优势打败女真易如反掌。然而，事实证明，契丹再一次失算了，因为他们所面对的，是一个既残忍又奸猾的敌人。

这一次女真是有备而来，并且改变了战术，他们故意避开了契丹的锋芒，中间只留一小部分人马作为诱饵，吸引契丹的注意力，而其主力则从两翼突然冲出，直插要害，使契丹军准备不足，导致大败。

第二战则是攻陷黄龙府之战，也是决定契丹灭亡的关键一战。黄龙府作为契丹的一个战略要地，也是后勤保障基地，从耶律德光时期就是上京（今内蒙古巴林左旗林东镇）、南京（今北京）、中京（今内蒙古宁城县）、东京（今辽宁省辽阳市）和西京（今山西省大同市）的所有物资调度中心，一直都有重兵在此周边把守，可见这个地方的重要性。

1115 年 1 月 28 日，完颜阿骨打在会宁（今黑龙江省哈尔滨市阿城）正式立国称帝，为了向契丹证明金比镔铁坚硬，女真向黄龙府发起进攻。就连完颜阿骨打都没想到，号称重兵把守且工事固若金汤的黄龙府，竟然像纸糊泥捏的一般那么不经打，原本足足准备了要五天时间拿下的计划，可没想到只用了一个上午，女真就以破竹之势攻破了黄龙府，守将耶律宁被迫弃城而逃。[1]

第三战是护步答冈（今黑龙江五常西）之战。夺取了黄龙府后，女真继续向契丹的腹地发起攻击。已经到了这个时候，耶律延禧可真就坐不住了，他要御驾亲征，亲率十万（《金史》说七十万）重兵讨伐女真。

但是，这场本应获得大胜并将女真一举歼灭的战役，却充满了狗血，狗血得就连那些专写狗血剧的破编剧们都想象不出来。

黄龙府失手以后，耶律延禧御驾亲征，命阿城使阿不为中军都统，耶律章奴为前锋，统兵十万在长春州集结，分五路大军向完颜阿骨打杀来。

这么一场双方实力相差十倍之多的战役，如果没有任何意外的话，女真距离灭顶之灾仅有一步之遥。毕竟那是十万人马，一旦双方交战，就是马踏人踩，也能荡平女真的所有。这个时候就连完颜阿骨打看到对方

1　契丹语中“契丹”二字是镔铁的意思。

的超强阵势，内心也产生了绝望，拔出腰刀在自己脸上狠狠地划了一道。

是个傻子都能看得出，此役契丹获胜毫无悬念！

然而，历史就是在这个关键时刻再度出现了吊诡的拐点，从而彻底决定了契丹走向灭亡的厄运。就在战役即将打响之际，前锋耶律章奴突然率兵退出了战斗，原因是，契丹内部谋反了！

耶律章奴举兵拥立身在南京（今北京）的耶律淳为皇帝，并派耶律淳的小舅子萧敌里前往南京通报，但被耶律淳拒绝，并将小舅子杀死后，连其首级一并报告给了耶律延禧。耶律延禧闻报，吓得连头皮都炸了，急忙下令，连夜退兵回上京清理门户。

上天再次给了完颜阿骨打一个机会。

远在千里之外的汴梁，宋徽宗赵佶闻听北方有变，表现得异常兴奋，心里暗自思忖，刚想打盹就来了枕头，真是想要什么就来什么，兴许这就是天意吧！

当一个人一旦有了妄念，作为种子在心里像刺一样地扎了根以后，它会因为虚荣，因为自己的犹豫不决，因为自己的能力不足而得以浇灌，这根刺就会越长越大。

没错，这就是赵佶当时的心理反应。如果没有童贯出使契丹，如果他在契丹没有遇到马植，如果马植没有提供联金抗辽的方案，那么赵佶也许压根就不会重提，甚至不敢多想收复燕云十六州这码事。但是，无论是谁，当心里的那股欲望之火一旦被点着以后，如果得不到有效的控制，这股火就会不由自主地越烧越旺，直到把自己化为灰烬。

赵佶显然就是一个这样的人物，他已经深深陷进了由马植构思策划、童贯蔡京等人鼓吹撺掇的千秋大梦中难以苏醒，因为这是赵家历代皇帝的痛处，如果燕云能在他的手里收复，这可真是一件彪炳青史的大事，他赵佶至少可以站在历史的舞台上骄傲地说一句：祖宗们，你们几代人没有完成的统一伟业，我赵佶今天完成了！

但是，将近一千年前的赵佶肯定没有听说过这样一句话：理想很丰满，现实很骨感。或者我们换一个角度思考一下，如果这个时候的皇帝不是赵佶，而是仁宗赵祯或是神宗赵顼，当他们遇到同样的问题该怎么处理呢？再进一步说，假如赵佶身边能有像李沆、富弼、王安石那样一批具有一定政治智慧、头脑冷静且深谋远虑的宰相来辅佐朝政的话，也许就不会被自己的非分之念冲昏了头脑。

但是历史永远都是单行道，不可能有“假设”这个词出现。更何况赵佶身边没有明大理、辨是非的智者，而是围拢了蔡京、童贯、李邦彦、王黼、朱勔、梁师成这样一些靠投机起家的佞臣，他们只是考虑自己所能获取的政治利益，而不顾整个社稷。甚至在这样的历史关头，他们不但不及时地去给赵佶的这个妄念泼一盆冷水，反而还不断地加油助威，任由赵佶的思想泡沫不断发展，并且越来越大，最终导致了亡国的可悲下场。

在这样的情况下，急功近利的赵佶怎么可能冷静下来？他催促赵良嗣（马植）抓紧时间和女真取得联系，加快双方的合作步伐。

据南宋文人杨仲良所撰《皇宋通鉴长编纪事本末》记载，1117 年 8 月，赵佶下诏，令登州守将王师中选调人员，以买马的名义，与同是契丹汉人的高药师一起从登州渡海前往女真属地，试图当面和完颜阿骨打商谈有关联合灭辽的具体事项。可是这几人过海后，却没有敢往前迈进，直接就乘船按原路返回了，原因是女真面相狰狞，心生惧怕。赵佶大怒，立刻将这几人充军于边远地区，永远不得回来。

第一次与女真的亲密接触就这么被几个胆小鬼给搅黄了。之后，王师中又推举武义大夫马政可担当此举，赵佶准奏，于第一次渡海四个月后的次年正月，马政一行乘坐登州府旗下的平海军指挥使兵船再次渡海，来到了女真地界。这次随行队伍中，有一位精通契丹、女真等通古斯语言的将军，叫作呼延庆。

谁也不知道从什么时代开始，呼延庆在清朝兴起的说书里，竟然被演绎成了这一时代英雄的代名词，什么《说呼全传》《呼家将》等评闲杂书在这一时期纷纷出笼，异口同声地把呼延庆刻画为一个盖世英雄，成为与如雷贯耳的杨家将、秉公执法的包龙图齐名的双王头衔。其实他的身份在北宋末年不过是登州府辖下的平海军都指挥使，大约也就等于现在的一个营级干部吧。可见说书人的那张嘴实在不怎么靠谱。具有“一口诉说千古事，两手对舞百万兵”之能的说书人，既可以无所顾忌地把宋朝开国元勋潘美说成是千古奸臣，也随口就能把寂寂无闻的小人物呼延庆塑造成历尽千难万险力挽狂澜的大英雄，而且很多人居然相信这就是历史。

但是，原本以为过海与女真结为盟友的赵佶，却没想到这回真的是引狼入室了。也就是从 1118 年正月开始，北宋和契丹一起，正式进入了亡国的倒计时。

马政和呼延庆这次倒是渡海来到了女真地盘，但是完颜阿骨打此时正在来流水与契丹死掐，马政一行一直等了半个多月，才见到了完颜阿骨打。

双方倒是没怎么客套，见面后就直奔了主题。从他们之间的谈话内容来看，女真对双方合作的诚意很大，从某种意义上讲，比宋朝的诚意要大得多。会谈结束后，完颜阿骨打立刻就派渤海人李善庆、生女真人小散多和熟女真人渤达等人携带国书随马政、呼延庆一行登船来到登州，再由登州前往汴梁，直接面陈赵佶。至于完颜阿骨打为什么要选派这三个人去宋朝谈判，史料中没有记载，甚至也没有关于这三个人的官职介绍。

女真的代表在汴京与赵佶以及蔡京等人的谈判似乎很顺利，不久，赵佶就委派朝议大夫兼直秘阁赵有开带着诏书、礼品，作为宋朝皇帝赵佶的代表，同女真代表一同又回到了登州，准备从这里再度渡海，去和女真签约。

看上去一切都很顺利，但是天有难测的风云。谁都没有想到的是，就在赵有开等人刚刚到达登州准备上船渡海的时候，他竟然病了，而且病得非常厉害。当地的郎中几乎什么方法都用上了，也无济于事。

而远在汴京的赵佶，这个时候还在盘算赵有开渡海的时间，正耐心等待与女真签约的消息。结果让他想不到的是：赵有开在登州突然病亡了！出发时还活蹦乱跳的一个人，说死就死了？

赵佶惊讶得目瞪口呆，早不死晚不死，偏偏赶了这么个时候死，这个赵有开死得也太不是时候了。与此同时，赵佶又接到了来自契丹的另一个消息：耶律延禧封完颜阿骨打为东怀国国王。

这个消息确实具有相当的爆炸性，把赵佶震得半天说不出一句话。女真这到底是玩的哪一出？一边和宋朝签约共同灭辽，而另一边却接受了契丹皇帝的册封，女真到底想干什么？在整个局势还不是很明朗的前提下，赵佶决定搁置双方的和议，正好以赵有开之死为借口，以暂时没有合适的代表为推托的理由，派呼延庆先把李善庆、小散多等人送回去，以静制动，看看女真下一步的打算再说。

呼延庆从女真回来，所带回来的消息是，耶律延禧确实封完颜阿骨打为东怀国国王，而完颜阿骨打也确实“接受”了，只不过他所“接受”的册封方式能让耶律延禧疯掉。完颜阿骨打所提出的条件是，契丹要把东京、中京、上京和兴中府以及所辖州县全部割让给女真，同时，契丹的亲王、公主、驸马、大臣的子女全部送到女真做人质；像过去女真向契丹进贡一样，契丹每年必须向女真进贡各种土特产。

这哪里是接受？简直是在羞辱契丹。

耶律延禧当场就气炸了，女真这是要逆天啊！

其实完颜阿骨打这样回复耶律延禧还是有一定的原因，毕竟他从起兵那一天开始，就是为了彻底灭掉契丹，而这个时候的女真已经攻破了契丹将近三分之二的地方，半壁江山在手，他还要这个所谓的“东怀国王”有意义吗?

赵佶这下明白了，看来与女真之间的和议还要继续下去，但是时间又过去了两年。1120 年，赵佶决定派赵良嗣（马植）渡海，与女真展开面对面谈判。

当赵良嗣来到女真的时候，形势已经和之前马政所看到的完全不同了，这时候的女真以锐不可当的阵势正在对契丹展开大举进攻。赵良嗣等人从苏州下关（今辽宁金县西南）下船，马不停蹄地就去追赶完颜阿骨打。可完颜阿骨打根本就无暇顾及他们，因为他此时的目标是要拿下契丹的国都上京。

作为攻破上京的见证人，赵良嗣被女真势如破竹的攻势惊得目瞪口呆，他从没想到女真居然有如此强悍的攻击力，看似固若金汤的上京，仅仅经受了女真军队的三轮攻击，就土崩瓦解了。而女真势如破竹的震撼攻击，也给赵良嗣留下了非常深刻的印象，他甚至不敢相信，当年金戈铁马强悍无敌的契丹，在女真面前竟然如此不堪一击。在这场战役中，契丹战死两万余人，五万多人被俘，而女真仅仅战死二百多人。这是何等的差距?作为一个生在契丹长在契丹的人，面对这样的场面，赵良嗣的心情何其复杂!

上京就这样被女真在谈笑之间攻破，完颜阿骨打也终于有时间坐下来和赵良嗣进行谈判了。

当真正坐在谈判桌前的时候，完颜阿骨打对宋朝就起了疑义，原因是，赵良嗣此次过来，依然没有带来双方结盟的国书，仅带来了赵佶的一封亲笔信，而且还是以倨傲的口气，斟酌再三而就。赵佶手信的大致内容是:“据燕京并所管州城，元是汉地，若许复旧，将自来与契丹银绢转交，可往计议，虽无国信，谅不妄言。”（【注】此处这个“元”字，与“原”同义。）

这封信的大概意思有两点，第一是把石敬瑭在936年送给契丹的燕云十六州还回来；第二就是我给你钱，以前给契丹的，现在都转给你女真。但是，赵佶却在这里犯了一个致命的错误，他只在信里提到了燕京地区，这样的话就给了女真钻空子的机会。因为燕云十六州对宋朝来说是一个整体，可到了契丹之后，经过了一百七十多年后，这里已经被多次重新划分，而燕京地区所管辖的只剩下檀、顺、景、蓟、涿、易六个州，如果按照赵佶信中所表达“燕京并所管州城”的意思来理解，宋朝也只能要回这六个州，而其他十州则与宋朝就没有了关系。

历史上对赵良嗣其人有过一个定义，说他和蔡京、黄潜善、秦桧等人一样，都是十恶不赦的大奸贼。其实还真不一定是那么回事，只要看看他所做的那些事就能明白，与其说他是奸臣，倒不如说他是女真的奸细更加贴切和准确——因为他出现的时间和地点本身就值得怀疑。

谈判还在继续进行中，既然赵佶御笔书信中已经出现了严重错误而被女真误读，燕云十六州也只能多要一点是一点了。赵良嗣总算是把燕京和西京（山西大同）要了回来，接下来就涉及另外两大核心问题。

谈到银子问题，赵良嗣玩了个心计，随口就给完颜阿骨打报了个三十万。但是完颜阿骨打却不买这个账，冷着脸说，过去契丹占了你们的城，你们每年还给契丹五十万两，如今我把城还给你们了，为什么还给我落价呢？

这话直接把赵良嗣给问住了，找不到能够辩解的理由。而这时完颜阿骨打突然又提出了一个问题：茶叶！

茶叶，作为契丹对其他游牧民族专控的物资，曾经被说得神乎其神，而且契丹施行极为严厉的专控制度，任何人不得从事茶叶贩卖活动，如有违反直接就是死罪。契丹人在“打女真”的过程中，茶叶是其中非常重要的交易物资，契丹人在与女真人做交易的时候，往往对茶叶管制得非常严苛，这更让女真感觉到茶叶的稀缺性。直到完颜阿骨打攻破了黄龙府后，才发现这里的茶叶堆积如山，而且所有的茶叶都来自中原王朝。

这个问题没有在赵良嗣的思考范围之内，所以更不知道该怎么回答。好在这不是正式的谈判，毕竟没有国书，双方只是就具体事项达成了一个意向，并且约定何时何地再进行正式会见，共议双方出兵、彻底灭契丹的相关事宜。

赵良嗣就带着这样的谈判结果回到了汴京，向徽宗皇帝和蔡宰相做了详细的汇报，可他的话还没说完，赵佶就急了，不仅是赵佶，包括蔡京在内的所有人也都跟着急了，我让你去要的是燕云十六州，可你干的这是什么事？于是再一次把呼延庆派过去，向完颜阿骨打说明情况，那是皇帝的笔误，我们要的是整个燕云十六州，而不仅仅是这几个地方。

完颜阿骨打一听，直接就翻了脸，你们宋朝人怎么说话出尔反尔呢？已经谈好了的事，为什么立马又变了？再这样下去，西京我还不给你们了呢！

结果，这一趟又把西京给弄丢了，但总算保住了燕京六州，两国这才签订了正式文书。1121 年，女真派使者再次来到汴京，就双方出兵的具体事宜做了沟通和约定。

如果说，宋朝能按照约定时间出兵，及时攻占易州西北的紫金关、昌平西北的居庸关、顺州的古北口、景州的松亭关，以及榆关（也就是后来的山海关）等关隘的话，就等于抢占了先机，在日后女真大举进犯的时候，在此地可以将其挡住，还不至于沦落到亡国的地步。

然而，这一次宋朝却并未按约定执行，原因是江南出现了变故，一个叫方腊的人带着一帮人把江南闹了个天翻地覆。

关于方腊这个人，可能大多数人是通过《水浒传》知道的，尤其是“武松单臂擒方腊”的故事，人们更是耳熟能详。然而那只是施耐庵创作的一部文学作品，与史实相差了十万八千里。在历史上，方腊的所作所为是直接把北宋王朝送上灭亡之路的重要因素之一。但究其原因，还是与艺术家皇帝有直接关系。

赵佶上位后，一直沉溺于在各地搜寻奇珍异石之中，给了那些佞幸奸臣们一个阿谀奉承的机会，只为博得皇帝所好，动用手中的各种权力遍寻异石。而一旦搜寻到后，为了把这些石头运回京城取悦赵佶，这帮家伙竟然胆大包天，疯狂到了极点，不惜私自动用国库的银两，征用大量民夫，甚至为了拓宽河道而暴力私拆民建等，这些恶劣行径引起了民众的强烈不满。可见在赵佶治下的北宋王朝已经腐朽不堪，即使没有后来女真的入侵，距离灭亡也已经为期不远。

朱勔就是靠给赵佶搜罗各种奇石而发迹的。

赵佶建中靖国的时候，为修建景灵宫，下令到吴郡征集太湖石四千六百块。朱勔役使成千上万的山民石匠和船户水手，不论是危壁削崖，还是百丈深渊，都强令采取。百姓稍有怨言，则必冠之以“大不恭罪”，借机敲诈勒索，普通人家往往被逼得卖儿鬻女，倾家荡产，朱勔却大发横财。他以采办花石为名，从库府支取钱财，“每取以数十百万计”，但进贡到东京的却都是“豪夺渔取于民，毫发不少偿”。

1120年十月初九，以“花石纲”事件为导火索，江南爆发了方腊起义，也正是因为“花石纲”事件，把童贯、蔡京、梁师成、李邦彦、王黼、朱勔定性为祸国殃民的“北宋六贼”，但是真正的贼首却只字未提，那就是宋徽宗赵佶。

造成“花石纲”事件的罪魁祸首表面上看是朱勔，而真正的幕后黑手则是王黼，虽然他在历史上的名气没有童贯、蔡京那么大，但是他却是如假包换的第一大贪官，不客气地说，也就是他一手把北宋送进了万丈深渊。

历史上的方腊和文学作品中的方腊完全不是一回事，此人出生于江南一个比较富裕的家庭，读过书，但没有考取功名，有一定的文化水平，也具备很强的煽动力，从他起事以后的表现来看，他具有一定的政治野心。

朱勔在江南不顾民众死活疯狂采挖花石的过程中，方腊也是属于被官府盘剥的对象，但是相比那些被逼得家破人亡的人家而言，他还算是幸运的，毕竟有一个还算殷实的家境。

1120 年十月初九，时年四十二岁的方腊把家里所有的牛羊全部宰杀，然后将周围的部分人组织起来，一起请到他家里吃饭喝酒。在吃饭的过程中，方腊先是试探性地询问大家对官府的态度，结果得到了所有人的热烈回应。方腊决定趁热打铁，当天就宣布了起义。

方腊起义，以诛杀朱勔为口号，短短几天内就得到了大批民众的响应，居然有十几万人参加了义军。不到两个月的时间，起义军就一举攻下了青溪、睦州（今浙江建德）、歙州（今安徽歙县），进而直击衢州，斩杀郡守彭汝方。北面则攻破桐庐（今浙江杭州辖县）。面对以破竹之势直逼富阳和杭州的义军，杭州郡守弃城独自逃走，制置使陈建、廉访使赵约被俘后，又被公开处斩。

义军攻破杭州后，在城内连续放火烧了六天六夜，死者不计其数。凡是抓住宋的官吏，定要割其肉、断其体、取其肺肠，或者熬成膏油、乱箭穿身，用各种办法折磨他们，讨还血债，以解心头之恨。

至 1121 年正月，方腊所率起义军先后攻占了江南的歙州、睦州、杭州、苏州、常州、湖州、宣州、润州八州和八州管下的二十五县，而再去进攻秀州（今浙江嘉兴）时，因城高墙厚，连攻数日未破，却被赶来的官兵前后夹击，义军大败。

奉旨前来镇压方腊起义军的主帅依然是童贯，他率十五万大军前来江南，对方腊的起义军进行剿灭。临出发前，赵佶甚至给了他一个前所未有的特权："如有急，当以御笔行之。"如果遇到紧急之事，你可以直接以我的名义行事。这话可以理解为，一旦出了京城，童贯就是皇帝。

赵佶已经昏聩到了这个程度，再不亡国还有天理吗？纵观宋朝前一百六十七年和后一百五十二年中，还没有任何一个人获此殊荣，更不要说一个太监了。

童贯率兵渡过长江后就直奔杭州，到了那里他大吃一惊，这里还是上有天堂下有苏杭的那个杭州吗？阴沉的天空弥漫着一股死亡的味道，放眼望去，到处都是残垣瓦砾和尚未掩埋的尸体。

毕竟是经历过战争的人，童贯见状，并未着急去追击方腊的义军，而是以宋徽宗的口气，写下了一张安民告示，说"花石纲"本身就是个误会，让民众受苦了，皇帝在此向广大民众道歉，责任人朱勔等人也已经被罢官，目前正在审讯中，相信皇帝一定会给大家一个交代。同时也在这里做一个承诺，凡在此期间参与了江南过激行为的人，希望你们能迷途知返，赶快和叛乱分子划清界限，朝廷不再追究你们的责任，否则的话，后果将非常严重。

这一通胡萝卜加大棒的安抚很快就发挥了作用，本来嘛，那些跟随方腊起事的人不过就是对官府的一时之气，发泄完了也就完了。如今官府派来了军队，这个时候再不抓紧时间跑，恐怕就真的没有机会了。

没动一兵一卒，方腊的起义军便土崩瓦解了，只剩下方腊及身边的几个亲信，他们一同逃进了睦州青溪县的山中。

宋军一路追击到青溪县，把整个青溪山包围得水泄不通，但是因为不熟悉地形，所以不敢贸然进山搜索。也许一切都是命运的安排，韩世忠，日后的抗金大英雄，这个时候还在童贯麾下做一个名不见经传的小裨将，偶然从山里老乡的嘴里听说了方腊藏身的山洞，就悄悄地带了几个人摸了进去，一阵搏斗后，韩世忠砍死了几个方腊的卫兵，然后进去把方腊给抓住了。

看上去似乎没有“武松断臂擒方腊”那么惊险曲折，但方腊确实就是这样被抓的。但是，在后来的功劳簿上所记的擒获方腊之人，却与韩世忠没什么关系，只写了他的上司辛兴宗。征讨方腊就这么简单迅速地结束了，宋军将一干人犯押回京城，全军胜利班师。

《宋史》在列举方腊罪行时说：“方腊作乱，破六州五十二县，杀平民二百万。所掠妇女，自贼洞中逃出，裸体吊死在树林里，百余里之内相望不绝。”

这个记载的数字到底真实与否，现在已经不是那么重要了。总之，方腊在起事的过程中杀了很多人，这是一个不争的事实。至于他的下场，毫无疑问，被处死了，毕竟杀了那么多朝廷命官，按照宋代的法律，他所犯下的罪，随便拎出哪一条，都足够他死个十回八回的了。

一头贪婪的狼

说到南宋，直到今天我们还始终纠结于发生在 1127 年 3 月 27 日晚上东京汴梁的那一幕。当金碧辉煌的皇宫中突然闯进了一群披着兽皮的化外蛮族，要把宋徽宗赵佶和宋钦宗赵桓以及一万四千多名被俘人员押往遥远的北方上京时，那种令人惊恐的场面。

金兵之所以突然闯进汴梁，完全是赵佶自己引狼入室所致。

自 1004 年宋真宗时代起，由时任宰相寇准力主与辽国签订了“澶渊之盟”以后，宋朝已经历了仁宗、英宗、神宗和哲宗四个时代，虽然边关时常出现一些来自辽国散兵游勇的袭扰，但大规模冲突没有发生。尤其是宋仁宗时期，连年的战争阴霾正在散去，和平的曙光已然降临，中原与契丹之间的关系进入了一个空前的“蜜月期”，这个时候不大力发展经济还能干什么？中原帝国进入了快速发展的轨道，所以史上把这一时期称为“仁宗盛世”。

但是仁宗以后，赵家继位的三个皇帝都是短命鬼，尤其是哲宗赵煦，九岁登基，尽管有王安石、章惇这样一批很有远见的宰相辅政，可依旧摆脱不了短命之神的光顾，二十四岁就化为一道烟尘，消失在世界的远端。

赵煦死后，大宋江山进入花花公子赵佶的掌控之下。

实在没法想象，在北方天寒地冻的环境中，从小到大一直都在皇宫内养尊处优的赵佶，披着一张兽皮站在滴水成冰的屋檐下时所表现出的那种悲凉、凄惨的哀怨表情。但是，早知今日，何必当初？

留给今天的，或许只剩下唏嘘了。

赵佶大概永远也搞不懂，自己的虚荣竟然会给他带来如此悲催的恶果，他甚至站在艺术家的角度上，还没有完全明白历史所遗留下的仇恨、意识形态的盲目热情和国家实际战略利益之间的关系，就成了野蛮民族的俘虏，连同国家的命运、民族的乡愁、人民的哀怨一起，在那个料峭的初春夜里，被一起带进了千里之外那个冰天雪地的世界。在那里也许他有很多时间去反思自己的一生，去回顾这一切的起源，去品味由此所带来的苦涩结果！

距离今天已经过去了整整九百年的那个三月春寒料峭的晚上，究竟发生了什么？对于生活在今天的人而言，也许只是一个故事，然而，就中华民族多舛的历史而言，这是一个永远都无法绕过去的伤痛。

但无论从哪个角度说，北宋的陨灭，六贼之首的童贯难逃其咎。

剿灭了方腊后，童贯马不停蹄地再一次率领十五万大军来到了契丹边界的白沟一带，和剿灭方腊时所带的军队有很大的不同，这次要与契丹残兵对决的，是西北路的主力，没错，童贯把驻扎在党项边界上的兵调过来了。

这是一支很能打的军队，只需听一听其中的几员猛将，就足以让党项人闻风丧胆：头一位种师道，种家军的新一代领军人物，从他爷爷种世衡那一代开始，就是镇守西北边关的重将。第二代种诂、种珍和种谔这种家三虎，也让党项人吃尽了苦头，尤其是种谔，曾经围剿过党项残兵，把八万人活活冻死在无定山上。到了种师道和那个一身邪恶的种朴，即种家的第三代人，则把党项打成了半残。党项曾经悬赏十万两黄金取他的首级。种师道听了这个消息后只是冷冷一笑，谅他党项砸锅卖铁也拿不出这十万两黄金。

第二位姓刘，大名叫作刘延庆，是党项人，仗嘛倒是打过，只是没有亲自去过战场，主要职责是指挥。不过他的儿子倒是很有些名气，无论《宋史》还是《说岳全传》中都曾经提到过，就是“战功赫赫”的名将刘光世。究竟刘氏父子是不是“战功赫赫”呢？史料这个玩意儿有时候还真不好说，不过根据他们爷儿俩在这场以及刘光世后来几场战役的表现来看，这俩都是水货。

第三位是猛将杨可世，绰号“万人敌”，名副其实的武将世家，著名金刀令公杨业的后代，杨延朗（杨六郎）的嫡系子孙。熟读兵书，对兵法颇有研究，使一杆银枪出神入化，枪枪致命，多少党项名将都做了他的枪下之鬼，是继折可适之后又一员让党项听了心惊肉跳的悍将。

第四位叫姚烈，曾经被党项人封为“杀人恶魔”的姚雄之子，和他爹一个德行，向来杀人不眨眼，手里两把大砍刀见人剁人遇鬼砍鬼，死在他手里的党项人不计其数。这是一个不知死活的家伙，曾创造出率三十几个亡命徒踹党项三万人大营的纪录，两进两出如入无人之境，被党项人称为“鬼见愁”。

至于下一位嘛，就不太好说了，全名辛兴宗，就是从韩世忠手里“活捉”了方腊的那位，据说有勇有谋，只不过“谋”比“勇”多，水平和前面那位刘延庆将军有得一拼。在西部战场上，他的主要任务是紧紧跟在童贯左右，属于亲信中的亲信，一切都是以童贯的号令为主，关键时刻也能冲到前面去，挥剑斩几个小喽啰的脑袋以报功请赏。

还有一个人，岳飞。只不过这个时候的岳飞仅仅是一个微不足道的小人物而已，但是在未来的抗金战争中却让女真闻风丧胆。

总而言之，童贯把西北军的绝对主力全都带了过来，其目的很清楚，就是要不惜一切代价，彻底把契丹这头盘踞在燕云十六州长达一百八十多年的熊瞎子给打翻在地，再踏上一万只脚，让它永世不得翻身！

决心听上去不错，然而，童贯可能忘了一点，现在他要面对的不是党项，而是骁勇善战的契丹。尽管此时的契丹已经被女真打得满地找牙，可是不要忘了，瘦死的骆驼比马大。虽然过去五六十年没有经历过任何战争，契丹人也养成肥胖白嫩一身膘子肉，但是血管里流的依然是游牧民族那腔逞勇之血。

这是继周世宗柴荣和宋太宗赵光义之后第一支开进契丹境内的宋军，而前两次进攻距离现在已经过去了一百四五十年，两次进入却两次铩羽，英年早逝的柴荣和惨败而归的赵光义，像是中了这块土地的魔咒。这块被石敬瑭这个老浑蛋拱手送给契丹的地方，成了宋朝的一块心病。

最先与契丹打起来的，是先锋统制杨可世，而他的对手，则是一个看上去只有三十多岁的白面书生，此人就是日后的西辽皇帝耶律大石，契丹历史上唯一的进士。在之后的几年间，由他率领的契丹残部逃到了中亚地区，创建了名震一时的西辽，并曾经击败过女真，干倒了当时强悍的黑衣大食，打跑中亚强敌塞尔柱人，一直到被蒙古攻破为止。

虽然这个时候的耶律大石还没有那么大名气，但这是一个极其危险的人物，与他过招要小心再小心。

恰恰这一点被杨可世疏忽了，他把眼前的敌人当成了党项那样的乌合之众。对付党项，杨可世有的是办法，可是他忘了，站在他对面的，是比党项凶猛十倍有余的契丹人。正是这一次轻敌，虽然说不上是什么惨败，可也让这员骁将付出了极为惨重的代价。

这个时候的契丹皇帝是天锡帝耶律淳，耶律宗真的孙子。1122 年，天祚帝耶律延禧被女真一路追击，狼狈地四处逃窜，最后躲到了夹山（今内蒙古萨拉齐西北大青山）不敢露面，而耶律淳率残部六万多人则一直坚守在南京（今北京），由耶律大石和汉人宰相李处温拥立为皇帝。

童贯来到白沟以后，按照赵佶的指示，尽量去招抚耶律淳投降，而在此之前耶律大石也曾经向耶律淳提议，有必要的话，可以与宋朝进行谈判。因为目前南京已经成了一座孤城，契丹的上中西东南五京中的四京已经被女真攻破，仅剩下了南京，所以历史上又把耶律淳称为“北辽”时代。但是，当耶律淳获知宋朝带来了十五万重兵的时候，谈判的念头即刻打消，先后斩了两拨前来劝降的宋朝使臣，决意要在此坚守。

决意要坚守南京的耶律淳，所考虑的已经不再是契丹的命运，而是在计算他生命所剩下的时间，因为他心里很清楚，自己已经病入膏肓无药可治了，就是死，他也要体面地死在自己的城防之内。

此次和杨可世的对决，算是耶律大石的首秀。他看到了气势如虹的宋军冲过了白沟桥，心里就开始计算着他们从这里走向死亡的每一分钟。

白沟，位于今天河北高碑店市，地处京、津和保定的三角地带，紧邻白洋淀、温泉城、野三坡等著名景区，紧扼京津地区的咽喉，国家未来的大雄安地区就在这里建设，自古以来为兵家必争之地。

其时，杨可世也已经看到了河对岸的契丹军，但是契丹人的注意力似乎并不在他这边，而是快速地向西移动。他突然反应过来，契丹这是要渡河，从两侧对宋军展开夹击，他赶紧命令军队停下。

但是，这时候再下令停止进攻已经太晚了，先锋部队全部进入了契丹的箭矢射程之内，一阵密集的箭雨射过来，冲在前面的宋军已经全部中箭倒下，杨可世的左脸也挨了一箭，箭镞从脸颊射进口腔，打掉了他的几颗牙。

“万人敌”这个绰号可不是白给的，杨可世用手将箭拔出，左腮留下一个让人惊恐的大洞，挥起手里的枪就冲向了契丹。

这一仗打得昏天黑地，面对契丹发起的一波又一波凌厉的攻势，杨可世越战越勇，以一人之猛死死缠住数倍于己的契丹兵，决不能让他们轻而易举地渡河，因为他的后面就是杨德的援兵，一旦被契丹打成两段，整个前锋部队必将全军覆没。

然而，一顿激战后，援兵却没有出现，他所率的五千人马已经所剩不多，眼前只有一堆一堆分不清是敌还是己的尸体，挡住了他的去路，他想不到，契丹人的战斗力竟然还是这么强悍。眼看这场血战没有什么胜算了，于精疲力竭之际，杨可世最终寡不敌众，带着残部退出了战斗。

白沟桥一战，虽然没有分出胜败，但先锋统制杨可世身负重伤，双方伤亡人数不相上下，都有三千多人，对于宋军而言，因为没有在第一时间冲过白沟，无法有效地阻击敌人，等于首战不胜。

白天的战斗没分出胜负，这让耶律大石感到郁闷，考虑到南军（宋军）征战了一天，已经人困马乏，再加上主帅重伤，估计到了晚上就没了什么战斗力，于是决定趁机夜袭。

午夜时分，耶律大石命大将耶律斡里禄率一千人马轻装上阵，悄悄地向一片漆黑的宋营移动，看来偷袭是要得手了。正当耶律斡里禄暗自得意的时候，突然从身后杀出一彪人马，为首的竟然是个赤裸着上身的精壮汉子，手里拿着两支柳木大棍，像一尊凶神一样，带着一群同样也只拿着大棍的士兵，杀气腾腾地冲进了毫无防备的契丹军中，抡起手里的大棍劈头盖脸就是一顿乱打，直打得契丹军哭爹喊娘四处乱窜，几乎所有人或多或少都挨上了一顿，就连耶律大石的头上也被打起了几个包。

宋军这一顿狂殴，契丹当场被打死的只有四个人，其余人身上皆带了伤。耶律大石想想都觉得后怕，如果这一队人马使用的不是大棍而是兵器的话，估计参加此次偷袭的人可就凶多吉少了，毕竟就目前的兵力而言，一个都死不起啊！可是这个问题困扰了他很长时间，为什么南军要放下兵器而使用大棍呢？

即便耶律大石的学识再高，也整不明白汉人文化中的“厚黑术”。用大棒粉碎了耶律大石偷袭战术的，是一代名将种师道，自幼就随父在西北军营里长大，有着极高的军事天赋，在西北边界一带知名度颇高，尤其是党项人，只要提起他的名字，就会不由自主地打哆嗦。种师道打仗是出了名的凶狠，而且秉承了种家的传统衣钵，从不按规矩出牌，经常神出鬼没，把党项人打得晕头转向，对方却不知道他到底是从哪里冒出来的。

此次被童贯征调来到北方战场与契丹开战，种师道却有不同的理论，直言不讳地说，中原和契丹已经结为同盟，且两地相处关系也算不错，而现在中原对女真并不了解，如果单纯是为收复燕云十六州，乘着女真大举进犯契丹之机，中原也趁火打劫与契丹撕破脸，从短期来看有不厚道之嫌，如果从长远出发，宁可友善对待一个熟悉的邻居，也不接受一个陌生的民族。

此言被奸相王黼添油加醋地上报了赵佶，赵佶一听勃然大怒，大战即将开始，作为军中之帅，你竟然在此乱放厥词、扰乱军心？

一句话，免了他的军权，仅以参谋的身份随军进入阵地。白天他目睹了杨可世与契丹人的互殴，料定没有占什么便宜的契丹人夜里肯定会过来偷袭，但是又不愿意放弃自己的原则，所以就让姚烈放下兵器，只带大棍上阵，把契丹人狠打一顿即可。

这叫什么心态！

不过，几年之后，应验了他在战前所说的那一席话，可到了这个时候，说什么都为时已晚。

白沟战场暂时处在一个胶着状态，那么西边呢？

西边指的是涿州的西南方向，统军这里的是辛兴宗。一个能从自己部下的手里“活捉”方腊的人，还指望他能干出什么轰轰烈烈的大事业吗？

西边战场上，辛兴宗面对的是一群由奚、渤海、汉族和少量契丹人所组成的杂牌军，领军的统帅叫萧干。

面对一支由几个民族组成的军队，辛兴宗的心里简直乐开了花，这充分说明契丹确实没人了，临时拼凑起这么一群乌合之众，竟然也敢前来阻挡宋军？

且慢，辛兴宗高兴得过早。前锋统制王渊刚刚和这帮杂牌军交手，就发觉不对头，这哪里是什么杂牌？简直是主力中的主力，即便就是主力，上了战场也没有这么拼命的，将对将兵对兵丝毫没有怯懦，面对面就是一顿互砍。

王渊是在西北边界上打出来的将军，在战场上舞一支狼牙棒，也是爱谁谁的主。他也算是见过玩命的人，可从来没有见过如此玩命的，凶猛的程度简直让人感到了恐惧。

应该说这是宋军所受到最顽强的抵抗了，再这么继续打下去，先锋军肯定要遭到被歼的厄运。王渊下令后退，等待后面接应的援军。

站在远处的辛兴宗亲眼看到了这群杂牌的生猛，明白自己遇到了顽敌，急令另一员猛将孟超火速对王渊进行增援，并尽快撤出战场。

当孟超带着援兵冲进战争的时候，此时的王渊正被十几个契丹人围在中间，而且身体已多处受伤。孟超冲了过去，挥刀斩杀了距离最近的几个契丹兵，终于把王渊救出来。

开局如此不利，让童贯也急得团团转，前方送来的不是胜利的消息，而是不断增加的伤亡人数。也就在这个时候，前方突然传来报告，大批契丹援兵已经出了幽州城，正在向涿州方向集结。

童贯直接就晕了，毫不迟疑地发出了命令：撤军！

但是种师道等人却不同意，因为他知道，一百三十六年前，也是在这个地方，曹彬就是因为一次错误的撤军命令，致使全军遭到了耶律休哥的屠杀。而今战事已经打到这个程度了，如果现在撤军就等于前功尽弃。况且这里是平原，无险可据，契丹全都是骑兵，而宋军是步兵。再能跑的步兵也不可能比马快。

童贯暴怒，呵斥道：这里的主帅是你还是我？

种师道无语，迫于童贯的官位，只好勉强同意，全军立即撤到宋朝界内的雄州集结，伺机再继续出击。

撤军的速度倒是很快，但是到了雄州后，童贯再次下令，先锋部队不得进城，在城外阻击来犯的契丹军。

就在姚烈要和契丹军决一死战的时候，天突然变了，先是暴雨，之后来的竟然是冰雹，鸡蛋大的冰雹把阵地上的宋军打得无处藏身。冰雹刚停，契丹人就冲上来了。

这一战败得很惨！时间定格在 1122 年 6 月 3 日。史料这样记载："自雄州之南，莫州之北，塘泊之间，及雄州之西保州、真定一带，死尸枕藉，不可声纪。"可见死人之多。不过，在这么大的一片区域范围内，沿途多座城池，为什么不派兵出来营救，而是眼睁睁地看着这些士兵被契丹所杀？史料没有记载，在这里也就不敢妄加评判。

第一次攻打契丹就这样以惨败告终。

在宋军攻打契丹战败后没几天，短命的北辽皇帝耶律淳在位三个月后就死了，因为所有与耶律祖先有血亲的人，此时都跟着耶律延禧躲到了夹山，一时半会儿还找不到人继位，只能暂时由萧德妃临政。而萧德妃刚一上任，第一道诏令就是杀了把她捧上太后宝座上的汉人宰相李处温，理由是，以权谋私。

这个理由太牵强了吧？关于李处温和萧德妃之间的关系，在整个南京城里早已是尽人皆知的事，可惜李处温不是韩德让，而萧德妃也不是萧燕燕。不过这里还是有一个值得玩味的地方，刚刚临政的萧德妃绝对没有可能直接动手杀了自己的情夫，那么唯一能出手的，只有耶律大石，耶律大石实在是看不下去了，只能找个借口把李处温杀掉，至少给契丹留些许颜面！

很多时候的历史，只有版本，没有真相。

童贯获得了这一消息后喜出望外，料定此时的幽州恐怕已经没人做主，这可是千载难逢的好机会，如果不趁现在主动出击，还要等到什么时候？

就在他刚刚下达了进攻命令的同时，契丹两城的守将前来投降了，易州守将高凤和涿州守将郭药师。

这位郭药师可是个有故事的人，他是渤海人，所谓渤海人，其实就是早期的粟末靺鞨人，属于女真的一支，公元 698 年由大祚荣立国，926 年被耶律阿保机灭亡后归顺了契丹。而女真兴起后，又是第一个被完颜阿骨打吞并之地，所以他们这一支渤海人被耶律延禧称为“怨军”。在对女真的战斗，“怨军”有着非常可怕的杀伤力，他们身上所表现出来的勇猛与顽强，既传承了粟末靺鞨的血性之气，又有失去家园的悲壮情怀。他们在战场上那种不怕死的精神，就连打仗那么生猛的女真也很头疼。

对于童贯来说，这可是天上掉下来一个巨大的馅饼。因为他很清楚这一支“怨军”的战斗能力，有了他们的加盟，彻底剿灭契丹只是时间问题。因为涿州没了，幽州就等于没有了任何支援，立刻就暴露在宋军的眼皮底下。童贯立刻安排亲信刘延庆前往受降，要求他力争在最短的时间内和郭药师一起联手干掉萧干，为进军幽州做好准备。

刘延庆是纯粹的党项人，他满脑子都是党项与生俱来的投机主义思想，大小便宜都得占，唯独吃亏的事他不做。童贯把这样的好事交给他，他不仅要双手接着，而且还得用力攥紧，不能让别人再抢了去。

就这样，刘延庆和郭药师所率的十几万大军一路愉悦地向幽州开拔。在刘延庆的心里，此时的幽州就好比砧板上的一块肉，我想切块就切块，我想剁馅就剁馅，一切都要看我的心情。但是，他唯独没有想到的是，这么大规模的队伍，走在毫无遮拦的大道上，万一遇到偷袭该怎么办？或者他心里已经有数，这叫作老虎拉车——谁敢（赶）？

问题就出在了这里，前面还真有一群劫道的在等着他们。

萧干带着他的杂牌军提前埋伏在了良乡。作为幽州的西南门户，只要突破了良乡这最后一道防线，就已经到了幽州城下。

此时，刘延庆的大军正在继续往前行进，突然从两侧蹿出了一队人马，一个个都像从地狱冒出来的索命小鬼，恶狠狠地就扑了上来。宋军连一毫的准备都没有，被这突如其来的一顿猛砍给吓了一大跳，队伍立刻就乱了套。

毕竟这是十几万的主力，契丹兵再强也不可能把主力打垮。这场突然爆发的战役并没有持续多长时间。等刘延庆反应过来，再组织有效的进攻时，萧干的第一波攻击已经结束了，两军形成对峙态势。

这时候郭药师给他出了一计，说萧干既然离开了幽州，说明现在城里已经空虚了，只要大军在这里拖住了萧干，让他来补救回防，我军便可派出一支奇兵快速进城，先干掉城内的剩余人马，然后等待与大军会师，形成内外夹击，幽州城就随时可以攻破。

刘延庆大喜，让郭药师把七千渤海兵带上立即出发，快速拿下幽州城。

郭药师所带的队伍倒是很顺利地进入了幽州城，但是没想到的是，萧干竟然挣脱了刘延庆的纠缠，又返回了城里。好在郭药师的人马比萧干的残兵还多了将近一倍，打起来也吃不了多少亏，何况“怨军”的战斗力极为强悍。

于是两军在幽州城内展开了一场空前的巷战，连郭药师自己也没想到，城内仅存的残兵竟然如此顽强，他们一群一群地往上冲。“怨军”显得有些力不从心了，郭药师唯一的希望，就是等待刘延庆大军的到来，但是一直肉搏到天黑，想象中的大军并没有出现。

郭药师绝望了，再从正门突围已经不可能了，摆在面前的只有一条路，就是从城墙下去。可怜将近七千人的“怨军”，突围出去的不到一千人，其余不是战死就是被俘。

那么刘延庆派出的接应大军呢？这一点不能冤枉他，兵确实派了，而且是由他的儿子刘光世亲自上阵，然而，刘光世所带领的“接应”大军，仅仅在城外看了一眼，然后就一言不发地撤走了。因为他断定，郭药师和他的“怨军”们必定有去无回了。

这就是“盖世名将”刘光世的所作所为，正是因为他的不负责行为，导致了第二次攻打幽州再次宣告失败。而这次由刘光世人为所造成的失败仅仅是个表面现象，也为日后宋朝与女真的谈判埋下了祸根，甚至到五年之后北宋的灭亡，如果再进一步追究责任源的话，都与刘光世的这次不作为有着千丝万缕的关系。

兵熊熊一个，将熊熊一窝。用这话来形容刘延庆、刘光世父子，那简直准得没边了。刘光世都已经来到了幽州城下，但是没敢进城，只是匆匆看了一眼，就又按原路返回了。而在城外的刘延庆呢？

萧干带着他仅存的几千杂牌军把郭药师的“怨军”打出城后，又一路尾随而来，试图再打宋军一个猝不及防。而驻扎在良乡的刘延庆，没盼来攻下幽州城的好消息，却听到一个坏消息：萧干带着大队契丹人马已经出了幽州城，正在向良乡方向赶来。

刘延庆闻听这个消息后竟然给吓得不知所措，立刻下令收起营帐，全军火速向宋朝境内撤退。而跟随在后面的萧干一看来了机会，带着几千人马就毫不犹豫地冲进了十万大军。

第二次攻打契丹再次以惨败告终。这次失败，不仅摧毁了宋军的全部战斗力，让契丹获得了喘息的机会，更让女真看到了宋朝纸老虎的真实面孔，从而有了他们后来的敲诈和北宋的灭亡。

历史就像在高速公路上奔驰的汽车，全速前进的过程中经常会因为一个硌脚的小石子陡然发生小小的偏离。然而，就是因为这小小的偏离，往往会带来截然不同的历史结局。那么，刘光世毫无疑问地在那个时代就做了一个小石子，让北宋这辆高速奔驰的车突然失控，而后一头撞向了巨石，从而使历史的轨迹发生了根本的变化。

两个月后，女真来了。

完颜阿骨打进入幽州的准确时间是1122年12月26日，当他进入幽州城的时候，城内一片寂静。在他还没有到达的时候，契丹人就已经通过古北口北齐长城的西八大楼子和司马台一带逃离出了燕云地区，一路向西，去寻找藏匿更远的耶律延禧，而幽州成了一座无人防守的空城。

用完颜阿骨打的理解，兴许这就叫作"闻风丧胆"！

而童贯两次进攻的动机也许是好的，如果能提前占领燕云这个地理位置，日后一旦与女真反目成仇的话，这里还可以起到一个天然屏障的保护作用。然而结果太差劲了，不但没达到目标，反而把自己的软肋全都暴露在了女真的眼皮下。如果说，赵佶或者北宋的下场是由童贯、蔡京、王黼等"北宋六贼"造成的，那么六贼的下场又是谁造成的呢？两场战役的惨败仅仅是个表象，更重要的是整个军队都被葬送在这两场战役中，让女真有了勒索敲诈北宋兜里仅剩下几两碎银的底气。

命运多舛的中华民族，也注定该有如此一劫！文史哲学者史贤龙先生说，文明的鄙视链，你我都在其中，有一天我爬上了枝头，就成为猎人的目标。

幽州最终落入了女真人的手里，接下来就该谈判了。按照宋朝和女真签订合约的相关规定，女真应该把幽州城还给宋朝。但是真的想要回来，可就不是那么容易的一件事了。

据说，完颜阿骨打刚一进入幽州的时候，即刻被幽州的宏伟建筑和繁华震撼得号啕大哭。一个在洞穴里长大、以狩猎和采集为生存手段的野蛮人，哪里有机会见识汉文化伟大的文明？即便他一路上攻城略寨，打下了黄龙府、上京、西京、中京等多个契丹的城池，无论文化程度，还是商业氛围，都无法与更接近汉地的幽州相比。所以，在完颜阿骨打所梦幻的世界里，包括他笃信的萨满教中的腾格里（天神），恐怕也没有如此繁荣。

他不想走了，真的不想再走了！

从完颜阿骨打进入幽州开始，一直到 1123 年 4 月 17 日，女真人在幽州城里享尽了人间荣华富贵的同时，宋朝和完颜阿骨打之间的联络就没有停止过。宋朝这边的代表依然是赵良嗣，而女真则换了一个人，叫完颜蒲家奴，是完颜乌古迺的孙子，论起来的话，是完颜阿骨打的堂兄。

赵良嗣的依据是，宋朝和女真之间是约定好的，打下了幽州后要还给宋朝。而完颜蒲家奴也承认这个约定，没错，当时确实是这么定的。但是协议上明明白白说，宋朝和女真同时进攻，可是为什么宋朝突然独自向契丹开战？现在的幽州是女真打下来的，和你们宋朝没什么关系。

一句话把赵良嗣给怼得哑口无言，接下来就什么也别谈了，那就拿钱吧。这个可是当时就已经说好了的，把给契丹的钱转给女真，而且还是宋朝皇帝的御笔所说。

赵良嗣没有其他选择，只有同意。同意？哪有这么简单的事？这仅仅是完颜蒲家奴的一个探底而已，接下来的条件更高。除了约定中归还六州二十四县，宋朝还要继续按照十六州的岁币给女真，且这里只留下汉人及其财产，原来居住在此地的契丹、吐谷浑、渤海人、奚族人以及他们的财产女真要全部带走。

赵良嗣狠了狠心，也答应了。

且慢，还有很重要的一点，幽州是去年打下来的，如果要归还，需要把两年的岁币一同交齐了才能履行合同。

这也太苛刻、太强人所难了吧？赵良嗣这回不敢擅自同意，只说这事要回去请示皇帝，只要他同意就没问题。于是，完颜蒲家奴就跟着赵良嗣来到了东京汴梁。到了汴京后，这个土包子才知道什么叫作天外有天，只需看一眼宋朝的皇宫，幽州那个破地方还能算个啥？还有更重要的一点，汴京随便一个百姓都可以天天喝上茶！对于完颜蒲家奴而言，这个反差可是太大了。

于是，完颜蒲家奴又变卦了，说每年的岁币不好，我们干脆还是要你们的税收吧。税收？那可是一国之命脉啊，这个可是万万动不得。这回蔡京不干了，说好了岁币就是岁币，你开口要两年就给你两年，但是税收你不能动！

红口白牙胡乱一说，白花花的银子就到手了。完颜蒲家奴很是得意，既然都谈妥了，那就签署移交的国书吧。这话一出，在座的人也都松了一口气。岂料，结果还是没那么简单。

首先是国书的问题，左一趟不行右一趟不行，不是措辞看不明白，就是字迹过于潦草。要知道北宋时代可是书法家林立的时代，随便一个人胡乱写两笔，在一个野蛮的女真都能达到国师的水平。来来回回折腾了四五趟，这回总算是挑不出毛病了，可女真又出了新的幺蛾子。

契丹是我女真千古死敌，但是很多居住在幽州一带的契丹人都跑到你们宋朝了，比如他们的大臣赵温讯、李处能等人，现在都在宋朝的保护下，只有把他们交给女真，这事才有得商量。

赵温讯是北辽皇帝耶律淳的谏议大夫，与赵良嗣的私交很深，在女真进入幽州前夜逃到了宋朝。在得到女真向宋朝索要他的消息以后，他在赵良嗣面前长跪不起，请求赵良嗣无论如何也要救他。但是，这时的赵良嗣已经被逼得实在没有办法，只好狠狠心出卖了自己的结拜兄弟，将其交给了女真。而女真得到了赵温讯和李处能之后，并没有把他们处死，反而给了他俩官职，而且还不小。不过，也正是因为这事，赵温讯和李处能对宋朝的不仁不义恨之入骨，给后来的女真南侵埋下了一个伏笔。

那么，女真这就把幽州归还宋朝了吗？

怎么可能！还有问题，就是关于郭药师和他的“怨军”，他们属于渤海人，必须要交出来。

这回宋朝彻底不干了，这个条件无论你女真说破了大天也不可能答应。贪婪的完颜蒲家奴露出了奸诈的笑容，既然你宋朝不同意，那么就花钱把他们买下吧，但需要定一个合适的价格，而且这个价格必须得由女真同意才行。

又敲诈了一笔。但这还不算完，还有一条，契丹的耶律延禧、耶律大石还有萧干等人尚在，如果现在就把幽州还给南朝的话，潜在的危险指数太高。就目前南朝的军力而言，要想将这三犯缉拿归案可能难度比较大，如此艰巨而危险的工作，看来也只能由女真去完成了。但是南朝也不能闲着，粮草的问题就由你们负责了，谁让我们是兄弟呢？

这话说的，那就拿吧。不急不急，还有一桩小事，南朝乃产茶之地，都是自家兄弟，有些话还是说透为好。南朝所给的银两我一概不要，可以按市价折算成茶叶，这样你也省了银子，我也得到了实惠，何乐不为？

原来真正的目的在这里！

茶叶，包括女真在内的游牧民族中，是可以作为货币流通的重要资源，而且距离中原地区茶园的距离越远，其价值就越高。无论契丹、吐蕃、党项、女真，还是后来兴起的蒙古，他们进犯中原之初都是一个目的，那就是中原的茶叶。因为在他们的眼里，只要能掌握了茶叶，就能掌握所有。比如契丹人从女真手里换来“海东青”的物资，就是被女真视为宝贝的茶叶。

其实宋朝官员也很明白，女真之所以不要银子而要茶叶，原因就在于他们可以把茶叶拿回榷场，就像契丹人控制他们一样，他们同样可以控制其他部族。这个账能算得如此明白，可真不是一般的野蛮民族。

茶叶，不过是一片小小的树叶，但可以决定一个民族的命运，也可以决定一个王朝的盛衰！

来来回回折腾了四个多月，一直到1123年4月17日，童贯带人前往幽州办理交接，这才发现，整个幽州早已面目皆非。女真在这四个月里，把能杀的人都杀了，能毁的都毁了，能带走的也都带走了，就这还不算完，临走时又掳掠了一大批女人带回了他们的上京（今哈尔滨阿城），“中原士大夫之家妹姬、丽色、光美、娟秀凡二三千人北归其国，酣歌宴乐，唯知声色之娱”。

欲哭无泪啊！

从936年起，幽州已经远离故国一百八十七年，如今在宋徽宗的努力下，费了九牛二虎之力，这块土地终于得以回归，赵佶这个兴奋啊，即便是死了，也对得起地下的列祖列宗了。于是开赏，除刘延庆、刘光世父子外，其他人员一概有赏。童贯，大功在先，升豫国公；蔡攸升少师；全盘策划指挥幽州回归的宰相王黼升太傅，再加赏玉带一条；为联金灭辽出谋划策，多次与女真进行谈判的赵良嗣升延康殿大学士。命翰林学士、尚书右丞王安中亲自操笔撰写《复燕云碑》，擢令最好工匠原文刻出，立于幽州城门处。

从中原敲诈了肥肥的一大笔后，完颜阿骨打的心情好极了。在他的字典里从来没有领教过什么叫作“乐极生悲”，当这个不祥之词一旦落实到了某个具体人身上的时候，那就是百分之百的霉运。

完颜阿骨打就是那个具体人。

1123年4月16日，完颜阿骨打心满意足地离开了幽州，顺便又视察了一下已经属于女真的原契丹风光，于8月准备打道回府，可是走在路上的时候，忽然感到身体不适，于是就近前往他的部堵泺西行宫（今吉林省扶余境）休息，没想到竟然一病不起，三天后便死了。

历史和历史人物的结局有时候非常相似。一百七十六年前的4月22日，契丹皇帝耶律德光也是往回走的时候，死在了半路上，被做成了“腊肉”运回去。而今，这同样的命运也落到了完颜阿骨打的身上。一代枭雄，就是以这么一种颇为奇特的方式和他所打下来的世界告别，时年五十六岁。

完颜阿骨打的时代就这么落下了帷幕，可以这样说，他的一生从头到尾都是在征战。他用了九年时间灭掉了契丹，又从宋朝敲诈了大量财富，女真国力大增的同时，他的人生却走到了尽头。而接他大位的，是他的四弟完颜吴乞买，又名完颜晟。

北宋的噩梦终于来了！

第三章

尴尬的南宋

当大宋的皇帝们争相成为艺术家，沉浸于把大宋子民都培养成文艺青年的时候，却忽视了正有一匹凶残的狼已经张开了它的血盆大口。这个东方高度先进文明的国度选择坚韧地活着，可是最终，诗和远方没有了，再到后来眼前的苟且也不能苟且了。只享乐不作为就要挨打，宋，退出了历史舞台。当我们复盘这段历史，我们的内心充满痛楚。而茶在其中，一转身，找到了新的出路。

——郭建军

靖康之耻

但凡读过《狼图腾》的读者都会记住一个细节，一条瘸了腿的狼往往是狼群里最凶残的。那么，完颜吴乞买就是现实中的那条瘸腿狼，不仅凶残奸诈，而且还特别贪婪，其贪婪程度比完颜阿骨打有过之而无不及。

在中国的传说中，有一种动物叫作狈，是狼的近亲。据说这种动物前腿比较短，行进时需要把腿搭在狼的身上，一旦离开了狼的依靠，狈就要跌倒。有一种说法不知道是真是假，说一千头狼和一千头狐狸交配，才有可能生出一只狈，所以在狈的基因中，既有狼的凶残，又有狐狸的狡猾。一个狼群假如有狈在里面，这个狼群往往会有超强的攻击力。如果我们说完颜吴乞买是一头狼的话，那么完颜娄室就是一只狈，狼与狈合二为一，他们究竟能做出什么事！可想而知。

说完颜娄室是一只狈，还真的不是贬损他。如果没有完颜阿骨打的叛辽，这人估计一辈子都活跃在捕捉“海东青”的第一线。据说这是一个捕捉“海东青”的高手，只要是被他盯上的“海东青”，几乎无一漏网。但是，时势造英雄，正是因为有了完颜阿骨打，才把他的潜能激发出来。一个抓鸟的，竟然成了女真第一猛将，这话怎么听都像是骂人。

完颜娄室恰恰就是用捕捉“海东青”的方式，先后捕捉了当时的、过去的和未来的各个皇帝，由此，成了女真一个抓皇帝的专业户，同时他还是制造了“靖康之耻”的元凶。

完颜吴乞买接了班后只做了两件事，第一件事是一定要抓住耶律延禧，第二件事就是推翻宋朝和完颜阿骨打所定的所有政策。这两件事他都派给了完颜娄室，要求他必须亲力亲为去完成。

于是完颜娄室就开始着手去完成第一件事——活捉耶律延禧。

要抓耶律延禧可不是那么简单的事，因为没有人知道耶律延禧究竟藏匿在什么地方，即便女真人在大漠深处来来回回以地毯式的搜索方式搜了好几个来回，也没见到耶律延禧的踪影。有人就说了，这样的搜索都没找到，耶律延禧是不是已经死了？完颜娄室说，活要见人，死要见尸，就是挖地三尺，无论如何也得找到这个人。

而耶律延禧这时正躲在夹山深处，一个几乎没有人能找到的地方。这里可能是契丹祖先老早就圈定的一处避难所，有山有水有行宫，不知情的人根本就不可能找到这个地方。关于夹山之神秘，史料上是这么说的：“夹山在沙漠之北，有泥潦六十里，独契丹能到达，他国所不能至。”

但是有人就能找到。耶律大石和耶律淳的老婆萧德妃从幽州逃出来以后，就直接来到这里。从女真对契丹大举进攻之后，耶律延禧就一路逃窜躲到了这个地方，但是在这里他并没有闲着，从阴山室韦的谟葛失部落借来了五万兵，这是他的最后一张王牌，他一直都在盘算，如何能用这五万兵把女真灭掉，重新恢复契丹的霸主地位。就在这个时候，耶律大石来了。

两人刚一见面，耶律延禧就质问耶律大石，你明明知道我还活着，为什么还要拥立耶律淳当皇帝？

契丹状元耶律大石则说，国不可一日无主，在找不到你的时候，也只有拥立耶律淳了，毕竟都是太祖的子孙。

耶律延禧无言以对，只好杀了萧德妃，至于耶律大石嘛，从哪里来再回到哪里去，继续和女真去抗争吧，但这五万室韦兵肯定不可能给他，要他自己想办法去解决，然后去找女真开战。其目的很明确，就是要耶律大石自生自灭。

从另一个角度来说，耶律延禧的这个想法还算正确，因为这个时候完颜阿骨打刚死不久，完颜吴乞买还没有稳定局面，所以在外征战的女真人，在这个时候几乎都已经在大举收缩自己的防区不主动出击。而据守在原契丹上京的完颜宗翰，这时候已经回到了女真的老巢。所以说，耶律延禧选择在这个时候出战，如果进展顺利的话，打败女真甚至将其灭掉，并非一件不可能的事。

耶律大石就在这样的情况下又回到了战场，然而他很不幸，因为他所遭遇的是完颜娄室。

此时的耶律大石可以有多种选择，第一是和女真人血拼，拼个你死我也死；第二是自杀。但是这两条路都不是他想要的，因为他要活下去，而且要有尊严地活下去，所以他选择的是投降。

耶律大石向女真投降后，女真人不但没有为难他，反而还给他官做，甚至又给他配了一个老婆。可能女真的善意真的"感动"了耶律大石，他主动向完颜吴乞买提出，要亲自带人去把耶律延禧捉拿归案，以此报答女真对他的信任。完颜吴乞买大喜，立即集结当初跟随他一起投降的契丹兵，总共二百多人，向西出发，北行三日渡过黑水后继续西行，一直来到契丹最西北的可敦城。

当耶律大石再度回来的时候，已经是五年以后的事了。他的再度回归，是要与女真决一死战，收复昔日契丹的国土。而在当年，他就是带着这两百多人的队伍穿过了沙漠，在中亚地区创建了一个与强盛时代契丹同等面积的帝国"哈喇契丹"，打跑了一度强大的塞尔柱人，史称“西辽”。

如果说耶律大石是智者，那么耶律延禧就是个地地道道的蠢货了。可以说，耶律大石的出走对他刺激很大，他开始琢磨选择一个合适的时机，用手里这五万室韦兵去攻打女真，夺回失去的皇位和尊严。

1124 年 7 月，耶律延禧终于走出了夹山，因为手里握着重兵，他不想再在这里做缩头乌龟了，他要向女真宣战，要让女真知道，契丹依然是当年彪悍的镔铁。于是，他亲自率领这五万室韦兵去攻打女真。

室韦，就是后来的蒙古，在此之后的一百多年，几乎世界都知道这个草原游牧民族的骁勇，他们是征服者的同义语，也是魔鬼的代名词，他们的铁蹄曾经打遍亚洲、横扫欧洲，把欧亚大陆打了个稀烂。然而，就是这样一支能征善战的军队，到了耶律延禧手里却变得狗屁不是。

耶律延禧带着这五万多室韦兵浩浩荡荡地走出夹山，让他们没想到的是，刚刚翻越了渔阳岭（今内蒙古呼和浩特西北），在奄遏下水就与女真二当家完颜宗翰遭遇。双方刚一碰面的时候，各自的心里都没底，甚至连完颜宗翰都吓了一跳，耶律延禧这是从哪里变出来这么多兵?

这场战役是败战中的一个著名战例，完颜宗翰（完颜阿骨打的长子，《说岳全传》里那位著名的粘罕）当即就在开阔地带摆下了战阵，要与这群室韦兵决一死战。由于事发突然，他对面前的敌人不了解，所以他没有把自己手里的主力用在前面，而是放在了两翼，诱敌深入后再突然发起攻击。

这是由亚历山大大帝创造、迦太基名帅汉尼拔完善的“两翼包抄”的经典骑兵战术，汉尼拔曾经利用这一战术在亚平宁半岛屡立奇功，把强大的罗马打得落花流水，十余年内罗马几乎没有将领敢与汉尼拔正面交锋。直到西庇阿的出现，再度发扬了两翼包抄战术后，罗马才在迦太基本土赢得了胜利。

此时的完颜宗翰肯定没有学过这些战争史，甚至不知道在这世界上还有一个叫作罗马的帝国存在，但是他却很好地利用了这一经典战术，在大青山南面的草原上，开始了一场对契丹的包围战。

耶律延禧自己也没料到，室韦的攻击力竟然会是如此凌厉，尽管女真在完颜宗翰的指挥下表现得非常勇猛，发起了一波又一波进攻，但是与对面的室韦兵相比，显得力不从心。具有非凡蛮力的室韦兵依仗着超强的冲击力，在开战不久就击退了女真的进攻，一度打到了女真的中军位置，使女真被打成了两段，前后不能衔接，似乎败局已定。

但是，就在这个时候，耶律延禧的脑子突然进水了，他在关键的时刻竟然做了一个错误决定：他命令冲锋陷阵的室韦大将兀鹿儿，务必要生擒活捉叛逃到女真的原契丹大臣耶律余睹。因为叛逃女真后的耶律余睹，成了女真的先锋大将，破上京、攻西京、打中京，大败契丹的元凶就是他。耶律延禧对这个人的所作所为恨之入骨，藏身于夹山的时候就下定决心，一定要亲手杀了他！

然而，他的这个命令导致战局的重心出现了倾斜，所有室韦兵在兀鹿儿的引导下，焦点全部对准了耶律余睹，从而被女真抓住了时机，两翼快速合拢，将室韦兵团团包围。

室韦兵败下阵来，耶律延禧在身边护卫的掩护下好不容易撤了出来，惊魂未定地再度返回了夹山。可这里已经不再是一个安全之地，女真像一条闻到血腥味的狼，尾随而至，耶律延禧只好再次逃亡。

逃到哪里去呢？被女真一路追杀的耶律延禧变成了丧家之犬，在走投无路的情况下，他只好投奔他的亲戚——党项皇帝李乾顺。

就在耶律延禧逃到党项不久，女真的大军也闻风而至，领军的就是那个“抓皇帝专业户”完颜娄室。

完颜娄室并没有着急对党项用兵，而是托人带去了一封措辞严厉的信，在信中他警告李乾顺，我强大的女真灭掉契丹都易如反掌，更不要说你这个小小的党项，如果不在限定之日内把耶律延禧交出来，女真随时都会杀到。

李乾顺害怕了，但他又担心自己混了个落井下石的坏名声，不敢把耶律延禧真的抓起来交给女真，只好想了另外一个主意，告诉耶律延禧，这里很危险，你还是自己离开吧。已如惊弓之鸟的耶律延禧只好离开党项，再度踏上他的逃亡之路，一直到一年之后，他才被完颜娄室抓住，在女真为他特意准备的房子里，等候与宋朝的两位皇帝会合。

宋朝总算把幽州给“要”了回来，但是接下来的局势就变得扑朔迷离了。原契丹守将张觉主动投靠过来，而且不是他一个人，他是把平州连同营州和滦州一起打了个包，当作自己的见面礼送给了宋朝。

这三城在契丹时代称为“平州路”，因为它的背后是榆关，也就是后来闻名天下的山海关。外强如想进入中原，就必经山海关这道关隘，因而平州在战略位置上的重要性可想而知。

女真这下就不干了，表现最为强烈的，就是新科皇帝完颜吴乞买。作为女真的新领袖，完颜吴乞买此时的皇位并不那么稳固，因为女真的天下是靠他二哥完颜阿骨打一手打出来的，整个过程他都没有参与。完颜阿骨打一死，他就成了峨眉山上下来摘桃子的那只猴子，一下子就把这么大的一个果实揽进了自己怀里，连他自己都觉得这一切都来得过于突然，毕竟旁边还站着完颜阿骨打的十几个儿子，正在虎视眈眈地盯着自己，而且这十几个儿子中，尤以老大完颜宗翰、老二完颜宗望、老三完颜宗辅和老四完颜宗弼最为出色，自始至终跟着他爹南征北战打下了这片江山，皇位却被一个没有任何战绩的叔叔坐了，这事搁谁身上，谁都会觉得不爽。所以完颜吴乞买无论如何也要找一个对手打一仗，以显示出自己的成就和能力。

如今契丹已经成了一只死老虎，打不打的没有什么实际意义，党项嘛，破穷刁蛮之地，即便打了也没什么油水可捞，选来选去，能开战的目标，也就只有一个宋朝了。可是北宋和女真前面可是签了和平协议的，除非找到宋朝有违约的地方。之前也曾经派人去试探过，比如去要尚未付清的钱财等物，但是宋朝所表现出的态度是既不答应也不拒绝，只是很礼貌地扔下一句话：现在暂时没钱。这事也就搁置了。这不能成为开战的理由啊。关键一点是，完颜阿骨打活着的时候曾定了一条规矩，三年内不能催督债务，三年以后再议。而现在好了，这个张觉和他的平州倒是可以当个事来处理，只要开了战，以宋朝的实力，被灭掉也只是分分钟的事。

而宋朝在这个时候却误读了女真的意思，对张觉的到来，他们兴奋到了极点，不但对张觉封官加爵，更是把他当作一个时代的楷模大加赞誉，让其他各州的守将都以张觉为榜样，主动回归宋朝的怀抱。同时派童贯出使女真，协商燕云十六州的回归问题。

危险来了。

危险是从三千女真兵包围平州开始的。

张觉并没有当回事，只是站在城楼上随意地瞄了两眼，连理都没理就回到了他的房间，该干吗干吗去了，因为他太了解平州了，别说来三千女真兵，就是来上三万，想攻破平州城都比登天还难。

果然，没过几天，女真就主动撤走了。张觉报之以冷冷的一笑。消息传到了汴京，整个皇宫一片欢呼雀跃，尤其是赵佶，对张觉的冷静表现赞誉有加，把声势浩大的颁奖大会一直搞到了平州，各路官员纷纷前来祝贺。张觉对这种嘉奖很受用，一一笑纳。

但是好景并不长，当女真再次兵临平州城下的时候，就不是三千了，而是十万！由完颜宗望亲自率领的女真大队人马，把平州城包围了个水泄不通。张觉又上城楼看了一眼，这回可不是随意地瞄两眼了，而是看得他目瞪口呆！

他从城楼上下来，当即做出了一个前所未有的决定：跑！再不跑可就没有机会活下去了。于是张觉就把平州城和城里的五万守军置于脑后，独自通过密道跑了出去，马不停蹄地一口气跑到了他哥们儿郭药师的防区——幽州。

而平州城呢？可以说，张觉这一跑是他一生中所犯下的最大错误。在他的世界观里，女真的尚武善战威猛天下，比如契丹的上京，在女真的强力攻击下，仅用了不到一天就被攻破，而平州比上京更结实吗？

答案显然是否定的。没有了主帅的平州竟然成了女真的一块烫手的山芋，让完颜宗望大伤脑筋不说，更是噩梦连连。大概从女真起兵开始，平州是女真死人死得最多的一场战役。城里守军的武器都很特别，几乎全都是石头瓦块，从这些“武器”整齐规则的形状来看，估计是把房子都拆了。而三个月后，武器又换成了木头，什么房梁、檩条、门板，甚至磨盘、石碾等，应有尽有，女真的有生力量被大大消耗，看着这座极难啃掉的石头城，完颜宗望的心里非常绝望！

然而城里的条件更艰苦，粮食早就没有了，甚至连老鼠都被人吃光，五万多人的守军加上四五万平民，到了这时候仅剩下四五千人。完颜宗望也损失了将近一半的兵力，平州城依然固若金汤。平州战役打了整整六个月，有一天女真突然发现城里没有任何反击，他们悄悄地爬进去一看，发现城里剩下的人都已经悄悄撤离了，给女真留下了一座死城！

那么张觉呢？

来到了幽州以后，他给自己改了一个名字，叫作赵秀才，在一个不起眼的地方过起了隐姓埋名的生活。这期间，女真攻破了他的另一座城池——营州，把他的母亲及弟弟全部俘虏。他的弟弟为了营救年迈的老母，就把宋朝写给他的信拿出来，交给了女真。

女真拿到了这些信件后如获至宝，因为其中就有赵佶亲笔给张觉写下的封官奖励等物证，说明宋朝在这段时间里并不老实，而是偷偷摸摸地在私底下搞一些小动作。于是女真就向宋朝开出了条件，要求交出张觉，不一定要活的，只要把他的人头交出来即可。

童贯在这个时候又动了小心眼，命幽州安抚使王安中先把张觉藏起来，然后找一个长得和他比较像的人，将其杀掉后，把脑袋给女真送过去，试图以此蒙混过关。可是这事偏偏走漏了风声，女真再次找上门来，措辞激烈地对宋朝不诚实的做法提出抗议。

这时的宋朝自己也明白诡计已经被戳穿，被逼得实在没有办法，只好由王安中出面，把张觉灌醉后将其杀死，把他的人头放进灌满了水银的箱子里，连同张觉的两个儿子一起，给女真送过去。

如果张觉当初没有逃离平州，而是和全体军民一起死守平州城，又该会是一个怎样的结果呢？或者真的能把女真打败也不一定。历史往往非常残酷，在这条单行道上永远不可能允许任何如果的出现，所以，他必须为他的不负责任埋单。

但是，这事却触动了另一个人的神经，这就是郭药师。此时的郭药师已经被宋朝任命为幽州的军事主官，手里除了掌握着他的“怨军”外，还有五万宋兵以及在幽州城里招募的三十余万民兵，这些都是他的筹码。当他看到张觉的头颅被宋朝砍下送给女真的时候，他显然不淡定了：如果女真向宋朝讨要他郭药师人头的话，宋朝又会怎么做呢？而宋朝的背信弃义并非第一次，比如上一次的赵温讯，此次的张觉，还有见死不救的刘延庆、刘光世父子等，那么下一个会不会就轮到自己了呢？

1125 年 10 月，像土行孙一样消失在女真视线之内的耶律延禧终于出现在今天的山西一带。完颜娄室立刻带兵前往追堵，并且在余睹谷将其活捉。关于余睹谷这个地名，史上一直有争议，《金史太宗传》中提到的这个地方，貌似在今天的内蒙古包头市西乌梁素海，而山西大学历史系教授乔志强在《山西通史》中却说："金完颜娄室在应州东六十里阿睹谷（又称余睹谷、伊都谷）生俘辽天祚帝耶律延禧，辽亡。"这一点倒是和《辽史》的记录很相近。另外一点，也可能是史书上出现的笔误，误把投靠于女真的耶律余睹之名当作了地名记录在此，以至于以讹传讹成为今天的争议焦点。

不管怎么说吧，总之耶律延禧最终还是被女真活捉了。从这个时候起，契丹（辽国）正式亡国，尽管在西边由耶律大石创立了另一个契丹，但是已经与灭亡了的契丹没有了血缘关系，这就和西汉、东汉一样，虽然表面上的皇帝都姓刘，但是血缘已经相去甚远，仅仅还是称作汉朝而已。

耶律延禧被抓后，女真就可以腾出更大的精力去应付中原了。

首先是完颜吴乞买，那两只小老鼠眼已经把这个地方盯了很久。既然契丹已经成了过去式，那么中原宋朝必定要成为他的另一个敌人，因为这地方太有钱了。据去过汴京的使臣回来说，宋朝已经富到了"日必饮茶"的地步，仅此就足以让又穷又困的女真人羡慕不已。

完颜吴乞买攻打宋朝的另一个更重要的原因，那就是完颜阿骨打那几个如狼似虎的儿子，他们人人手里都握有重兵，个个都像极端恐怖分子。完颜吴乞买感觉自己简直就是被包围在刀剑丛林中，无论哪一个要举兵谋反，这个轻而易举得来的皇位，连同他这条老命，甚至他的一家老小都完蛋。这是让他睡不着觉的主要原因，所以当务之急，他得找一个敌人来转移身边这些危险分子的注意力，这个敌人便是中原。

其次，耶律延禧的老婆萧氏，现在已经变成了完颜宗翰的老婆，而完颜宗望娶的则是耶律延禧的女儿金辇公主，她们在任何时候也不可能忘却亡国之恨，当然更不可能忘记，宋朝在契丹遭难的关键时刻落井下石，配合女真攻打燕云十六州。所以，她们把这些刻骨的仇恨铭记于心，在各自丈夫的耳旁吹耳边风。尽管此时的完颜兄弟已经贵为皇族，毕竟是一夜暴富的暴发户，骨子里有除不掉的野蛮与自卑，身边两个娇生惯养的尤物的枕边风吹得他们麻酥酥的。

还有一些被女真俘获或叛逃的契丹人，包括耶律余睹、刘彦宗、时立爱以及赵温讯等人，如今已经成为女真新的权贵势力，他们把契丹灭国的愤怒和不讲诚信的怨毒全部发泄到了宋朝方面。而张觉被杀这件事，更是坐实了宋朝不仁不义的罪名。但是他们没有能力去平灭这股心底的仇恨，只能借助于新兴的女真，由此，这一群人便结成了一股强大的反宋政治势力，成为女真进攻中原的中坚力量。

完颜吴乞买不可能错过这个机会，一方面他要抓紧时间去把宋朝这个超级大金库据为己有，而另一方面把随时都有可能对他的位置和人身构成极大威胁的完颜兄弟全部调出，如此他才有可能踏踏实实地睡觉。

1125 年 11 月 7 日，女真兵分两路，三十万大军分头对宋朝发起进攻。完颜宗望率东路军出平州向幽州进攻，完颜宗翰则统率西路军，从云中（今山西大同）出发，第一目标太原。两路军提前约定，各自攻破目标后渡过黄河，在汴梁城外会师。

女真正式向宋朝宣战！

当女真铁蹄开始进犯中原的时候，童贯恰好在太原。这个时候他还在做着异想天开的美梦，幻想着如何能把整个燕云十六州从女真人手里要回来。之前已经与完颜宗翰约好了会面的时间，却没有等到他的到来，而等来的则是女真出兵大举进犯宋朝的噩耗。

童贯惊呆了，他甚至不敢相信这是事实。当消息得到证实后，接下来他的第一反应就是赶快离开此地。至于理由嘛，很简单，本太监现在是豫国公兼兵马大元帅，不是你们小小太原的城防司令，所以防守的任务就交给这里的守将了，所以本公公必须离开此地。

贵为宋朝最高军事首长的童贯，竟然也和张觉一样，犯下一个极其低级的错误：临阵脱逃。他似乎忘了太原这座城的牢固程度，五代时柴荣三番两次攻打都无功而返，赵匡胤用尽了吃奶的劲儿也对此城无可奈何，一直到赵光义时代，几乎是倾全国之力，把各路猛将全都调过来，想尽了各种办法，耗费了三个月，才终于攻破此城。

纵观今天的太原，西、北、东三面环山，中、南部为河谷平原，整个地形北高南低呈簸箕形。市区坐落于海拔八百米高的汾河河谷平原上。太行山雄居于左，吕梁山巍峙于右，云中、系舟二山合抱于后，太原平原展布于前，汾水自北向南纵贯全境。从地形上看，太原就像一只孔武有力的铁拳，紧紧扼住通往中原的咽喉要冲。如此重要的地理位置，肯定是兵家必争之地。

女真虽然强悍，但是经历过灭辽之后的完颜宗翰，在皇位旁落的前提下，曾经的锐气已经荡然无存，还有完颜宗望，通过他在平州受阻就不难看出，其实女真也不过如此，当爆发力用尽之后，也是一派平庸表现，并没有传说中的那么可怕。如果童贯稍微动一下脑子，也不至于因此把自己送上了一条不归路，现在已经无法知道，他在被砍头之前有没有对自己的行为进行深刻的反思！

果然，完颜宗翰刚到太原就遭到了前所未有的阻击。城还是那座城，坚固也依然那么坚固，从来到城下那一刻起，完颜宗翰就先后组织了十次以上的强势进攻，却都没有得手，甚至都没有办法靠近城墙。

一天又一天，女真的步伐就这么停滞在太原城下，城池岿然不动，可女真的伤亡却在每日增加。完颜宗翰泄气了，他没想到中原竟然这么难打，即便他在打契丹的过程中，面对曾经最为强悍的敌人，也没费过这么大的力死过这么多的人，而今，一座小小的太原城就这么肆无忌惮地横亘在前进的道路上，让他的嗓子里如同扎了一根鱼刺，想吐吐不出，欲吞也吞不下。恰恰就是这根鱼刺，即使女真攻破了汴梁也没有将其拿下，可见太原城的坚固！

太原城，成为童贯和完颜宗翰这两个死敌的共同伤心地！

而东路军看上去就好了很多，完颜宗望一路上顺风顺水地相继攻破了檀、蓟二州，一路向燕云地区的核心幽州挺进。

关于完颜宗望这个人，史书上对其描述颇有矛盾，一说他秉性鲁莽，以杀人为乐，收拢各种女人是他的专利；另外一种说法则大相径庭，甚至称其有“菩萨太子”的美誉，说“完颜宗望为人精细，执着，仁慈善良，喜谈佛道，面相丰腴似佛。将士甘为所用，攻必克，战必取。军中号称‘菩萨太子’”。

不过，从他的所作所为来看，后一种说法显然是扯淡。

就在完颜宗望的大军即将抵达幽州的时候，前时宋朝杀张觉献女真的后果终于出现了，郭药师向女真投降了！

这个消息震得满朝文武目瞪口呆，几乎所有人都不敢相信，被宋朝委以重任的郭药师竟然能投降女真！然而，现实就是这么残酷，不仅郭药师投降，而且还带着四万七千多名士兵和将近三十万的招募民兵一起，把所有宋朝派驻的官员都绑起来，当作见面礼送给完颜宗望。宋朝费了九牛二虎之力所得到的幽州，就这样被郭药师当作了一个人情，轻而易举地双手拱了出去！

局势还在继续发生变化。由于郭药师的投降，连同西路的完颜宗翰也跟着受益，原因是郭药师派出了心腹，前往朔、代二州沟通协调。当完颜宗翰来到朔州城下的时候，城门大开，所有人员竟然在城门处列队欢迎。而代州更绝，直接就把守将王吉中绑了，送给女真。

幽州发生了如此巨变，唯一不知道的就是赵佶，此时年终将至，没有人愿意去叨扰他的闲情雅趣，让他继续沉浸在艮岳的完美设计中，自满自足地吟诵他所撰写的《艮岳记》："于是按图度地，庀徒潺工，累土积石，设洞庭湖口丝溪仇池之深渊，与泗滨林虑灵璧芙蓉之诸山，最瑰奇特异瑶琨之石，即姑苏武林明越之壤，荆楚江湘南粤之野，移枇杷橙柚橘柑榔栝荔枝之木、金峨玉羞虎耳凤尾素馨渠那茉莉含笑之草，不以土地之殊，风气之异，悉生成长养于雕阑曲槛。而穿石出罅，冈连阜属，东西向往，前后相续，左山而右水，沿溪而傍陇，连绵而弥满，吞山怀古。"

平心而论，赵佶的诗文字画都做到了无可挑剔，但是大难当头之时，绝不是讨论风花雪月的好时机。赵佶丝毫不知道厄运已经近在眼前，一直到女真攻破保州（今河北保定），他才知自己已身处险境。因为谁都知道，女真的铁蹄一旦突破了保州，后面就仅有中山府（今河北定县）和大名府（今河北大名县）两城，局面和当年的"澶渊大战"非常相近。赵佶立刻吓得大惊失色，哆哆嗦嗦地问，女真距离汴京还有多久？

大臣回答：十天！

十天？宋徽宗当场就被吓傻了，只觉得眼前一黑，立刻就昏死过去。其时是宋宣和七年（1125）12月23日，也是他当了二十五年徽宗皇帝的最后一天。他醒过来后，所做的第一件事就是立刻召集文武大臣上殿开会，颁下了他有生以来的最后一道诏令：朕因岁已老迈，决定从今天开始就不再当皇帝了，皇位让给儿子赵桓。

赵佶把儿子强按在了皇位上，赵桓也就这么稀里糊涂地当上了皇帝，是为宋钦宗，而赵佶嘴里所说的他已老迈，其实不过才四十三岁而已！

赵桓坐上皇位后，局面不但没有什么改变，反而越来越危险。女真完颜宗望所率的东路军几乎没花费很大的力气，就攻破了中山和大名，直逼黄河，一旦渡过了黄河，汴京就危在旦夕。

1126年正月初一，赵桓改年号为“靖康”。正月初二，女真即已兵临汴京城下。而在女真包围汴梁的头一天晚上，赵佶竟然只带着几个太监和贴身侍卫悄悄地溜出城，一路狂奔地往南逃去。

这时的皇宫里已经乱成一团，赵桓一见他爹带头跑了，自己就跟着慌了，在李邦彦、张邦昌等人的忽悠下，竟然也打起了逃跑的念头，打算从长安逃往邓州。就在这个时候，有一个人却挡住了他的逃跑之路。

这个人就是大名鼎鼎的抗金英雄李纲。李纲，字伯纪，福建邵武人，宋徽宗政和二年（1112）进士，时任尚书右丞。

北宋末年，福建人都是很有胆略的人，从哲宗时期的章粢、章惇，再到时下的李纲，都是在关键时刻挺身而出力挽狂澜的福建豪杰。但有所不同的是，章粢、章惇在当时都是手里掌握着真正权力的朝臣，具有一人之下万人之上的绝对权威，而李纲却不是这样。比如他这个尚书右丞，听上去是个官位，其实没有什么实权，甚至连参加赵桓议政会议的资格都没有，只能在殿外听候传达，因为真正把持着大权的人，依然是几个败类，像他这样死硬的抗金主义分子毫无疑问是被排挤在核心之外。

正月初三，女真发起了第一波对汴京城的进攻。他们所选取的进攻目标明显是经过了反复琢磨，避开了防守严密的东、南两个方向，而是从两个防守比较薄弱的外城门动手。

汴梁城在后周时期在当时的皇帝柴荣的安排下，由大臣王朴亲自施工，重新修建而成，除了统一规划外，更重要的是加强了内外的防守。后来赵匡胤和赵光义时代，又分别对城墙进行了必要的加固，我们只要看看那幅著名的《清明上河图》，就能对汴京的整个情况有个大概的了解。比如城门，各城门之间互连互通，无论哪个门受到进攻威胁，其他门都能以最快的速度进行支援。城门分内外两部分，外城门由卫州门、新酸枣门、封丘门、陈桥门、新曹门、新宋门、陈州门、南薰门、戴楼门、新郑门、万胜门、固子门和东水门、西水门、西北水门（利泽门）、东北水门、陈州水门五个水门组成；而内城门则是景龙门、旧封丘门、曹门、宋门、保康门、朱雀门、郑门、梁门以及金水门、汴河北岸角门子、蔡河水门、汴河南岸角门子四个水门。

女真发起进攻的，是新酸枣门和封丘门。这两个门分别位于汴京城的西和北两个方向，尤其是封丘门，一旦被突破，面对的就是延福宫和艮岳，再往前就直接进了皇宫。所以说女真选择从这里动手，是经过了充分的考虑。其实这倒并不是说女真有多么聪明，如果选择从南面进攻的话，首先要确保有绝对把握拿下最外面的两道水门，然后才有可能乘船渡过很宽很深的护城河，而这两道水门之间还设有机关，无论哪一道水门一旦关闭，那么进去的士兵毫无疑问就成了城上的靶子，人家想让你怎么死你就得怎么死，几乎没有活着回去的可能。

这样的地方即便是个傻子也知道不是那么容易进攻，所以他们选择的是后面的两道门。相对于城南的两道门，这里算是一个薄弱环节，所谓薄弱，也不是说随随便便就能攻得进去，仅仅是“相对”而言。虽然北面也有两道水门，但这两道水门的关联度不是很大，从这里攻破水门的难度比较小，但是北城墙的墙体很高很厚，欲要突破也并非易事。

那么此时的城内总共有多少兵力呢？如果相信《水浒传》中所说有八十万禁军的话，那就大错特错了。根据北宋末年大约有一百万总兵力推算，西北方向大约有十万守军在防守党项，山西一带尚有不到二十万兵力，其余已全都在各个战役中分别被契丹和女真给剿灭，所以此时在东京汴梁的兵力最多不会超过十万人。

不到十万人却要抵挡如狼似虎的三十万女真（实为十万），汴京真正到了命悬一线的紧要关头。但是还有比这更加危险的事——大殿之上围绕着投降和抗击正在吵得翻天覆地。以白时中、李邦彦等人为代表的投降派和以李纲为首的死守派在激烈地交锋。李纲毕竟官微言轻，虽然他已经尽了最大的努力苦苦劝说赵桓，但在白时中的步步紧逼下明显处于下风。在这个紧要关头，有一员老将站在了他这一面。

这员老将就是年逾古稀的种师道！

东京保卫战终于拉开了序幕，李纲和种师道指挥全军以及城内所有的百姓与女真展开了一场你死我活的攻防大决战。在女真对城里射出了一波遮天蔽日的箭雨后，他们分成几组兵带着攻城的软梯，开始了一轮又一轮猛烈的进攻。而守城的军民则同样用箭和石头滚木伺候，而对已经侥幸冲到城下的女真，城上的军民则把烧开的油浇下去。

一波攻势后，女真便扔下了上千具尸体。

连续三轮进攻都被打下去后，女真人派人前来“议和”，条件很简单却不是一般的苛刻：女真与宋朝为伯侄关系，宋朝必须向女真交纳黄金一千万两、白银一千万两、绢一千万匹、马驴骡一千万头、茶叶一千万斤，并割太原、中山、河间三镇土地，同时还得有宰相和亲王作为人质。

这哪里是什么议和？分明是在抢劫和羞辱！面对野蛮民族所提出的“议和”条件，李纲勃然大怒，当场就要杀掉议和的小番。因为到这个时候，城外已经陆续集结了各地前来“勤王”的军队，对女真形成了很大的压力。

然而，赵桓居然接受了这个苛刻条件！

致使赵桓接受这个屈辱条件的原因，是守城大将姚平仲的一次失败的偷袭所引起。从某种意义上说，姚平仲的这次偷袭行动并没有几个人知道。半夜时分，他带领一万多人神不知鬼不觉地打开了城门，朝着女真的营地就扑了过去。但是就在军队出城不久，赫然发现对面一支女真的军队正在等候他们——显然，消息已经泄露了。翻遍了所有的史书，也没有找到任何一点究竟是哪个内奸向女真泄露了姚平仲的偷袭计划的记载，不过从当时的情况来看，白时中、张邦昌和到过女真大营的李棁难逃嫌疑。据《三朝北盟会编》中所描述的李棁，在那段时间里表现得极其兴奋，上蹿下跳忙活得很欢实，所以他的嫌疑也就最大，可能是他故意将这个消息透露给了奸细邓圭，致使宋军全军覆没。

一万多人的部队就这么异常诡异地死在了女真的手里，这场战役的失败也坚定了赵桓投降的决心。然而，赵桓并没有想到，他要投降的对象是一头恶狼，投降的结果除了让中原王朝陷入水深火热之外，连他本人也蒙受了难以言说的屈辱。

当然，此时距离他和徽宗皇帝被女真押赴到寒冷的东北地区“北狩”还有一年多的时间。

这场战役只有姚平仲一人杀出重围落荒而逃。据说，他骑的是一匹骡子，将其一直载到了川地，并且进了大面山腹地二百多里一个人迹罕至的地方，一直活到八十多岁才重新出山。《同渭南集》载，此人“乾道、淳熙（1165—1189）之间始出，至丈人观道院，年八十余。紫髯郁然，长数尺，面奕奕有光。为人作草书，颇奇伟”。

很多情况下，由于中国的历史往往都是一笔带过，由此在一些重大事件上形成了真空，比如著名的“靖康之耻”，我们仅仅知道是徽钦二帝被女真掳走，至于在此之前都经历过哪些难以启齿的过程，几乎很难理清楚，如果不去花费时间啃脱脱的《宋史》、李焘的《续资治通鉴长编》、毕沅的《续资治通鉴》，这段历史可能真的就被一笔带过了。

狼狈的赵构

人类的历史，或者说人类的文明，说白了就是一部血淋淋的战争史。从地球上人类这个物种出现以后，一直到21世纪的今天，大大小小的战争就从没有停止过。而形成战争的主要手段，都是杀戮，究其原因和目的，就是利益。利益，从某种意义上理解，是所有战争的导火索，统治阶级为了达到自己的目的，往往以弱肉强食的方式，采用最残酷的手段，不惜牺牲无辜人民的生命，这便是所谓的“丛林法则”。

退回九百年前那场宋金之间的战争，也是为了利益。通过完颜吴乞买对“宋人富庶到日必饮茶”所表现出的那种妒忌，不难看出他对利益的渴求和欲望。他之所以发起这场战争，除了他自身的政治要求外，更重要的还是在于通过武力褫夺宋朝的物质！

> 战争是个邪恶的东西，且邪恶的程度与战争持续时间的长短成正比。
>
> ——盐野七生《罗马人的故事》

野蛮且贪婪的女真在试探性地对汴京发起了两轮攻势后，丢下了数千具尸体，就没有再继续发动有效的攻势，因为从各地前来勤王的宋军已经陆续来到汴梁城外，他们甚至连城都不进，就在城外扎营，很显然这是摆出要和女真决战的架势。而女真也不敢贸然发动进攻，因为在这个时候只有完颜宗望的人马，而完颜宗翰虽然在郭药师的帮忙下，拿下了朔、代二州，但是却在太原被绊了个跟斗。所以，完颜宗望这一支女真部队是孤军深入，他绝没有胆量去面对已经集结在汴京城外的宋军。

但是，大殿里那些投降派却被女真给吓坏了，以李邦彦、张邦昌、李棁、郑望之为代表的投降派，对女真所提出的苛刻条件居然答应了，而且态度极其强硬地对主战的李纲、种师道以“敢言战者斩”进行恐吓，并按照女真所提出的“宰相与亲王”作为人质，把康王赵构送到女真大营。

完颜宗望很清楚，中原并非久留之地，随着各地宋军的不断增援，汴梁周围已经屯下了重兵，尤其是能打善战的西军精锐秦凤军，在种师道弟弟种师中的带领下，也已经就地扎营，而自己孤军深入，虽然得到了宋朝廷内部投降派的响应，但是毕竟身处宋朝的重兵打击范围之内，即使女真的战斗力再强，可在群狼的包围中，也占不到什么便宜，两次攻城的结果是自己死伤惨重，这本身就说明了问题，如此下去，万一宋朝醒悟过来，后果不堪设想。

他决定撤兵，带着宋朝拱手送上的数千万两黄金白银绫罗绸缎茶叶土产，离开这个是非之地。临行前，他还做了两件事，一件是给赵桓写了一封信：“非不欲诣阙廷展辞，少叙悃愊，以在军中，不克如愿，谨遣某某等充代辞使副，有些少礼物，具于别幅，谨奉书奏辞。”意思是说，我本想当面和你说一声告别，但是因为我现在军中，不是那么方便，所以失礼了，只能写一封信辞别。

他所做的第二件事就是把康王赵构送回来，另换赵佶的五儿子肃王赵枢作为人质带回女真。

就在完颜宗望即将撤离之时，李纲、种师道等主战派力奏赵桓，要求在黄河边给女真挖一个巨大的坟墓，把女真全部消灭，并且派种师中率秦凤军紧紧跟在女真的后面“护送”，择机将其消灭。但是此却遭到了投降派们的强烈反对，吴敏、唐恪、耿南仲等投降派最终力压主战派，甚至派人在黄河边上树立大旗，严令军队不得绕过大旗赶金军，否则一概处死。

宋军最后一次消灭女真的大好时机就这么错过了！

投降派终于占了上风。

世界上大概没有第二个如此无能的政府，眼睁睁地看着强盗们把自家的金银财宝抢走，却无动于衷，就连身边一群看不下去的血气方刚的莽汉，也被死死地按住，我们是文明人，不能和野蛮人一般见识！

完颜宗望撤出后，惊魂未定的赵桓在几个投降派的授意下，所做的第一件事就是把“六贼”解决掉，以正视听。没有“六贼”的折腾，北宋不会像现在这么弱不禁风，被女真逼得如此没面子没尊严没骨气，所以，六贼不死，国无宁日！

第一个被解决的，是制造了内乱的元凶朱勔，如果不是因为他的“花石纲”，方腊就不可能造反，宋朝也就不会耗费人力物力前往南方镇压。朱勔被罢官抄家，然后流放，只是此生他永远都不可能到达他的流放地了，因为半道上有人扛着鬼头刀正在等着拿他的脑袋。

接下来是童贯。这位徽宗皇帝的亲太监同样也注定没什么好下场，管你是广阳郡王还是豫国公，一样被废为庶人，一道诏令将其发配往南方充军。至于南方什么地方，谁都不知道。也是走在半道上，监察御史张达明请他吃了最后的晚餐，席间的童贯甚至没有意识到自己已经死到临头了，还和张御史推杯换盏，言说要从头开始。张御史阴狠地笑笑说，那就从你的头开始吧！然后将割下的脑袋装进了注满水银的匣子，快马送回京城。

蔡京似乎早已预感自己的下场，只是没有想到会是这么凄惨。想来四任宰相十七年，以各种名目搜刮来的各种财宝已到富可敌国的程度，有命去赚却没命去花。结果遭到也不是什么好人的侍御史孙觌的举报，累述种种奸恶。赵桓暴怒，钱留下，人滚蛋。年过八旬的蔡京一肚子眼泪地被发配到岭南。1026 年 7 月 21 日，蔡京走到潭州（今湖南长沙）时路径却改了方向，直接就进了地狱。

还有另一个太监梁师成，贬出京城到彰化，几个押送的小吏刚出京城，就在路边给他脖子上套了根绳，两边一用力，妥妥地将其勒死。前面几个都完全彻底地离开了人世，王黼的下场注定也好不到哪里去。关键是赵桓对此人的处理态度过于随意，轻描淡写地说了句，卿们自己看着办吧。于是和他有仇的尹山心领神会，假借请他上城观光的机会，顺手就把他从城墙上给推了下去。最后一个是李邦彦，因为他入伙比较晚，所以在女真包围汴梁时，赵桓还在用他去和完颜宗望周旋。待女真一退兵，立刻就着手处理他，贬出京城去桂州（今广西桂林）。不过，这货的运气不错，比其他五人多活了好几年，直到 1130 年才死。

至于“六贼”之说是否成立，很多史书并没有给予一个准确的答复，但是在绍兴三十一年（1161）十月二十八日，宋高宗赵构却下了一道诏令说：“蔡京、童贯、岳飞、张宪子孙家属，令见拘管州军并放令逐便。用中书门下请也。”由此可见，蔡京、童贯不过是当时宫廷政治的牺牲品。而此时蔡京、童贯已经死了三十五年。其他四人却只字未提，估略死了也就死了吧。（出自《建炎以来系年要录》）

政治，有时候很难说得清楚孰是孰非！

处理完了“六贼”，投降派们又把目光对准了主战派，他们夺取李纲、种师道的兵权，强令李纲离开京城，前往河北、河东做一个有名无实的宣抚使；而种师道则退休回家。在女真再次进犯中原之时，一代名将种师道却在遗憾中与世长辞。

女真攻破汴京的具体时间是 1127 年 1 月 9 日。

长白山深处的野蛮部落在攻下了汴梁后，对城内实施了惨绝人寰的屠杀。由于李邦彦等投降派的妥协，致使城里的居民百姓把家里所有的积蓄都“上贡”给了女真，然而破城之后，并没有得到女真的宽恕。女真人进城后，就开始对庶民百姓进行烧杀抢掠、奸淫妇女等暴行，《靖康稗史笺证》中对这次国难做了比较详细的描写。在遭到了极其野蛮的杀戮之后，侥幸活下来的庶民却又迎来了饥饿和瘟疫。那个张择端笔下《清明上河图》中的盛世汴梁已经不在，取而代之的是一座血流成河遍地死人的死城。

一直到 1127 年 4 月 1 日，金军在掳掠了大量金银财宝后开始分两路撤退。在撤退时，金人还烧毁开封城郊的无数房屋。“东至柳子，西至西京，南至汉上，北至河朔”，在这样一个广大的地区，女真“杀人如刈麻，臭闻数百里”。女真给广大人民带来了深重的灾难，罪行滔天，令人发指。

汴梁成了一座死城，遍地瓦砾，尸横街头，血流成河。一百八十年前，同样攻破汴梁的契丹皇帝耶律德光，对手下下了一道死谕：凡进入汴梁城者，除特殊情况外，一律不得随意杀戮，不得随意放火。但是，女真呢?

女真撤出汴梁时分为两路，一路由完颜宗望监押，其中有宋徽宗、郑皇后及亲王、皇孙、驸马、公主、妃嫔等，已于前三日沿滑州向北而去；另一路由完颜宗翰监押，包括宋钦宗、朱皇后、太子、宗室及孙傅、张叔夜、秦桧等几个不肯屈服的官员，从郑州北行。被金人掳去的还有朝廷各种礼器、古董文物、图籍、宫人、内侍、倡优、工匠等等，被驱掳的百姓不下十万人，北宋王朝府库蓄积为之一空。金兵所到之处，生灵涂炭。如此惨烈的灾难，给宋人留下了难以治愈的伤痛。

面对史料中所记载的莫大耻辱，作为作者，实在不忍心再去做更详细的描述。历史向前奔驰了八百九十年，今天的我们已经无法想象一手葬送了北宋王朝的徽、钦二帝，在北国冰天雪地的那段日子里，除了反思自己亡国所受到的屈辱外，是否还思考了更多?

至于他们有没有做更深刻的思考，现在已经不重要了，毕竟因为茶叶而发生的战争还在继续。当寂静又重新覆盖在茫茫荒野的时候，以一种超然的冷静去面对周围的一切，有时间去探索，去思考，然后去总结，回眸再看，寂静已经不再令人恐惧，而有一种属于尘世之外的超然的安详。似乎天空和大地，还有人类的命运所凝神期待的，是一种对过去的批判和对未来的憧憬!

叹息也好，愤怒也罢，时光总会让我们咬紧牙关再站起来，掩埋了死难者的遗体，擦净了身上的血迹，是时候走进赵构的时代了。

赵构在宋徽宗的三十二个儿子中排列第九，本来皇帝这个位置与他连个毛线的关系都没有，可是靖康元年，即1126年正月，背信弃义的金军突然南下包围了汴京，吓得赵佶面如土灰，慌不择路地把皇位让给了儿子赵桓，自己却撒丫子跑了。他一口气跑到了亳州，感觉这地方也不是那么保险，然后继续往南一直到了镇江，才稍稍松了一口气，心惊肉跳地眺望相距千里之外的汴梁。

待完颜宗望撤出后，赵佶这才又回到皇宫，还想试图再发号施令，但这个时候皇帝的宝座上坐着的已经是他儿子了，估计赵佶怕是连肠子都悔青了，只能乖乖地听从儿子的安排，被剥夺了所有象征皇帝的权力后，软禁在龙德宫里，“安分守己”地做他的太上皇。

问题是赵桓和他老子一样，时运也不怎么济。坐上皇位刚满一年，可能那两片屁股还没来得及把皇位焐热，厄运就降临到他的头上。当年的闰十一月，金兵在完颜宗望和完颜宗翰的带领下，突然又杀了个回马枪，再次闯进了汴梁城，打了北宋一个措手不及，骄横不羁的金国皇帝完颜吴乞买不仅把徽、钦二帝给废掉，还将二人连同家眷一起带回了女真原住地囚禁起来，美其名曰“二帝北狩”。这就是历史上著名的“靖康之耻”。

徽宗赵佶和钦宗赵恒都被女真掳走，连同张叔夜、孙傅、何栗，对了，还有秦桧，他们一起被押到了北方。包括秦桧在内的这几位大臣，与范琼等卖主求荣的败类相比，至少在这个时候还是受到了所有人的尊重。尤其是秦桧，这位三十七岁的御史中丞言官之首，在女真羞辱赵佶赵桓的时候，敢于主动站出来怒斥野蛮人的粗俗无礼，博得了一片赞誉！如果这个时候他被女真人杀死，那么他也将会青史留名，可惜他活着，而且后来活得还很好。

像秦桧这样的文臣武将还有很多，比如李若水，面对粗野的女真毫无顾忌地破口大骂，以死维系了宋朝仅存的尊严；丞相欧阳珣，福建泉州晋江人，原本被女真俘虏，前来深州（今河北省深县）做招降官，但是来到城下后，对着城上军民大声痛哭，痛斥女真犯下的累累罪行，惹得女真人暴怒，当即兽性大发，将其拉回幽州活活烧死。

还有一位，刘韐。关于刘韐，不妨多说几句。刘韐，字仲偃，福建崇安人（今武夷山），世家出身，其父刘民生号称“东南儒宗”，才高八斗，学富五车，是不折不扣的南儒之宗。宋哲宗元祐九年（1094），二十六岁的刘韐就中了进士，曾经在西部战场上六战党项。早在 1122 年他率本部跟随童贯攻打燕京时，就慧眼识珠，起用了当时名不见经传的岳飞，他是岳飞后来成为抗金名将的伯乐。真定保卫战是刘韐军事生涯中的杰作，他力挫女真的多次进攻，使不可一世的女真尝到了失败的滋味，他也因此升为资政殿大学士。之后，由他组织的军队收复五台，并对包围太原的完颜宗翰形成威胁。在女真第二次进犯中原时任河东宣抚使，在被女真团团包围后，宁死也不做亡国之奴，昂然写下遗书："国破圣迁，主忧臣辱，主辱臣死。"然后沐浴更衣，悬梁殉国。时年六十岁！他的儿子刘子羽后来成为南宋大儒朱熹的义父，另一个儿子刘子翚，不仅是南宋时期著名的文理学家，更是以朱熹老师的身份而名垂青史。[1]

然而，这些人的壮烈，拯救不了北宋王朝的陨灭。而且赵佶和赵桓这样的昏君也不配有如此气节的大臣！

本来与皇位丝毫不沾边的康王赵构的机会来了。在李纲、宗泽等大臣们的簇拥下，他匆忙在南京应天府（今河南商丘）继位。刚刚登上皇位的赵构心里很明白，如果继续待在应天府，这个皇位也消停不了，毕竟距离汴梁太近了，那些所谓的防守如纸扎泥捏一般，女真想破就破，随时都能打过来。赵构唯恐父兄的厄运再度降临到自己身上，总觉得这个地方不保险。他被吓得连睡觉都睁着眼，思来想去，就决定无论如何也要赶紧远离这个是非之地，免得夜长梦多，于是决定迁都扬州。

可是，外患没除，内乱又起。就在赵构带领满朝文武浩浩荡荡地迁都扬州后的第二年，也就是1129年，没想到阴沟里也能翻船。随同南迁的警卫部队中有两个军痞苗傅、刘正彦，以"二帝尚在，赵构不可

1　2012年9月，我在准备本书的案头资料时，在好友叶扬生、钱晓军的陪同下，专程前往武夷山刘氏先祖刘韐的故里，与他的三十三代孙刘涵海先生聊了很多关于刘韐的故事，在此特别表示感谢！

登基”为名，发动了兵变。叛军斩杀了赵构身边的枢密院事王渊和几个宠臣，并拉出孟老太后垂帘听政，拥立赵构年仅三岁的儿子赵旉为皇帝，同时逼迫赵构退位。

后来，苗、刘兵变被韩世忠、刘光世等勤王的军队给平息，赵构才算摆脱了这场意外的危机。然而，这边内乱还没等消停，金军再次来凑热闹。这次来的是完颜宗弼，也就是我们所熟知的金兀术，带领着金军长途奔袭直杀扬州，像一群穷凶极恶的狼，而且目的性非常明显，气势汹汹地扑过来，大有定要捉拿赵构与其父兄一家相聚的势头。

还有一个更加不幸的消息在等着赵构，他最宠信的大将杜充此时已经向女真投降，亲自给完颜宗弼带路，要活捉赵构。

赵构一见这个场面，什么也顾不上了，慌里慌张地带着随行的几个亲兵再度狼狈逃窜，一路漂洋过海到了明州（宁波），刚要打算喘口气，听闻金兵也紧随其后已杀到近前，只得再次跑路。这时的赵构已近乎绝望，站在海边望着前面的汪洋大海放声痛哭。在亲兵的说服下，才手忙脚乱地上了当地的一条渔船。几经周折，好不容易才来到了临安（杭州）。

说句实话，赵构这个皇帝当得既幸运又很累。幸运的是，他竟然能侥幸从女真的魔爪中得以全身而退，成为赵宋王朝的幸存者。而在此之后又一次一次地逃脱了女真的围追堵截和内部兵变的逼宫要挟，每一次都险象环生，但最终平安到达临安。

很累则是从他被扶上这个宝座开始，麻烦就没断过。起初，他是被投降派们送到完颜宗望大营里做人质的亲王，可是不知道为什么，完颜宗望觉得这个年轻人不像是他想要的人，于是就提出了退货，要中原朝廷用肃王赵枢将这位康王换回，于是赵构侥幸生还，被赵桓任命为

“天下兵马大元帅”。

刚开始当上皇帝，就有人出来挑战他的皇位，一个叫赵子崧，是高祖赵匡胤的后裔，另一个则是太宗赵光义的子孙，叫赵叔向。谁也不知道这两位是从哪里冒出来的，不问三七二十一，一头就奔着皇位扑过来。不过这两位都没戏，毕竟满朝文武都不买他们的账。赵子崧被逼交出所有兵权，而赵叔向就没有那么好运了，交出兵权的同时，被刘光世杀死。

其次是张邦昌，女真扶持起来的傀儡皇帝，连国号都改了，叫作“大楚”。虽然大楚的前面要加一个“伪”字，但是翻遍中国历史，姓张的皇帝也就这么一位。不过他这个“皇帝”当得实在憋屈，从靖康二年（1127）三月初七他一路号哭、被女真簇拥当了这个该死的皇帝那天起，就知道自己已经大祸临头，所以他在位的日子里，几乎没穿过龙袍，也没登过大殿，所有的文本签署依然保留着靖康年号。当赵构确立了皇位后，这位老兄便抱着玉玺战战兢兢地前来向新科皇帝报道，最终还是被赵构赐的一根小绳给勒死了。

除此之外还有金兵的追赶、内部的叛乱，在那段时日里，赵构惶惶如惊弓之鸟，提心吊胆地活着。为此，身体还是出现了问题。

据说，在被金兵一路追杀的时候，赵构如惊弓之鸟，只顾着逃命了，连他自己也不知道究竟是在什么地方、什么时候就稀里糊涂地把男人裤裆里那个传宗接代的玩意儿给废了，而唯一的儿子赵旉在这个时候也因为在苗刘兵变时受到惊吓已经夭亡，为此他再也没有子嗣。大宋江山面临后继无人的尴尬境地，同时这也是后来岳飞招致杀身之祸的一个主要原因。

这就是命！

对于宋朝而言，所有的战争都意味着大把大把地烧钱。但是游牧民族似乎不是这样，无论党项、契丹还是女真，他们的战争成本，不过就是几条烂命而已，尤其是女真，与他们所获取的利益相比，战争的成本不过是九牛一毛。更何况在战争中真正死去的，女真人只占了很小的比例，更多的则是被女真所统治的渤海人、契丹人、奚族人和一部分被女真俘虏变为奴隶的汉人。对于完颜吴乞买而言，这些贱命甚至不如猪狗，所以他们所发起的战争几乎就没有任何成本。于是，这些不值钱的贱命也就把这个"贱"字再强加到汉人的头上，他们以抢劫杀人为至上荣耀，以强奸妇女为最大光彩，其真正的目的，就是要把这个"贱"字用变态的方式统统发泄出来。

女真的统治阶层恰恰就是利用了这些民族的人民，通过一次又一次对中原王朝发动战争，来达到他们的目的。比如在每一场战役开始之前，他们都会以百人为单位，采用残酷的抽签方式，从百人当中抽取一名倒霉蛋，在阵前斩杀，以血祭旗。在战斗的过程中，冲在最前面的依然是这些民族的人民，而女真人则拿着刀跟在他们的后面，如若有人逃跑，则一刀劈下去。摆在这些异族士兵面前只有死路一条：冲锋是死，后撤也是死。

征服了中原，并且生擒了宋朝的两个皇帝后，完颜吴乞买这才惊讶地发现，他日思夜想的财富之门——茶叶的产地并不在长江以北，而是在长江以南。于是下令女真，继续追击。

这个时候，完颜宗望已经死了，统兵前来追击的是完颜宗弼，也就是家喻户晓人人憎恨的"金兀术"。关于完颜宗望之死有两种说法，一种说法是他从中原回去的路上，得了和他爹完颜阿骨打一样的病，稀里糊涂地一命呜呼了。但是第二种说法比较邪气，说他在半夜睡觉的时候，做了一个非常可怕的噩梦，大叫了三声后一头栽倒，就再也没有醒来。

因为他的死，老四完颜宗弼的机会来了。完颜宗弼这个人既不像

《说岳全传》中说得那么不禁打，也绝非我们所认为的那么强悍。按照钱彩在《说岳全传》中对完颜宗弼的描述，说他为赤须龙转世，头戴一顶金镶象鼻盔，金光闪烁；旁插两根雉鸡尾，左右飘分。身穿大红织锦绣花袍，外罩黄金嵌就龙鳞甲；坐一匹四蹄点雪火龙驹，手拿着螭尾凤头金雀斧。好像开山力士，浑如混世魔王。有千斤之力，曾力举铁龙，多次引兵攻宋。而最后的结局，是因被牛皋生擒并骑在他的背上，于是他被活活气死了。

据已故著名历史学家邓广铭先生所著《岳飞传》中对完颜宗弼的描写，此人非常凶残，毫无人性可言，他所攻陷的城池，一律屠城，上到耄耋老人，下至待哺婴儿，全部杀害。但是这厮命好，几次都能在绝处逢生，在打仗的过程中也算是有勇有谋。但是他不可能知道，中原有一句俗语，叫作“卤水点豆腐，一物降一物”。而岳飞就是他的天然克星，一旦遇到了岳飞，他立刻就变得狗屁不是。

就是这个人神共愤的四太子完颜宗弼，在第一次领兵时，就被宗泽指挥宋军在黄河边上以一次快速的冲击战击败了。

宗泽其人，不宥俗世，不善溜须，一生坦荡直率。哲宗元祐九年(1091)，三十三岁的宗泽来到京城汴梁参加殿试，因为洋洋洒洒写了万言书，针砭时弊，批评朝廷的某些做法，被主考官“以其言直，恐忤旨”而置于末科，给予“赐同进士出身”。宗泽在仕途上的初次亮相，就已经被划入了另类，从而注定他的宦海生涯绝非一帆风顺，倾其一生都在知县一级转悠。1119 年，六十岁的宗泽告老还乡，回到了浙江东阳，原本以为作书写字终老晚年，谁料竟然被人诬告他蔑视道教，而且罪名成立，将他发配至镇江“编管”。直到三年后的 1122 年，宋徽宗赵佶举行祭祀大典，大赦天下，宗泽才重获自由。1126 年，已六十六岁高龄的宗泽，在同乡御史大夫陈过庭的推荐下，去和女真议和。途经磁州，宗泽看到被女真蹂躏过的地区满目疮痍，已成废墟，老先生满腔悲愤，亲自带人疏浚城隍，修缮城墙，重整兵刃，招兵买马。

这是宗泽第一次掌管军队。

在宗泽的指挥下，其部将张德、秦光弼、陈淬、权邦彦、孔彦威等在与女真的战斗中都获得胜利，成为宋军中唯一一支不败之师。而宗泽的大名同时也在女真大营内鹊起，成了女真的克星。

南宋高宗建炎二年（1128），四太子完颜宗弼率十万女真渡过黄河再犯宋地，经郑州抵白沙，距离汴梁已经很近，所有人都感到惊恐不已。幕僚过来询问宗泽，下一步该如何是好？正在下棋的宗泽手捋长髯，不慌不忙地说了一句惊世之言：“兵来将挡，水来土掩。”随后派大将刘衍带兵三千从正面迎击敌人，再拨五千精兵由权邦彦率领，绕到敌人背后，形成前后夹击之势。

果然不出宗泽所料，当刘衍正面与女真交上手之后，完颜宗弼的全部精力都被吸引过来，断没想到权邦彦的五千兵此时已经悄悄逼近。这是自女真发起对中原战争以来败得最惨的战役之一，宗泽以四两拨千斤的战术，从两面对敌实施有效攻击，从而使女真丢下上万具尸体，仓皇地退回到黄河岸边，险些全军覆没，幸亏跑得及时，否则有可能被宋军擒获。而在此战中最为夺目的一个陌生面孔，引起了宗泽的注意，他就是岳飞。

这一战打出了宋军的士气与气魄，从而打破了女真不败的神话，为之后的抗击女真建立了信心。

还在赵构被女真追得四处逃窜的时候，1128 年 7 月 29 日，一位年迈的老人在满目疮痍的汴梁城里去世了，此人就是国难之时的军中灵魂宗泽。临终之前，他对站在身边的将军们说：“我以二帝蒙尘，愤愤至此，汝等若能歼敌，则我死亦无恨！”据说他在生命的最后一刻，猛然坐起，拉着身边一员偏将的手连呼了三声：“过河！过河！！过河！！！”然后气绝身亡。

这位偏将就是后来的岳飞。

黄天荡之战

从赵构决定迁都南方开始算起，历史正式进入了南宋时期。

宋金之间的战争还在继续，此时的高宗皇帝赵构被女真追得满世界跑路。与女真的其他将领有所不同的是，完颜宗弼像一个扒在宋朝皇室身上的蟑螂，既打不死也轰不走，就那么死死地盯着赵构的每一个行踪。从中原一直追过了长江，直逼建康（今南京）。

刚刚被赵构任命为副宰相的杜充，率十万大军镇守在建康府，理论上说建康既有重兵又有天堑，更有固若金汤的城墙，再加上杜充算得上是赵构的铁杆心腹。综合上述这些优势条件，可以说建康是一个绝对平安保险之地。

但是这仅仅是理论。

谁也说不清楚当时的赵构究竟是怎么想的，到底是病急乱投医，还是被门挤了头？究竟为什么要把杜充这样一个既没有节操也没有气节更没有情怀的无耻败类捧上天，今天已经无法判断。但是至少在此之前他比谁都清楚，从女真进犯中原开始，杜充这个人的所有表现都非常不靠谱。他都不靠谱到什么程度呢？

先说第一件事吧，靖康元年，杜充任沧州知府。女真在完颜宗望的带领下南犯中原，为躲避女真杀戮，其时从燕云地区逃亡而来的多达几十万的汉民暂居沧州。杜充竟然下了一道令人发指的血腥密令，把所有逃过来的燕地汉民不论男女老幼全部杀掉。原因只有一个：他们都是“外国人”。

再说第二件事。建炎三年（1129）正月十五，也就是宗泽去世的半年后，杜充进驻汴梁，要接管由宗泽所创立的友军，但是由于和友军关系不和，他便派出了五万人马去剿杀民兵头领张用和王善所率的二十万大军。外患没除，内乱又至。不过杜充的军队败了，张用撤出了汴梁，后来被岳飞收归旗下；王善则成了四处流窜的流寇，最终投降了女真，成为中原一大祸害。

还有第三件事。1128 年秋，完颜宗翰率女真再度进犯中原，时杜充镇守大名府，因在此之前他废了宗泽所做的防御方案，导致现在不敢出兵与之交战，于是，他趁完颜宗望的东路军未到之际，居然丧心病狂地派兵扒开了黄河大堤。要知道，黄河决口，对下游地区来说那可不是一般的灾难，就连徽钦二帝被俘北宋亡国，这样的想法都不敢有，这是伤天害理泯灭人性之举啊，是个人都知道，黄河决堤将给下游带来怎样的后果！

可以这样说，黄河下游的改道，给人类文明带来了巨大的影响。有历史记载的黄河重大改道为二十六次，尤其是北宋时期，黄河频繁决口，所造成的灾害超过了之前所有年代，河水以不可阻挡之势滚滚而下，触目惊心。仅宋朝立国后，就多次发生重大的决口事件：

宋太祖建隆元年（960），黄河分别在棣州（今山东惠民）和滑州（今河南滑县）两地决口，造成极为严重的后果。

开宝五年（972），黄河澶州（今河南濮阳）、大名朝城（今山东阳谷）、阳武（今河南原武）决堤，大水一泻千里，淹地千顷。

开禧四年（1020），黄河在滑州天台山下决堤，直接淹没了徐州和齐州（今山东济南）等地，酿成了特大灾害。

景佑元年（1034）七月，黄河再度决堤澶州横陇，从汉唐旧河址以北另外辟出一条新的河道，给下游各地带来空前灾难，史称“横陇黄河”。

1068年（熙宁元），黄河因上游暴雨致河水暴涨，并在冀州（今河北以及河南北部）突然决口，淹没瀛洲（今河北河间）。

然而，上述黄河决堤所造成的危害的总和，都不如杜充一人所为。

巨大的洪水从滑州（今河南滑县）李固渡奔泻而下，带着骇人的咆哮，像一匹脱缰的野马，卷起滔天巨浪，发了狂般向下奔涌，所到之处一片汪洋。洪水漫过了滑州、濮阳、东明，继而向东袭击了鄄城、巨野、嘉祥、金乡，之后汇入了泗水，再经泗水往南，夺淮河之道入海。

此次黄河大改道，可谓人为制造的空前大灾难，直接造成了河南、山东、安徽、江苏一带二十余万无辜百姓葬身鱼腹，数百万人流离失所。由灾难衍生的次生灾害接踵而至，因死难者尸体得不到及时清理，在河水中腐烂，使水源受到污染，从而让瘟疫有了滋生的温床，并在短时间内全面暴发、快速蔓延，近百万人因传染瘟疫得不到有效医治而死亡。

黄泛区居民因事前毫无闻知，猝不及备，堤防骤溃，洪流踵至；财物田庐，悉付流水。当时澎湃动地，呼号震天，其悲骇惨痛之状，触目惊心。侥幸不死的，大都缺衣乏食，魂荡魄惊。其辗转外徙者，又以饥馁煎迫，疾病侵夺，往往横尸道路，填委沟壑，为数不知凡几。幸而勉能逃出，得达彼岸，亦皆九死一生，艰苦备历，不为溺鬼，尽成流民。

这就是杜充的所作所为！这次人类史上的黄河改道，史称“黄河夺淮”，历经宋、元、明、清四个朝代，长达七百二十七年，直到清咸丰五年（1855）才恢复由山东东营入海的局面。

从史料上分析，杜充所做的这一切也都有因果关系。如果没有其在沧州肆无忌惮地屠杀来自燕云汉人的事件，也就不会引发已归顺女真的汉人们对中原的仇恨；如果这个二货没有废弃宗泽精心设计的抵御女真进犯的方案，那么张用等生力军们一定会作为主力而冲锋陷阵。但是，历史就是一条单行道，绝不允许如果的存在！

即便杜充不惜以千万百姓生命为代价扒开了黄河，也没有挡住女真进犯中原的道路，但是却让北宋时代最为繁华富庶的两淮地区，彻底沦为了一片汪洋，继而升级为废墟。

此时的赵构正在扬州勾勒他的复国之梦，自以为有杜充这种精通兵法出将入相之才镇守汴京，并且身边还有黄潜善、汪伯彦这等能掐会算的治国理政之士保驾护航，应该能够保证自己在千里之外的扬州高枕无忧。但是，他却完全没有预料到，时局竟然能变化得这么快，而且快得让他猝不及防：女真的先锋已经攻破了天长（今安徽天长）！

赵构被这个突如其来的消息给彻底吓傻了，直愣愣地盯着报信的太监看了半天，然后第一反应就是快跑！

赵构确实已被女真吓破了胆，即便他知道此次女真杀向扬州的人马不过是完颜宗弼所带的区区五千人，他的手下至少还有十万大军，他这一逃跑，城中百姓性命堪忧！但这又能怎么样呢？结果，赵构逃到镇江的同时，扬州百姓惨遭屠城！

此时四处盛传的一个小道消息是，赵构在被女真人追到江边已经走投无路之际，从天空下来一匹神马驮着他渡过了长江，而这匹马既不是汗血宝马，也不是什么金马银马，而是一匹泥马。这个消息的盛传甚至压过了扬州被屠城的噩耗，从而验证了他就是当之无愧的真命天子。

这就是“泥马渡康王”的故事。早已经被女真吓破了胆的赵构，连他自己都被快速逃离扬州的“英明决定”所感动。乘船来到长江后，心情居然很愉悦，要手下那一群脑满肠肥的太监给自己找点乐子，以示自己的“沉稳冷静”。于是太监们便看上了自由自在浮在水面上的一群漂亮的野鸭，为了博得赵构的喝彩，纷纷开弓拔箭，以射中鸭子而为荣。

真是有其父必有其子啊，只要想想他老子赵佶当年的所作所为，便知道这位高宗皇帝的谱也靠不到哪里去。丝毫不敢松懈的赵构，一口气逃到了镇江，仍然觉得这里不是保险之地，于是决定继续南迁杭州，并改名为“临安”。

临安，对赵构来说应该解释为“临时安全”，或者是“临时安家”之意。尽管已经到了临安，可赵构依然不放心，他似乎已经隐隐感觉到，空前的危机即将到来。

果然，建炎三年（1129）九月，女真分别从东、西和西北三路进攻中原，汴梁彻底失陷。而负责整个开封地区的防御的司令官杜充，连女真长个什么鬼样都没见着，就已吓得闻风而逃，一路上马不停蹄，甚至连气都不敢多喘一口，狂奔着来到了建康府。

面对毫无防守的情形，女真越发来劲，尾随着不战而逃的宋军也来到建康城下。赵构得到这个消息后，再度吓得魂不附体。好在建康尚有长江天堑，还有建康府铜墙铁壁般的城池，更有杜充所率的十万精兵，谅女真再勇猛，攻破建康也绝非一件容易的事，退一万步讲，至少能够在时间上有所拖延。

然而，前方传来了一个更加可怕的消息，彻底把赵构打蒙了：杜充在建康向女真投降了！这个消息无异于二十级地震加五十级台风，震得赵构目瞪口呆，据说连死的心都有了。他简直无法相信，自己最信任的杜充，竟然能在关键时刻做出卖主求荣这等下三烂之事！

欲哭无泪啊！

对于杜充的投降，赵构伤心欲绝，山河破碎他没有伤心，父兄被掳他没有伤心，女真残暴地杀戮百姓他也没有伤心，唯独杜充的投降让他感到了天崩地陷般的伤心。因为他实在想不通，仅用了三年时间，他亲手把杜充从一个普通小官吏提拔到了国家重臣的位置，他为什么还要背叛自己呢?

《宋宰辅编年录校补》载：朕待充自庶官拜相，可谓厚矣，何故至是?

伤心归伤心，跑路归跑路。面对气势汹汹的女真，看来这个“临时安全”之地也不太平，赵构还要继续跑路。于是他又从临安跑到了越州（今浙江绍兴），之后又继续跑到明州（今浙江宁波），想想宁波也不保险，又跑到了定海。

而身后的完颜宗弼也紧追不舍，一路跟在后面穷追猛打。完颜宗弼所统领的这支队伍，算不上是金军的精兵，金朝初年伐宋时，已征集原辽朝统治区的大批“汉儿”当兵，这次南侵，更调发大批原居于燕云地区的“南人”，充当“签军”。而这批“南兵”，正是被杜充在沧州所杀掉的那批汉人的亲友或家人，他们在埋葬遗体的同时，也把仇恨的种子播下，使血海变为深仇，所以这帮人对中原汉人的仇恨甚至超越了女真。虽然他们被女真污蔑性地称为“汉儿”，但在杀戮汉人方面，其凶狠程度丝毫不逊色于女真。

他们一路上奋起直追，直到把赵构逼得走投无路，即使要下了海去追赶，他们也不罢休。完颜宗弼毫不犹豫地指挥手下也跟着往海里跳——他以为一路上抢来了不少船，自己就能当上海军了，可到了海里，才知道海的厉害!

下了海的完颜宗弼这才想起女真都是不识水性的旱鸭子，一阵风浪吹过来，女真便暴露出了短板，一船一船的军人都被风浪扣进了海里，直接就喂了鱼鳖虾蟹，死相极为难看。不过，这样的死法还算是幸运，海里还有一队凶神在等着给这群不知死活的女真挖坟。

宋朝的海军司令张公裕带领水军正在海里等着女真，他冷笑着站在船头，并不急于动手暴揍这些陆地悍匪，而是派出了几组水鬼，潜水来到女真的船底，剩下的事就不用说了。

说实话，虽然女真在海里被张公裕干了一票，可赵构的运气也好不到哪里去。因为风浪作祟，自己所乘的那条小船居然和大军失联了，在茫茫大海上他真真成了孤家寡人。

在他狼狈的一生中，可能永远都忘不了这一天：建炎四年（1130）正月初一。正月初一是汉族的过年，赵构却在海上四处漂泊，皇帝能当到这么个狼狈地步，也是醉了。

完颜宗弼在海里挨了这一闷棍，终于明白了一个道理，旱鸭子没有可能斗得过浪里白条，他只能眼巴巴地看着赵构从自己的视线内消失，不无遗憾地撤退，又重新沿着来路往回走。一路上他们依然沿袭了野蛮民族的野兽风格，走一路、杀一路、抢一路、烧一路，无恶不作。明州、越州乃至临安全部被夷为平地，无辜百姓再度罹难于魔鬼们的屠刀之下。

因为抢掠的财产过多，不知水性的女真还得继续使用船只。当完颜宗弼带着大批财物沿着著名的京杭大运河返回镇江时，他连做梦都没有想到，这里竟然还埋伏了一支宋军。

得意忘形的女真们来到秀州（今浙江嘉兴）水域时，适逢元宵节，远远望去秀州城里张灯结彩，甚至还能听到从城里传来的一阵一阵锣鼓声，秀州正处在节庆的欢乐气氛中。完颜宗弼对镇守秀州的大将韩世忠早有耳闻，但是，当他见到了秀州城里如此辉煌的景象时，对这个人的军事才能充满了鄙视。在他看来，韩世忠也和宋军那些将领一样，不过是徒有虚名罢了。

他的庞大船队驶出京杭大运河，便进了长江。船队行驶到金山附近，他忽然发现，在岸边有一个制高点，制高点的顶端有一座庙宇，而庙宇的位置恰恰能看到秀州城以及周围环境的全貌。

估计完颜宗弼至死都不会忘记，那个庙叫作“镇江金山龙王庙”。

完颜宗弼决定下船，可能一路上势如破竹的胜利让他过于膨胀，他连个像样的警卫部队都没有带，只是带了四名番将骑马来到山顶，要把周围的环境做一个整体观察。但是还没等他们一行进入庙宇，突然传来一声锣响，从四周的草丛里蹿出了上千名宋军士兵，冲着他们五个人就杀过来。上千人群殴五个，如此阵势，只要是个有头脑的人用腿肚子想想都明白，完颜宗弼这回能活着冲出重围的可能性连万分之一都没有！

可完颜宗弼恰恰就是那个不到万分之一的可能，在他上山的途中，就隐约地感觉到周围的环境有些诡异，有一种不祥的预兆。所以，当伏兵突然冲出来的时候，他的第一反应就是掉转马头往回跑，但是刚一转身，坐骑就被一员冲到近前的宋将挥剑斩断前腿，马失前蹄的惯性把完颜宗弼掀翻在地，摔了个鼻青脸肿，他也顾不得左右，自己先逃命要紧，在地上打了个滚爬起来，本能地拉起另外一匹马，不顾一切地往山下逃去。而身后的四个将军中的三个已经成了宋军的刀下之鬼，另外一个被生擒。

大难不死的完颜宗弼连滚带爬地从宋军重围中逃出，跑到江边后才发现，四周居然还有更多的伏兵，无论芦苇丛中还是水面上，宋军的旗帜遍地都是，冲天的火光和冲天的怒吼声交织成一片，就连滚滚长江也随之沸腾。

完颜宗弼顿时傻眼了，直到这个时候他才明白，秀州城里的节日气氛完全是假的，那不过是韩世忠放了颗烟幕弹而已，可自己却被结结实实地玩了，那种愤怒可想而知。此时天色已晚，江面上起了一层薄雾，薄雾让完颜宗弼有些眼花，同时也放大了宋军的势力，若隐若现地看到几路宋军一齐向他的船队扑过去。

完颜宗弼慌了，第一次感受到了什么叫作害怕，自从与宋军交战的那一天开始，在他眼里的中原军队无论将军还是士兵，都是些酒囊饭袋，想怎么打由他们女真说了算。一向把控战场局面的女真今天反被人家把控了，他们哪里见过宋军有这么大的场面?

韩世忠指挥下的宋军越战越勇，把女真打得招架不住，节节败退。完颜宗弼此时的表现像一个捡不到钱就算自己丢钱的小人，派人对韩世忠喊话：韩世忠，现在天色晚了，你如果是好样的，咱们三天后在这个地方决一死战!

从女真杀向临安的时候，韩世忠就已经在准备做这个局了。他料定女真人在南方的时间不会太长，于是就开始组织人力物力尽最大的能力修造舰船，打算在女真兵往回走的路上予以截击。起初他是想把手里的兵力分为三部分，前军埋伏在青龙镇（今上海青浦），中军驻扎在江湾附近，做好随时接应的准备，后军潜伏在海口（今上海吴淞），用分段的方式全部歼灭进犯的女真。

正月初十，从临安传来消息，女真经过一番烧杀抢掠后，已经离开临安，并通过水路前往吴江（今江苏吴江）和平江一带，向镇江一带撤退。

韩世忠一听，立刻改变了原来的作战方案，用最快的速度把布防在江湾和海口的八千水军调过来，并于元宵节的前夜埋伏在焦山与金山之间，同时在秀州城里上演了一幕闹元宵的喜庆场面，以此来疑惑完颜宗弼，然后又在金山龙王庙设下一千伏兵，提前一天潜伏于此。

韩世忠把其中的每一步都计算得非常精确，完颜宗弼果然上当了，而且与韩世忠所设计的方案完全一致，刚愎自用的完颜宗弼一步一步地被拖进了这个精心布下的陷阱。按照预定方案，等埋伏在芦苇荡里的主力向女真发动进攻以后，埋伏在龙王庙四周的部队再动手。

但是，百密总有一疏，也合该着完颜宗弼的小命不该绝于此地。就在完颜宗弼等五人刚刚转上山的时候，一个愣头青小兵卒突然杀了出去，他也不知道哪个是头，抡起手里的刀就杀向了这五个人。

计划失败了。

虽然完颜宗弼逃过了一劫，但是被宋军强大的攻势逼进了黄天荡，这同样也是一着死棋，连他自己都觉得这回是死定了。但是作为女真人，完颜宗弼觉得自己这样死过于憋屈，在与韩世忠约架的同时也派人给完颜挞赖送信，请求立刻出兵前来救援。

但这一切早就被韩世忠识破，他另派出一支水军埋伏在外围，做好随时击败前来增援的女真军队的准备。

三天后，一场空前的大决战在长江水上展开。这是一场在势力上并不对等的决战，女真十万，但韩世忠只有八千，唯一的区别是双方的船，宋军的船只个头高大威猛十足，反观女真的船，全都是一路抢来的民用小船，与宋军的舰船不在一个等级上。

战役打响后，宋军的舰船虽然高大，可架不住对方在人数上占绝对优势，十万对八千，双方的差距是十二倍。就好比一头大象，被一群一群的蚂蚁前赴后继轮番攻击的话，同样也被放倒，然后被啃死，这样的战例并不是没有。不过，宋军毕竟是训练有素的水军，在水里作战有的是办法，况且女真是落了水的狗，无论在陆地上有多嚣张，可一旦到了水里，绝占不到任何便宜。韩世忠为准备此战，专门发明了一样“破敌神器”，就是使用类似于抓钩一样的东西，待靠近敌船后，直接抛过去，然后这边一用力，就能把敌船脱翻。

战斗持续到白热化，一直站在金山上观战的韩世忠夫人、安国夫人梁红玉亲自擂响了战鼓，为在水上英勇杀敌的勇士们助威。士兵们听到了岸上传来的鼓声后，士气顿时大增，拼尽全力向女真发起了凌厉的进攻。

完颜宗弼眼睁睁地看着女真兵将被异常凶悍的宋军杀死的杀死，或掉进水里淹死的淹死，尸体已经布满了江面，随着江水慢慢往下游移动。他知道这场战役自己已经输定了，于是赶紧指挥船队往芦苇荡深处撤，待进去后才发现这里竟然是一条死路，再想退出去已经不可能了，因为退路被宋军给封住。

这个地方叫黄天荡！

被逼进死胡同里的完颜宗弼毫无疑问成了一条网中鱼，随时都有被宋军炖了的可能。在走投无路的情况下，只好派人过来找韩世忠谈和。

韩世忠冷冷地看着来人，谈和需要有条件，你的条件是什么？

把抢来的东西全部归还！

就这一点吗？

再送五百匹好马，算是额外补偿。

北番既然如此没有诚意，那你就回去吧。

韩将军有话好说，你需要什么条件呢？

韩世忠鄙夷地扫了来使一眼，回去转告你们老大，我要的是二帝回归，还有把被你们占领的土地全部还回来。这就是我的条件。

这个嘛……

那就带我的话回去，你们就在黄天荡里等死吧！

历史上关于这场著名的“黄天荡之战”有两种不同的说法，但是这两种说法都不可信，《宋史》中说韩世忠八千人对十万人，而《金史》

则说完颜宗弼仅仅带了四千人。不过分析当时战况，女真逃出去四千人倒是比较可信。现在看来，双方究竟投入了多少兵力，已经不是那么重要了，重要的是，这场战役大大地鼓舞了宋军的士气，甚至影响到了此后的整个局面，以至于女真再对中原用兵时，都变得小心翼翼。

“黄天荡之战”前后总共经历了四十多天，最终的结果是完颜宗弼丢下了所有抢来的物资，成功地逃了出去。历史再次走进了一个极为诡异的拐点，当宋军像铁桶一样把女真紧紧围困在黄天荡的第四十八天时，殊不知完颜宗翰通过当地一个乡人的指点，连夜挖了三十里的长渠，从老灌河故道进入秦淮河，神不知鬼不觉地“逃”出了包围圈，奔建康而去。

史料上记载完颜宗弼瞒天过海逃出了韩世忠包围圈这一过程，有多处令人生疑之处。第一点，按照韩世忠用兵布阵的严密程度，绝不可能给女真留下任何一个能让他们逃生的机会；第二点，女真一夜凿渠三十里并顺利逃脱，这一点几乎没有任何可能性，因为成千上万人的队伍不可能悄无声息一点动静都没有，而外围不仅有包围的部队，更有游动哨兵，随时都在观察敌人的一举一动；第三点更为可疑，说是在当地乡人的指点下，发现了老灌河故道，这个乡人是谁？战争打得如此惨烈，还有哪个“乡人”敢擅自进入战区？还有，四十八天的围困，女真会有那么多的粮草吗？根据他们以往的出兵方式来看，通常只带三五天的粮草，其他几乎全都通过抢掠的方式来解决。那么在这四十八天里，女真们吃什么？总不至于说他们喝西北风吧？

更加值得怀疑的是，当完颜宗弼逃遁后，又借了完颜挞赖的人马返回黄天荡，在另外一个被记载为“福建王某”的提议下，通过火箭对宋军展开了绝地大反击，而在此次战斗中，宋军的表现与开始围打女真时居然判若两军，只有被动挨打的份，甚至惨遭失败。

这是历史上留下的一场匪夷所思的战例，煮熟了的鸭子飞了有可能，但已经炖烂了的鸭子飞了后还能再飞回来咬人，这就没有任何可能性了。除非有一点，就是韩世忠和女真达成了某种默契，比如接受了完颜宗弼的条件；或者韩世忠受到了来自更高一层的巨大压力，不得不对女真放水！而这两个因素在当时那种政治环境下都有可能存在。

这里需要说明的是，因为没有任何史料能够证明这些疑点的存在，而这些疑点也同样得不到任何自洽，仅仅是一种怀疑。

不过，对于完颜宗弼而言，这一场战役后，他对韩世忠这个人应该有一个新评价，恰恰是因为他的主观臆断，误判了这位传说中的名将，从而让自己陷入了几乎全军覆没的被动局面。仅从这一点上，韩世忠就名不虚传，和其他宋将确实有不同之处，此人不可小觑！

完颜宗弼虽然“侥幸”逃出了黄天荡，连滚带爬地来到了建康附近，但他万万没有想到的是，还有一个比韩世忠更狠的人在这里等着他！

这个狠人叫岳飞。

关于岳飞，相信大多数人都是从清朝钱彩所著《说岳全传》或者刘兰芳评书《岳飞传》中知道这个历史人物的，但是无论钱彩也好，刘兰芳也罢，这些作品中所描述的岳飞，其实和真实历史中的岳飞并不是一回事。当然，这里有一个前提，无论历史上真实的岳飞还是文学作品中描述的岳飞，都是中国历史上的民族英雄，这一点永远都不可否认。

在岳飞的孙子岳珂所编著关于岳飞生平的《鄂国金佗稡编》和《续编鄂国金佗稡编》中有岳飞曾经率兵杀进过幽州（燕京）城内的记载，但是在时间方面比较模糊。真实的时间应该是 1122 年，刚满二十岁的岳飞进入了刘韐的军队，参加了当时由郭药师所率的“怨军”，被刘韐任命为宋军“敢战士”中的一名“踏白使”（突击小队长），随郭药师攻进了燕京城。遗憾的是，因为刘光世临阵见死不救，从而导致本次进攻的失败。

同年，岳飞的父亲岳和病故，岳飞离开了军队回老家汤阴守孝，直到 1124 年才重新归队，跟随宋军转战南北，在福建莆田籍悍将陈淬的麾下见到了他的踪影。在宣和七年（1125）的真定之战中，陈淬率四千子弟兵以孤军之旅迎战前来进犯的三万女真军，岳飞在此战中骁勇善战，以一人之勇挫败女真数次进攻。这场战役最终以牺牲包括陈淬妻儿八人在内近三千人的代价取得了胜利，岳飞一战成名，得到陈淬的表彰的同时，也因此获得宗泽的赏识，并得以擢升。

1127 年 5 月 1 日，赵构在南京应天府继位做了皇帝后，责令宗泽对女真实施阻击。宗泽提陈淬为诸军统制，岳飞在其麾下任右军先锋。国仇家恨，使陈淬义无反顾地投身于抗金战斗中，所率的两万将士也保留了宗泽统兵时的战斗作风，敢与金兵一对一近身搏战。

岳飞所率右军更是争先奋击，同女真汉军万夫长王伯龙部对阵。当时其他各支宋军往往一触即溃，或不战而溃，唯独原东京留守司军还保留继承能打硬仗的传统，居然与女真激战十多个回合，未分胜负。

不料宋军内部将领卖阵逃跑，女真遂得以乘机击溃宋军。陈淬兵穷势尽，仍不后退，他大骂敌人，虽利刃捌胸，至死神色不变。陈淬生前曾“自题其像”说：“数奇不是登坛将。”不愧为一位抗金烈士。

而岳飞自始至终坚持战斗，直至天色昏黑，在其他将领“鸟奔鼠窜”的情况下，才收兵转移。

生性嗜杀却又胆小如鼠的杜充投降女真后，原部下并没有都与他一道同流合污卖身投敌。比如以岳飞为首的原陈淬班底，就始终与女真进行抗击。

当完颜宗弼好不容易从黄天荡逃出后，本以为终于逃过了一劫，可没想到还有一个催命鬼正在路上等着他。

就在距离建康不到四十里的清水亭，女真再次发现了一支宋军，而且这支宋军与其他部队不一样，军纪肃然，每一位士兵精神抖擞，前有骑兵，后列步兵，中军位置打着一面帅旗，中间写着一个大大的“岳”字，只是人数不多，估计最多也就两千人吧。和宋军真刀真枪较量过的完颜宗弼，一眼就看出，这是一支建制齐全的正规部队。

被困了四十多天，挖了一夜水渠，又赶了一天路的女真，个个都已疲惫不堪，哪里还能经得起折腾，更何况遭遇的是岳飞的队伍。一轮攻击后，女真就四散奔逃，连完颜宗弼也没想到，这支队伍的杀伤力比起韩世忠有过之而无不及。早知如此，还不如待在黄天荡更加安全。

女真一路溃败着往建康方向逃窜，岳家军像一头咬住猎物的雄狮，跟在后面拼命地追杀。女真人跑了十五里路，也丢下了十五里路的尸首，俘虏数百，其中仅将官就有二十多人。

面对如此众多的俘虏，岳飞想到的是他们在中原犯下的累累暴行，为了给女真一个血的教训，所有俘虏一个不留，全部杀掉！然后，岳飞统兵乘胜追击，以破竹之势击溃女真在建康的留守部队，收复了建康府。

历史记下了这一天：1130 年 4 月 25 日。

连续挨了韩世忠和岳飞两次暴揍而彻底蒙了的完颜宗弼，又被打回了黄天荡，结果发现韩世忠的部队竟然还在原地。而此时，前来救援的孛堇太一也来到岸边，完颜宗弼率残部，孛堇太一在岸上，兵分两路欲将韩世忠的全部人马摁进长江喂鱼，夺回那些抢来的财宝，以雪四十八天的被辱之耻。

然而，发了狠的老韩再一次对女真下了死手，打得女真满长江找牙。完颜宗弼不得不再次派人过来谈判，韩世忠还是那个态度，要谈可以，前提是女真退出中原，还我河山，并且放回二帝，否则的话，滚滚长江不仅仅都是水，更是你们女真的大坟墓。

完颜宗弼彻底没戏了。正在他行将绝望之时，却鬼使神差般地出现了一个姓王的福建人给他出了一计：火攻宋军。因为宋军的船大，如果没有风的话，很难在江面上行驶。而女真所用的都是小船，相比于大船而言非常灵活，将点着火的箭镞射向宋军舰船的篷帆，导致宋军大乱。

完颜宗弼采纳了这个意见，终于使整个战局发生了根本性的转折。历时近两个月的黄天荡之战，就这么草草收场，宣告结束。

而关于这个王姓的福建人，查遍所有史料也没有找出相对准确的记载，只是记了这么一笔，所以是否真有这么个人出现，非常让人怀疑。

海上通商之路是这样来的

应该说岳飞是一个极具军事天赋的帅才，但他的政治手段却与他的军事才能不匹配，同时代的名将也并非只有他和韩世忠，还有刘锜、张浚、吴玠吴璘兄弟、刘光世以及参与媾害岳飞的张俊等。而上述这些将领除岳飞外，全都来自宋军最强的西军。

西部，导致北宋亡国而惹出萧墙之祸的西部，从来都不是一个太平之地，从吐谷浑、吐蕃到党项，一个比一个让中原王朝不省心，在历史的洪流中，它们仅仅是一个过客，但是，这些过客就像亚马孙雨林的那只蝴蝶，看似不经意地振了振翅，却能引发太平洋的巨澜狂啸。

比如，北宋!

如此兵家争夺的重地，女真自然也不能放过。就在完颜宗弼被韩世忠困在黄天荡的同时，女真再次通过西部进犯中原，此次统领女真的，是狼狈为奸中的那个狈——完颜娄室，不过此时距离他下地狱的时间不远了。

而宋军的统帅则是张浚。千万不可小看了这位张浚，那可是如假包换的名门之后，他的祖上是大名鼎鼎的西汉留侯张良，唐朝名相张九龄之弟张九皋的嫡传子孙。

建炎四年（1130），正当完颜宗弼在江南逼得赵构上山下海之际，张浚决定主动出击，兵分五路攻打女真的控制区域，牵制女真的精力，以此缓解南方的压力。女真果然上当，完颜娄室和完颜宗辅率军由西部进犯，双方针锋相对地打了一场对攻战。

会战，是对每一名参战将士意志与品德的考验，但是有的人偏偏就经不起这种考验，曲端就是这么个人物。如果从战绩上讲，曲端也算那个时代的一员名将了，毕竟在抗金战役中，他也是获得了赫赫战绩的。然而，在这次会战中却表现得极为差劲。首先是陕州保卫战，名将李彦仙被完颜娄室包围得水泄不通，已经到了弹尽粮绝的境地，依然继续艰苦地与敌对抗。但是距离陕州一步之遥的曲端在张浚一次一次请求下，仍然拒绝出兵救援，导致陕州失陷。李彦仙率部抵抗，身上“中箭如猬”后仍然顽强地与女真展开巷战，最终投河自尽，壮烈殉国。而他手下的五十多员战将全部战死，没有一人投降！

完颜娄室攻破陕州后，立刻向西增援眼看就要被吴玠干死的完颜撒离曷。时年三十七岁的吴玠面对腹背受敌的压力并没有胆怯，而是果敢地带着宋军将士冲了上去，因为他知道，身后就是曲端，一旦顶不住，曲端肯定会冲上来。

但是他错了，一直到自己的队伍被女真强大的攻势给冲散，别说曲端，就连个援兵的毛也没见着。吴玠怒了，而且是暴怒。吴玠之勇在当时也是出了名的，和岳飞、韩世忠不分伯仲。这个时候的他已经和女真苦战了一天两夜了，最多再有一个时辰，已经被自己打截了气的完颜撒离曷就可以彻底休息。可是关键时刻，曲端却没有派出一兵一卒前来救援，所以战后，吴玠拔出宝剑怒气冲冲地闯进了曲端的大营，做出一副要和曲端同归于尽的架势。

无论任何时代，曲端这种行为都免不了要被军法处置，而张浚对他的种种不作为却毫无办法，因为他明白一个道理，阵前斩帅将会影响军心，唯一的处理方式就是先撸了他的职，其他问题秋后一并算账。

由于曲端的按兵不动，使宋军错失了良机，张浚无奈之际只能退至富平，打算在这里和完颜娄室做一个彻底了断。

这个时候已经到了是年的八月，张浚有所不知的是，之前与他死磕的完颜娄室现在已经病入膏肓无药可救了，取而代之的，是刚刚从黄天荡侥幸逃脱的完颜宗弼和完颜讹里朵。而完颜娄室虽然还在军中，但已苟延残喘，归西不过是早一天晚一天的事。

富平大战一触即发。1130 年 9 月 24 日辰时，大战正式开始，由完颜宗弼率领五万女真向宋军发起进攻。宋军主帅刘锜一马当先，冲在队伍的最前面。如果说之前韩世忠的黄天荡之战和岳飞的收复建康之战，是趁女真强弩之末而偷袭得手的杰作，那么刘锜所面对的则是势均力敌的女真，而且在兵力上明显逊于敌人。

刘锜，名将刘仲武的第九个儿子，从小在军营里长大，算得上是见过大世面的职业军人。与日后的抗金战役相比，年轻气盛血气方刚的刘锜这还是第一次与女真主力真刀真枪地以硬碰硬。在对阵形势极其不利的情况下，他冲在了最前面，手里举着三尖两刃刀，见人砍人见马劈马，仅凭他的一己之勇，一个回合就把女真死死地按在了原地，就连完颜宗弼都连连惊呼：“（宋金）开战后未见南人有此勇猛之将。”

其时，女真的一半兵力在万户长赤盏晖手里，居然被刘锜打得寸步难行。而刘锜所带领下的宋军越战越勇，直接就冲进了赤盏晖的阵中，兵对兵将对将地互相猛砍。赤盏晖见势不妙，也顾不得身后的完颜宗弼，自己拨马就要跑，却被刘锜拦了个正着，挥起刀将其斩为两段。

面对慌忙逃窜的女真，宋军也不闲着，就地向敌人射出一片箭雨。就在完颜宗弼即将被箭射中的一刹那，女真军中的一员汉人主将韩常侧身替他挡了这必死的一箭，这一箭恰恰射进了韩常的左眼，这厮竟然连箭加眼珠子一起拔出，往瞎了的眼里按了一把土，拖着完颜宗弼逃了出去。

完颜宗弼再次逃过了一劫。

激战持续到中午，两军整整对杀了一个上午，宋军在刘锜的带领下获得了阶段性胜利。宋军亡命地拼杀，完颜宗弼的右路军已经被打残了，原本两翼沉底，现在成了瘸腿，彻底失去了战斗力，史料上形容此战“士半生死，血流成河”，战场四周到处都是女真扔下的残破尸体。但是，女真能善罢甘休吗？

如果能，那就不是女真了。

万般无奈下，女真只好抬出了已奄奄一息的完颜娄室，让他来分析这场战役应该如何打下去。完颜娄室还真不负“狈”这个称号，当即就看出了问题所在，然后使出撒手锏，以完颜讹里朵的左右拐子马破解宋军的锐气，选择在另一面布阵的环庆军作为突破口，通过速度冲击，快速将敌击溃。

环庆军的主帅是赵哲，说起来算是张浚的亲信了。然而，此人从开战那一刻起，就没人见过他，没有人知道他在什么地方。战斗打响后，将士们还都在等他的作战方案，可他却神秘地从人间蒸发了，真真活不见人死不见尸。

与上午的刘锜相比，下午环庆军和女真之间的博弈就发生了彻底的变化。在这场没有主帅指挥的战役中，宋军最大的力度也只能是各自为战。但是当敌人的快马杀到的时候，对于兵士们来说，唯一的可能就是转身逃跑。

入夜，富平之战最终以宋军失败而告终。这个时候，毫发无损的赵哲竟然显影了，他为自己的失踪找出了一万条理由，可这一万条理由也不可能压住主帅张浚的暴怒，即便再是亲信，也肯定是保不住自己的命了，拖出去先将其打晕，然后再砍下脑袋。

至于另外那个见死不救的曲端，下场也好不到哪里去，张浚给他安了个罪名叫作“谋反”，念他曾经立过战功的份上，赏他一杯毒酒升天去吧。

当所有参战的军队都集结起来后，很多人发现了一个问题，吴玠和他的永兴军去了哪里？

吴玠并没有走远，而是按照张浚的指令，趁乱突破了凤翔防线，带着他的几千人马进入了大散关。他的目的只有一个，就是要在这个有山有水的好地方，为女真精心打造一个超豪华的人间地狱。

大散关，位于今天陕西省宝鸡市南郊的秦岭北麓，自古有“川陕咽喉”之称。因地处周代的散国之关隘，背后其山称为大散岭，故以此所称。楚汉相争时，韩信的“明修栈道，暗度陈仓”就是源于此地，这里地势险要，是一个非常重要的军事之地，也是从中原通往四川、甘肃等地的交通枢纽。陈寿在《三国志》中记载：“（建兴六）春，亮复出散关，围陈仓，曹真拒之。”

吴玠率队来到大散关后，并没有把营地设置在关隘附近，仅在大散关上放下了一哨人马，而他则在稍微偏东一点的一块相对开阔的平地上扎寨。这地方当地人叫作和尚原，右侧即是背川面陕的大路，高度适中，且四周都是陡峭悬崖，唯独山顶较为平整，非常符合古代所说的关隘的隘，易守难攻，所谓一夫当关万夫莫敌，指的就是这样的地方。

一切就位之后，吴玠派猛将杨从义下山，到距离不远的凤翔走一趟，从女真手里抢粮草回来，毕竟还有几千口人等着吃饭呢。谁说汉人只是被抢，现在咱们也得抢一回。杨从义本身就是凤翔人，对凤翔城里的哪个位置都门儿清。下山后，他果然不负吴玠的厚望，进了凤翔就是一顿闹腾，不仅抢回了三十万斛粮食，还顺手抓回了四十个俘虏，正好让这些女真人把眼前的这些修工事的差事都给做了，省下了宋军的体力，大家吃饱喝足在这里等着女真前来送死。

女真还真配合，当吴玠把手头上这些活都忙活完了，他们也来了。

来的这两人叫完颜没立和乌鲁折合，分别来自凤翔、阶州和成州，两人已经约定好了，在大散关下集结，然后一同发起进攻。但是凤翔距离这里很近，乌鲁折合还在路上的时候，完颜没立已经到达。看看乌鲁折合还没到，完颜没立就多了个心眼，既然提前来到，何不先拔头筹捞个头功回去请赏呢？

于是完颜没立就下了马，这个二货连周围的环境也没多看几眼，闭着俩眼就指挥士兵们往山上爬。结果刚爬到半山腰，就从山上掉下来一堆石头，劈头盖脸地砸向了女真，命大的被砸得鼻青脸肿，命短的就没办法了，下面就是绝壁悬崖，但凡掉下去，活命的可能性几乎没有。

被石头给砸了一顿后，完颜没立傻眼了。与此同时乌鲁折合也到了，这个契丹人倒是没像完颜没立那么没脑子，而是站在下面把四周看了看，决定用另一种方式牵住宋军的注意力。他让完颜没立吸引住和尚原的宋军，自己带队从另一端爬上大散关，这样的话可以通过大散关再爬上和尚原，虽然稍远一些，但没有第二条路可走。

但是，这一步早就被吴玠精确地计算到了，这就是他在关上留置一哨人马的用意。女真能打，全仰仗着马以极快的冲击力冲散对方的阵形，而当他们一旦下了马，立刻就变得狗屁不是。

乌鲁折合的意图自然逃不出吴玠的眼，他并不着急，只是耐着性子看着女真们呼哧呼哧地往山上爬，直到他自己感觉差不多了，才下令大散关的人往山下扔石头。这一顿石头雨和刚才完颜没立挨的那一顿没什么两样，女真稀里哗啦就败下阵来。

被打急了眼的乌鲁折合算是豁出去了，亲自上阵带着女真兵们不顾死活地往上冲，事实证明，他这纯粹是活够了，因为他并不知道，半山处还藏着一支要他亲命的队伍，领头的大将就是去凤翔城抢粮食的杨从义。连女真的粮食他都敢去抢，还有什么事他不敢做呢？

乌鲁折合终于避开了关上的石头雨，但还没来得及喘息一下，杨从义像是从石头缝里变出来的一样，突然就杀到了跟前。乌鲁折合生命中的最后一个影像是，只觉得眼前似乎吹过了一阵凉风，人头就滚落到了山下。

关于杨从义，这是个很有意思的人。几年后，他遵从岳飞的建议，在凤凰山上建了一座宗庙，可是他死后，这座庙里供奉的居然变成了他自己，而这座庙也被当地人叫作“杨二郎神庙”。

大散关之役，女真吃了大亏，三城精兵近三万人死伤过半，大将乌鲁折合遭宋将阵斩，此事惊动了女真高层，完颜吴乞买责令尚在陕地的完颜宗弼出兵予以讨伐。

单纯的一场败仗还不至于让完颜吴乞买大动干戈，重要的是，大散关地处川陕交界，是进川的必经之地，如果不能突破大散关进入川地，女真从西北打进中原的实际目的就变得毫无意义。换句话说，进川才是女真此次进犯的真实意图，只有进了川地后，才能实现其全面控制中原的战略野心。

绍兴元年（1131）十月十一日，完颜宗弼领命，率十万大军前往大散关，欲一举歼灭镇守于此的吴玠和他的永兴军。临出发前，他还特地玩了一套声东击西的把戏，四处说他要领兵返回中原了，戏演得像真的一样，把大批辎重都拉往中原，企图以此来迷惑宋军，诱骗吴玠下山，而暗地里却带着大军以最快的速度赶往大散关。

这戏演得也太假了，如果吴玠是那么不禁忽悠的话，那就不是吴玠了。完颜宗弼自导自演的这么一出闹剧，吴玠只是冷冷一笑，继续待在原地，恭候女真们前来送死。

在南宋的军事史中，吴玠和吴璘兄弟二人都是不可缺少的一笔，尤其是吴玠，这人简直就是一个军事天才。比如他在大散关与完颜宗弼的这场战役，就足以说明他的谋略。

以少胜多的战役，自古有之，而在消灭了上万名敌人的同时，自己一方的伤亡率居然是零，这样的战例即便翻开世界战争史也不多见，但是吴玠却在大散关战役中做到了。

完颜宗弼虚晃了一枪，却发现吴玠并没有上当，他知道已经演砸了，于是也就不再继续演下去了，命令十万人以最快的速度到大散关下集结，用人数上的优势，坚决消灭大散关的宋军。

完颜宗弼的这十万大军可不是去南方的那十万了，前面已经介绍过，去江南的十万大军多半是以汉族为主的“汉儿军”，而攻打大散关的这批人马，则是以女真人为主要班底，另外再配一部分汉人、渤海人和契丹人，这些外族人主要用来做先锋军使用，说白了，就是先死的那一批人。

另外还有更重要的一点，这十万人的队伍中，还有不少女真贵族在里面，包括完颜宗翰，完颜宗辅的儿子、女婿以及完颜吴乞买的驸马等。显然完颜宗弼也想利用这次战役，给下一代人一个学习的机会。

从一马平川的平原到秦岭，要经过一个神岔口才能分别登上大散关和和尚原。而这个神岔口地处中部，只有一条碎石嶙峋的崎岖小道，仅能一人通行，所以无论多少人上山，也都必须排成单行，而且每上一步都很艰难，万一前面有人跌倒，后排就极有可能成为多米诺骨牌，跟着一起倒下去。

来到山下的完颜宗弼把整个地形都看了一遍，立刻就明白完颜没立所率领的三城精兵死在这里的原因，就连他自己都皱起了眉。不过，这位四太子还是有自己的一套方式的，毕竟有十万人哪，即便是一人一块石头，也能垒成一座与和尚原同样高的高地，然后双方再进行对攻。

于是他先派出了由汉人、渤海人等外族组成的先锋队，到神岔口去摸一下情况。守在神岔口的，还是去凤翔抢粮，又在大散关斩了乌鲁折合的杨从义，他看着女真的先锋军列队上山后，只是发了一顿乱箭射中了前面的几个人，随后就率队进入了秦岭深处。

女真对杨从义并没有追赶，继续沿山路往上爬。过了神岔口，前面有一个九十度的急转弯，转弯的下面便是峭壁。就在女真刚要准备转弯的时候，突然冲出了几个人，顶在前面的是永兴军的前锋大将杨政，手里握着一支扎枪，对迎面上来的女真像刺棉花一样，一枪一个。跟在他身后的一群士兵也举起手里的大刀，直接就冲了下去。

只顾着低头爬山的女真先锋军毫无防备地受到了如此强烈的冲击，惊慌失措转身就往回跑，而后面的不知道前面发生了什么事，还在继续往前上，一上一下就形成了对冲，结果不是被挤下悬崖，就是被互相踩踏，仅这一下，女真就死伤了上百人。

落在先锋军后面的女真兵，虽然没有受到踩踏，可从旁边的乱石岗中又杀出了一队人马，正是刚才从神岔口进了山里的杨从义，对着女真又是一顿砍杀，然后再次遁出视线。

完颜宗弼顿时暴怒，命令败退下来的先锋军继续往山上前进。可是不幸的消息接踵而来，而这个消息更像噩耗，让完颜宗弼直接就傻了眼：粮草被劫了！在这荒郊野外一旦没了吃喝，毫无疑问是在等死。

女真被打蒙了，再加上天色已晚，只好先撤下来，在山下点起了篝火。要知道，十月的秦岭已经十分寒冷，山里甚至已经下起了雪。但是，让他们想不到的是，这些篝火恰恰成了永兴军的目标。

这回吴玠悄悄地让部将姚烈带着五百弓箭手下了山，把所有的神臂弓、床子弩、擂石器全部安装完毕，对着女真的兵营就是一顿箭雨石弹，顷刻间就听到女真大营里传来一阵鬼哭狼嚎的惨叫声。

不过这才是刚刚开始。

毕竟走了一天路，又连续向和尚原发起了数次冲锋的女真兵，加上又被宋军一顿袭扰，一个个早已人困马乏，什么也顾不上了，只有睡觉才是硬道理。但是，他们的灭顶之灾将随之而到。

二更刚过，吴玠带着全部人马倾巢出动，他要创造一个奇迹，用手里的几千人去灭掉女真的十万大军。

这也太不可思议了吧？几千灭十万？没错，这就是吴玠。对于此役，他的计算非常精确，不出手则已，只要出手就直奔死穴。而女真的死穴在于完颜宗弼把十万人的帐篷布置成了连营，绵延在曲折山路上，达十数里，一是顺山而宿，二是形成一个巨大的威慑力。可是他不知道，自己面对的是一个绝顶聪明的吴玠。因为吴玠已经看出了纰漏，永兴军一旦发起攻击，只要居高临下地冲击女真顶在前面的那一批帐篷，必将造成女真的全线溃败。

睡得像猪一样的女真人估计做梦也想不到，他们的噩梦已在眼前。

挨了一顿暴打，还不知道敌人究竟在哪儿，完颜宗弼彻底崩溃了。和宋军打了这么多年的仗，吃了这么大一个哑巴亏，这还是头一次。他是眼睁睁地看着一万多名士兵被宋军杀死，峭壁下、山谷中、沟梁上，横七竖八到处都是死相难看的女真兵尸体。这可不是那些外族人，而全部是正宗本家出来的女真人，稀里糊涂地战死在和尚原。这还不算，仅被活捉的俘虏就有三千多，其中包括那几个侄子和驸马在内，统统被宋军给掳走。

这下麻烦大了。完颜宗弼欲哭无泪，见过乔装打扮吃掉老虎的猪，可总得见见这是谁家的猪吧，仗打到这个程度，愣是连根猪毛都没见过，而自己却损兵折将，每时每刻还在继续消耗士兵的生命。如今除了撤兵，他已经没有第二条路可选，如果再继续待下去，这十万兵非得让吴玠给玩死不可。更何况粮草没有，在这么个兔子不拉屎的地方继续熬下去，除了吃死人也就再没什么可吃的东西了。汉人说，三十六计走为上，惹不起我躲得起！

但是，那只是完颜宗弼的一厢情愿，吴玠却不是这么认为，你金兀术既然已经来了，想走也不是那么简单的事。贼精的吴玠肯定不会轻易就把完颜宗弼放走，当女真刚刚拔营的时候，吴玠就带着宋兵追过来。谁也不知道他从哪里招来了这么多兵，从和尚原到大散关，山头、山谷、山坳到处都是呼啦啦的密密麻麻的战旗。

吴玠下定了决心要“挽留”完颜宗弼在这里多住些日子，所以带着永兴军冲下山，二话不说上去就是一顿暴揍。宋军在上，女真在下，先用石头打了一顿，再放一通箭雨，随后又冲下山，只要见着穿皮草的和扎小辫的，不用叨叨，一律先砍了再说。

完颜宗弼彻底没脾气了，冲，冲不上去，这个时候人再多什么用也没有；撤，又撤不了，被宋军死死地缠住了腿。还回不了头，刚想回头，又是一阵密集的箭镞射过来，又死伤一堆人，连他自己的身上也已经插着两支箭了。

此时下面的情况也好不到哪里去。杨从义带着一帮人堵住了神岔口，这帮人更狠，手里的刀都砍锩了刃。西面还有从大散关下来的一伙亡命徒，在姚烈的带领下，床子弩和神臂弓支了一大片，遮天蔽日的箭一齐朝女真射过去。

战斗就这么僵持到了天黑，吴玠仍然不肯放过完颜宗弼，又下令手下给女真大营放火。熊熊烈火把女真大营照得如同白昼，而白天睡了一天的杨政，现在该他出马了，他要做的就是“趁火打劫”，去抢女真的马。

灰头土脸的完颜宗弼在这个破地方被永兴军整整折腾了三天三夜，这三天三夜的梦魇，让他至死难忘。直到四更天，完颜没立才从凤翔拉来援军，把这十万大军从火坑里拯救出来。

和尚原战役女真究竟死了多少人，已无从考据，一贯在史料中“偷工减料”的《金史》只承认死亡一万五千多人，被俘两千多。而南宋的《建炎以来系年要录》中记载是十之有三死于此役，也就是说将近三万女真兵成了这片土地上的孤魂野鬼。更重要的是，对于那些驸马和侄子以及若干将领被俘之事，完颜宗弼可真的没法回去向完颜吴乞买和完颜宗翰交代了。

从这一天起，他记住了这个叫大散关的地方，吴玠也上了他的黑名单。而这一天的具体日期是 1131 年 10 月 14 日。

但是，转变整个局面的，不是吴玠，也不是刘锜、岳飞和韩世忠，而是另外一个人。

宋朝要打仗，打仗需要养兵，养兵就需要钱。就现实这个破败样，赵构还从哪里拿钱呢？原本那几个最富庶的地方，从越州、明州到临安，都被女真毁于一旦，成为一片废墟，重建也需要钱。可这么多钱从哪里出呢？

北宋时期，最重要的来钱通道就是西部商道，主要的输出资源并非丝绸，而是茶叶。但通往西域的商路却被西夏阻隔，中原的茶叶运输路程从过去最盛时期的五条商道，仅剩下一条最为艰险的“蹚古道”。

所谓的“蹚古道”指的恰恰就是完颜宗弼刚刚被暴打了一顿的大散关附近的这条通川之路。蹚古道其实并不是什么路，而是一条被背茶人踩出来的极其险峻的羊肠小道，在崇山峻岭之间蜿蜒而行，一面是千仞壁立的陡峭悬崖，另一面则是深不见底的万丈深渊，仅容得下一人独步，车马难行，所有货物必须全靠人背肩扛。自唐朝以来，这条路就已经被背茶人走出，脚下阡陌不知有多少背茶人的亡灵，只不过以前多是从外面往里走，而今却只能从这里往外出。崎岖嶙峋的茶路千沟万壑，险象环生，没有一寸平地，且时有野兽出没，经傥骆古道、翻越秦岭、褒斜道、陈仓道后到达汉中，行程一千多公里后转至成都，再从成都出发经雅州（今雅安）到达打箭炉（今康定），最后经过喜马拉雅山的沟谷，从那里继续通往印度、尼泊尔、阿富汗，最后抵达阿拉伯地区。

纪录片《茶，一片树叶的故事》中有一句非常著名的解说词：如果说云南的茶马古道是马帮的蹄印踩踏出来的话，那么四川的茶马古道是依靠人的肩膀背出来的。一句话道破了这条茶路的艰险。

即便以冒着生命危险为代价行走在这条吃人的“蹚古道”上，由于路途过于遥远，而且一旦进了九月后，古道就无法行走，从而加大了茶商成本，一年下来走不了几趟，所赚的银两更是寥寥。有时候甚至还会出现亏损，再加上遭到大理茶叶的冲击，因为大理通往吐蕃的路途更近，价格方面更便宜，这让中原的茶商们雪上加霜，还有宋金之间的战火在这一带愈发吃紧，所以这条茶路逐渐让茶商们失去了兴趣。开辟一条新的通道，成了茶商们迫在眉睫的一个新选项。在这种情况下，有人想到了通过水路向外运输茶叶。

提出海上通商之路这个大胆想法的人是李寅之，是福建莆田的一个普通小吏。他所提出的海上通商依据是，在此之前就有很多外夷船只进入过泉州港。而且通过从水路往外运输茶叶，以前就曾经有过，比如在五代十国时期，南楚等地所产的茶叶绝大部分是通过水路运到江陵，再从这里通过陆路贩运到今天的陕西泾阳，然后再从泾阳流向各地。不仅南楚通过水路把茶叶运出去，还有南汉那个变态的君王刘铱，从他爷爷刘龑时代开始，就已经通过番禺港和外夷直接做生意，正是因为有了贸易往来，才有了他后宫里那个又黑又粗的波斯妃子“媚猪”。

到了北宋中期，尤其是与契丹签署“澶渊之盟”以后，宋朝的制造业进入了空前繁荣时期，特别是造船业，更是得以飞速发展。而且把船舶制造具体细化为四种，大型的叫作“船”，适合于比较远的航行；中型的叫作“舴”，用于内河或近海之间的通行；再小一点的是“艋”，只能在内河使用；最小的称为“舟”，主要用于码头内简单驳接。由于航运的高速发展，中原的商品包括雨伞、茶叶等已经出口到日本、马六甲等地区，但是由于这些轻工产品重量很轻，容易导致船舶承受不了风浪的袭击而发生倾覆事故，所以后来就又加上了瓷器作为压舱商品，从而使中原帝国的瓷器远扬世界，而国名也逐渐从过去的“丝绸之国”转变为“瓷器之国”。

然而，随着女真铁蹄的践踏，宋朝从曾经的富庶顷刻间变得一贫如洗；更要命的是，西部商道已被彻底封死，即便有再多的商品也没有办法输出，也只有通过海洋这一条路了。

到了这个时候说什么都没用，唯独有钱才是硬道理。但是宋朝从赵匡胤时代起就定下了规矩，为了预防藩镇再度出现而影响社稷，所有军队的开支必须要由国家统一支出，绝对不允许任何人私养军队。所以，赵构就是勒紧了裤腰带、打扫国库的底子，也得先把银子支付给军队。可前提是，国库里要有银子！

就在赵构为钱急得焦头烂额之际，一个人出现了。此人就是“靖康之乱”时因为向女真人提出严重抗议而同二帝一同被掳去北方的秦桧。

秦桧，字会之，1090 年生于黄州，祖籍为江宁（今江苏南京）人，宋徽宗政和五年（1115）进士及第。

这里普及一个小知识，及第是指科举考试应试中选。科举殿试时录取分为三甲：一甲三名，赐“进士及第”的称号，第一名称状元（鼎元），第二名称榜眼，第三名称探花，三者合称“三鼎甲”；二甲若干名，赐“进士出身”称号；三甲若干名，赐“同进士出身”称号。二、三甲第一名皆称传胪，一、二、三甲统称进士。通俗地讲，考中一、二、三甲都可以叫中进士。其中，科举考试的第一名“状元”这个称号，也一直保留到现在。

也就是说，时年二十五岁的秦桧，在科举考试中取得了不错的成绩。那么秦桧从北方回来后，能给赵构帮上什么忙呢？南宋的历史永远都不可能绕开岳飞和秦桧这两个人。

最后的朱仙镇

这里就不再赘述秦桧回到宋朝的过程了，反正那一切都是靠他自己一张嘴说出来的，没有什么真实凭据，所以再去重复已经毫无意义。总而言之一句话，他确实已经回来了，而且还由此发迹。

但是他的发迹也并非一帆风顺，绍兴元年（1131）他回到了临安后，于次年第一次坐上了宰相的宝座。仅过了一年，就因为说了一个让赵构没有办法接受的所谓“谋略”，即与女真进行议和，提出“南人归南北人回北”，遭到了赵构的怒斥，并被罢相。但是到了绍兴八年第二次出任宰相时就完全不同了，他深刻领会并执行了赵构的投降思想，一方面通过自己的手段拼命为穷困潦倒的南宋攫取利益，另一方面则是做好了与女真和议的全部准备。

客观地说，因为有了海上通商，这一时期的南宋正在开始逐渐摆脱困境，但是宋金战争的硝烟仍未散去，女真为获得整个中原，继续发动一次比一次更猛烈的激战，从中部到西北，战事在不断升级。

西北，继大散关惨败之后，女真再次发起一波新的冲击。记吃不记打的完颜宗弼下定了决心，要突破秦岭进入川地，然后通过长江进入江南，以达到全面灭掉宋朝的目的。女真此次竟然是兵分两路，一路由完颜宗弼率十万大军继续攻打秦岭大散关，而另一路则绕道金州（今陕西安康)。攻打金州的则是驻守在西线的完颜撒离曷，此公遇事后有个爱哭的毛病，所以被称为“哭泣郎君”。从他们摆出的气势上看，是铁了心地要攻破陕西所有防区直接入川，然后再通过长江进入中原。

既然战略意图如此明显，金州也不可能不防。守金州的主将是刘韐的大公子刘子羽，先锋大将则是吴玠手下的一员骁勇战将王彦。双方一接手，王彦就死死咬住了完颜撒离曷，以缓解吴玠在大散关的压力。完颜撒离曷这回是实实在在尝到了被打的滋味，仅有八千兵的王彦如有神助，打得女真五万人马四处乱窜，死尸遍地。仗打到这个份上，哭包神完颜撒离曷也只有痛哭流涕的份，但于事无补。

而大散关的局面却容不得吴玠乐观，数倍于宋军的女真人在吸取了上次教训的基础上，展开了一次次凶悍的进攻，迫使宋军主力不得不撤离关隘。作为战场主帅，吴玠非常明白的是，敌人这是摆明了要不惜一切代价吃掉大散关，一旦大散关被攻破，或者因为过多的精力都被牵扯在这里，而第二防区没有及时建立，女真将极有可能趁机越过秦岭进入川地，那时候局面将变得极其危险。所以，他只得留下弟弟吴璘在此，拼了老命抵抗女真人发起的一波又一波猛烈的进攻，以便给自己留出足够的时间。

此时的大散关完全成了一台绞肉机，随着双方激战程度的不断加剧，人一片一片地死去，鲜血像一条红色溪流，沿着山体流下去，染红了整个关隘。完颜宗弼像一个输红了眼的赌徒，声嘶力竭地狂呼女真士兵踩着同伴的尸体，继续往山上强攻。

但是，当女真在号叫声中终于攻破了大散关之时，却发现关隘上除了战死的宋军遗体外，已经没有其他人了。完颜宗弼这才知道自己被骗了，这里并不是真正的战场，而自己却白白在这里消耗了这么多天，死了这么多人，得到的不过是一座没粮没草没辎重的空关。对他来说，这场战役拼得毫无意义。

吴璘完成了哥哥的部署后，已经率部退出大散关阵地，撤向了秦岭。

真正的战场在秦岭的仙人关，那是吴玠给完颜宗弼私人定制的一块墓地。这里有极好的风景，依山傍水，绿树成荫，关下有一块平整的空地，是一块天上难寻地上难找的送死宝地。而山上有一眼望不到边的原始森林，里面虎狼熊罴不时出没，野猪貘豹经常散步，偶尔还有几个熊猫也来凑凑热闹，一旦迷路误入其中，基本上就等于给这些野兽们当午餐了。

如此风水宝地，金兀术你值得拥有！

绍兴四年二月二十七日，完颜宗弼率大队人马从大散关来到了秦岭，矗立在女真人马前的第一道屏障，是一座悬崖突起的山岭，岭前有一块垂直上下的峭壁，上面写着吴玠命名的“杀金坪”三个大字。

宋军虽然占据着有利地形，但面对人数众多乌泱乌泱的敌人，也肯定不会有多么顺利。战役打得极为艰苦，从二月二十七日一直打到了三月四日，女真几乎用尽了各种方式试图攻破宋军阵地，但每一次都遭到了吴玠的痛击，石头、瓦砾、擂木、箭镞等，一样一样地让女真尝了个遍。

如果从二月二十一日女真攻打大散关开始算起，战斗已经连续打了将近半个月，双方依然分不出胜负。但到了三月三日，战局却发生了根本的变化，女真在不经意间暴露出了一个极小的疏漏，连续半个月的进攻没有取得任何进展，女真军营内士气低迷，两路军队不知为了什么，发生了小规模内部殴斗。仅此一个细微的事件，却被吴玠抓住了战机，于三月四日凌晨派出大将田晟、杨从义率三千兵马偷袭女真大营，自己则带全部人马倾巢出动，在路上围追堵截。

这位未来的二郎神还真不是吃素的，依然沿用了之前的“小偷”战术，先派小股士兵把女真的游动哨给抹了，然后把马偷出来，最后才兵分三路直接杀进敌营。三千宋军个个都是索命的阎王，在女真大营内肆意撒野，刀枪剑戟随便乱砍乱扎，所到之处便是人与鬼的分界，致使毫无准备的女真士兵四处逃窜，以不同的方式受死。

侥幸逃脱出来的女真士兵，一路溃败往山下逃窜。可是还没等跑出多远，从山上又冲下来一群拎着砍刀的亡命徒，继续在人群中胡砍乱戳。女真士兵彻底炸了窝，原来就不是很宽的崎岖山道，再加上这个伸手不见五指的半夜，惊恐万状的女真不是掉下峭壁摔死，就是被追兵砍死，而跑在前面的士兵之间因相互拥堵踩踏，造成了更加严重的路阻。

好不容易挨到了天色微明，终于从吴玠魔掌中逃出来的完颜宗弼仅抬头看了一眼周围的环境，竟然欲哭无泪了：大散关！

辛辛苦苦十几天，一夜回到大战前！

早知如此，何必当初呢？是役，宋军灭敌六万，俘虏无数。原本吴玠的用意非常直接，抱定了要活捉完颜宗弼的决心，只是四太子福大命大，又一次让他得以逃脱。

仙人关一战打出了宋军的斗志，以三万将士打败了女真两路总计十五万的兵力，再次打破了女真不败的神话，并且收复了大散关、凤城等地，完颜宗弼和“哭包神”完颜撒离曷从此以后再也没有胆量敢踏入此地半步。

其实，真正导致女真惨败于仙人关还有另外一个原因，那就是来自中原地区对女真的进攻。宋军为缓解西部的压力，向中原地区的女真主动发起了强势的进攻，剑指女真，以摧枯拉朽之势接连攻破了由伪齐和女真共同把守的六座城池。

进攻的主帅，便是岳飞。

此时的岳飞名气还没有多么大，黄天荡之战后的几年中，岳飞虽然已经升了官，但官位在张俊之下，自己并没有多大的权力。

还是在黄天荡战役后，岳飞率军一举收复建康，应宜兴乡绅张大年之约前往赴宴。在吃饭过程中，岳飞写下了一篇荡气回肠的《题记》，充分表明了他的爱国志向：

> 近中原板荡，金贼长驱，如入无人之境；将帅无能，不及长城之壮。余发愤河朔，起自相台，总发从军，小大历二百余战，虽未及远涉夷荒，讨荡巢穴，亦且快国仇之万一。今又提一垒孤军，振起宜兴，建康之城，一举而复，贼拥入江，仓皇宵遁，所恨不能匹马不回耳。
>
> 今且休兵养卒，蓄锐待敌。如或朝廷见念，赐予器甲，使之完备；颁降功赏，使人蒙恩。即当深入虏庭，缚贼主，蹀血马前，尽屠夷种，迎二圣，复还京师；取故地，再上版籍。他时过此，勒功金石，勒功金石，岂不快哉！此心一发，天地知之，知我者知之。建炎四年六月望日　河朔岳飞书。

如果说完颜宗弼在此之前，已经领教了韩世忠、刘锜、吴玠、吴璘等宋将的厉害，那么岳飞的出现就是他的噩梦了。虽然在之前交过一次手，但那次完颜宗弼基本上没有什么深刻印象，隐约记住曾经被一个愣头青给猛踹了两脚，毕竟还没有伤及要害，所以还没有触及灵魂。

不过再度出现的岳飞可就不一样了，他和他的“岳家军”刚一亮相，就让女真立刻知道了什么叫猛人。如果不是赵构和秦桧在后面死死拽住岳飞的后腿，保不齐他真能带领手下扫平整个女真！

仙人关战役的同时，时年三十一岁的岳飞奉旨北伐。之所以这里说“奉旨”二字，显然是受到了赵构的钦点。临出征前，赵构还特地御笔写下手谕，对岳飞专门设置了一道紧箍咒：“今朝廷从卿所请，已降画一，令卿收复襄阳数郡。惟是服者舍之，拒者伐之，追奔之际，慎无出李横所守旧界，却致引惹，有误大计。虽立奇功，必加尔罚，务在遵禀号令而已。”

既然打仗，还不让往死里打，这打的是哪门子仗？寥寥几语，道出了赵构的投降思想。

岳飞出征的第一战，就是攻打由伪齐驻守的郢州城。守将荆超自诩城高兵强，对只有区区三万人且名不见经传的岳飞根本就没放在眼里，甚至把岳飞的招降书当众撕碎，并派出一个叫刘楫的人站在城楼上，对岳飞恶毒咒骂。

岳飞大怒，首战派出了年仅十五岁的长子岳云带兵攻城。结果，郢州的城高兵强都是浮云，不到一个时辰，岳云已经站在了城墙之上，而那位自称神勇的守将荆超，却跳下城墙当场摔死。至于骂街高手刘楫，则被生擒，其命运自然也是好不到哪里去。

首战告捷，岳家军兵分两路继续征战。岳飞派大将张宪猛攻随州，自己则亲自进攻襄阳古城。但是张宪出师不利，刚到随州城下还没来得及攻城，就被伪齐女真联军死死缠住。在这种情况下，另一员骁将主动请缨，三天之内拿下随州，否则的话，提头来见！

这员大将就是在民间赫赫有名的福将——牛皋！其实牛皋绝对不是像《岳飞传》中所描写的那样只是一员莽将，而是有勇有谋绝顶聪明，仅随州一战就足以证明他的实力。被敌人绊在路上五天的张宪，却没想到牛皋只用了一个下午就把随州拿下，这还包括他花在路上的时间。

几乎与此同时，岳飞也攻下了襄阳。号称伪齐第一猛将的李成，虽然丢了襄阳，却并没有走远，而是在附近重新集结了所有兵力，连同前来增援的女真，据说总共有三十万之众。

三十万人马，这个数字显然过于夸张，如果能公正地减到一半的话，至少还有十五万人。而岳飞有多少呢？总共三万！三万对十五万，又是一次兵力悬殊的对决，岳飞的胜算能有多少呢？

这根本就不是个悬念。两军一列阵，岳飞就明白了李成是个什么水平了。说来他俩还是老相识，靖康之后，杜充派岳飞剿灭李成等人的民兵，但是岳飞并没有动手，而是好言将其劝出。没想到，他竟然投靠了女真，成了伪齐“皇帝”刘豫手下的第一悍将。

连对方的底牌都看到了，这仗还能打不赢吗？岳飞三下五除二，嘁里咔嚓干净利落地把李成打了个丢盔卸甲，继续向下一个州城进军。

伪齐果然不是岳家军的对手，皇帝刘豫只好亲自去女真搬来救兵。要来替伪齐“报仇雪恨”的这位将军叫作刘合孛堇，此人虽然没什么名气，却拉着阔背肌摆出一副不含糊的架势，率五万纯女真人马，要把岳飞消灭在北伐路上。

宋军与女真之间的战斗，多赢在计谋和地形的优势上，而面对面的野战对攻却从来没有取胜的记录。但是这一次不同，岳飞要带领他的岳家军与强悍的女真展开一场对攻野战，让女真人知道，宋朝有一个叫岳鹏举的猛将！

两军会战的地点位于邓州西北一块开阔的平地上，这里的视野非常好，远处的邓州能看得清清楚楚，一眼望去，周围一切尽在眼底，所有一切都在双方的视界，既藏匿不下伏兵，也使不了任何计谋。可见刘合孛堇选这个地方，也颇费了一番思量。

战斗从上午开始，岳家军中张宪王贵董先和牛皋岳云杨再兴策马从两侧出击，以极快的速度冲击女真。而女真面对如此凶猛悍将竟然产生了怯敌情绪，于仓皇中应对。仅一个回合，女真便失去了主动，气势上就已经被宋军压住。之后的岳家军越战越猛，以高昂的士气杀向敌人。

战斗在惨烈的厮杀中进行，一直打到太阳偏西，整个世界似乎突然之间静了下来。弥漫着血腥的战场上，双方战死的士兵和战马倒了一地，仅有几面没倒的破旗有气无力地随风飘扬。

战斗就这么无声无息地结束了！刘合孛堇独骑逃遁，五万女真全部战死，而岳家军阵亡四千。此战让所有人都惊得目瞪口呆，岳飞再创辉煌！

接下来的邓州、唐州和信阳郡几乎不战而胜，两个月的时间，岳飞收复了六郡。

恰恰就在这个时候，完颜吴乞买死了。从某种程度上说，这个傀儡皇帝死得正是时候。对于女真来说，当务之急是处理完颜吴乞买的后事，扶立小皇帝完颜亶上台。而南宋则利用这个时间抓紧时间休整，对一些军事重点重新进行修复。

战争的威胁暂时远去，江南大地呈现出一派祥和的时候，大臣们这才发现赵构身后竟然没有孩子。中国古代任何一个王朝，如果皇帝没有子嗣，这可不是个小事，而是事关天下社稷的头等大事。在这种情况下，有人就怂恿赵构立太祖赵匡胤这一支的后人赵伯琮为太子，也就是后来的宋孝宗赵昚。提出拥立的大臣中，有两个具有代表性的人物，一个是主战派的武将岳飞，另一个则是求和派的宰相秦桧。

关于赵构立太祖七世孙赵伯琮为太子，这里面还有一个重要原因，就是他的嫡生儿子赵旉已经死去。而说起赵旉的死，这事可不是一般的狗血。载 1129 年的那场苗刘兵变中，赵旉被两员叛将立为皇帝，可谁都没料到，年幼的赵旉哪里懂得大人的游戏，被莽汉们像木偶一样来来回回好一顿折腾，结果连惊带吓地闹出病来，过了没多长时间就不治身亡了。

赵构他爹赵佶，详说赵佶其人一生共有六十六个子女，估计他这一辈子除了踢球（蹴鞠）、打猎、写字、作画外，最大的爱好就是和女人生孩子了，基本上没干什么正经事，就连他被金国掳走后，在被囚禁在北方的那八年里也没闲着，一口气又生了十四个子女。

赵佶旺盛的雄性荷尔蒙，到了赵构身上竟然连子嗣都没有，造物主捉弄人的方式也忒狠！

既然说到了秦桧，这里就不妨多扯两句。凡是听过刘兰芳评书《岳飞传》或者读过清代钱彩所写《岳飞全传》的人，可能都对秦桧恨之入骨，尤其是那些到过杭州岳庙的，都忍不住对跪在岳飞坟前的秦桧、秦桧老婆王氏、张俊和万俟卨这四个迫害忠良的千年大奸痛打几下。特别是秦桧，锈迹斑斑的铸铁塑像，头部被前来观瞻凭吊民族英烈岳飞的观众打得锃光瓦亮，似乎只有这样，才能一解心头之恨，而这也成了岳庙里的一景。

其实我们错了，而且错了将近一千年。因为真正对岳飞动了杀机的，并不是秦桧，而是一心想要求和的宋高宗赵构，秦桧不过是替赵构顶了个雷罢了。

力主求和的赵构要杀岳飞主要有四个原因，一方面他确实惧怕金国的野蛮，虽然还有刘光世、张俊、韩世忠和岳飞这样的主战将领，但是国力空虚，他实在拿不出足够的银两去和一帮不要命的蛮族武装对抗。而另一方面，则是因为岳飞所提出的抗金口号，“迎接二帝还朝”，以赵构的狭隘心思而言，一旦二帝还朝他的位置就太尴尬了。上有他的父亲徽宗赵佶，又有他的长兄钦宗赵恒，他这个皇位面对这两位还活着的“先帝”该情何以堪？就连民间都知道一个道理——一山不能容二虎，他赵构肯定会更加明白。当然，这还不是赵构要杀岳飞的真正原因。促使赵构要对岳飞痛下死手的真正原因在于拥立太子。文臣立嗣无可厚非，而武将参与拥立太子，就会有挟君之嫌，特别是像岳飞这样掌握兵权的武将，毫无顾忌地提出这个请求，这就犯了一个大忌。除此之外的第四个原因，就是金国与南宋议和的一个条件。

在这样的情况下，岳飞必然要被赵构当作开刀的对象来处置。宋朝是一个讲究祖制的朝代，从赵匡胤开国之初，就有一个“杀武不杀文”的约定，原意是“士大夫及上书言事者不杀”，而“杯酒释兵权”后，武将就基本上丧失了话语权，因为赵匡胤曾经对那些功高震主的将军们说得很清楚，从今以后只许你老老实实，不许你乱说乱动。也就是从这个时候开始，宋朝就形成了“重文抑武”的政治格局。

一旦杀了岳飞，不但能震慑那些顽固的主战将领，还可以获得金国的默许，以一个人的生命为代价，换来整个南宋的“和平与稳定”，这个账应该比较划算。可是，他也深知中国人的民族情结，自己既不愿意去承担一个千古骂名，还要把岳飞杀掉，所以杀人的恶名也就自然而然地落在同样也希望求和的秦桧头上。

当然，即便把杀岳飞的责任都推到赵构身上，这也不代表秦桧是个好人。《宋书·秦桧传》记：“桧两据相位者，凡十九年，劫制君父，包藏祸心，倡和误国，忘仇斁伦。一时忠臣良将，诛锄略尽。其顽钝无耻者，率为桧用，争以诬陷善类为功。其矫诬也，无罪可状，不过曰谤讪，曰指斥，曰怨望，曰立党沽名甚则曰有无君心。”

秦桧毫无疑问是南宋时期的奸臣之一，但是这也并不能把他全盘否定。明末大学问家王夫之在他的《宋论》中，对秦桧有一个相对比较中肯的评价：“秦桧者，其机深，其力鸷，其情不可测，其愿欲日进而无所讫止。故以俘虏之余，而驾耆旧元臣之上。以一人之力，而折朝野众论之公，唯所诛艾。藉其有子可授，而天假以年，江左之提封，非宋有也。此大憝元凶，不可以是非概论者也。”

在《宋论》中，王船山虽将秦桧、韩侂胄、史弥远、贾似道等人并列为南宋之四大奸臣，但是却将秦桧与其他三人放在不同的层次论说。韩侂胄、贾似道不过是“狭邪之小人耳”，史弥远亦只要明君统御得宜即不成奸邪，“恶不及于宗社，驭之之术，存乎其人而已”，而对秦桧的评价却很暧昧，仅以“其机深，其力鸷，其情不可测”作为定论。

假如秦桧真是一个专权跋扈一点儿好事都不做的大浑蛋，那么他也就不可能在南宋的官场上当了十七年的独相，特别是在南宋初期那样的政治环境下。宋朝在三百多年的历史上独相不多，赵匡胤创立朝政的时候，就把权力明确分派，包括南宋末期理宗时代那个祸国殃民的大奸臣史弥远在内，也只有赵匡胤时代的赵普和北宋晚期的章惇以及秦桧、韩侂胄和史弥远等少数几个人。

千百年来，秦桧被人痛骂为奸贼，只是因为他以“莫须有”的罪名，把岳飞杀死在风波亭。实际上，在已经过去了近千年的历史中，通过研读大量的史料即可清晰地发现，秦桧在当时不过是替别人顶了一个天大的雷，以至于背负了千年的骂名。

这个人即高宗赵构。

真正要杀岳飞的，是昏聩透顶的高宗皇帝赵构，这已是不争的事实。因为赵构深知岳飞是抗金名将，在朝野中享有极高的声誉，杀了他极有可能会引起军队的骚乱，所以他需要有秦桧这么双“白手套”来背这个历史的黑锅；而秦桧在那样的政治环境下，唯有迎合赵构的意愿，才能保证自己的官位亨通以及一家的生命财产安全，因此不得不与赵构沆瀣一气残害忠良，这也恰恰是王船山论点的关键部分。

然而，无论怎么说，都改变不了秦桧在历史上的汉奸形象！

但是至于岳飞是否该杀，一直以来都是一个争议的话题，只要翻阅一下已故著名历史学家邓广铭先生所著的《岳飞传》，或许就能明白一些历史原因。然而，今天我们所听到的有关岳飞的故事，大多都是来自流传民间的话本《岳飞传》，而翻开历史，除了他的孙子岳珂所撰写的《鄂国金佗稡编》和《续编鄂国金佗稡编》以外，有关岳飞的记录并不是很多，包括那场著名的朱仙镇大战，在官修正史上所记载的不过寥寥几笔，并不像民间传说的那么神乎其神。当然，这也有可能是当年被秦桧及其儿子秦熹删改了史料所致，因为自从岳飞被杀后，秦家父子就没闲着，一直在忙着删改文案笔录。

但是，这一切并不能撼动岳飞在中国历史上的地位。

女真惧怕岳飞，是从岳飞北伐开始。

岳飞凭着一己之力，力战女真伪齐联军，一举拿下了襄阳六郡，并在襄阳城外与女真展开了面对面的野战，把刘合孛堇的五万女真精兵杀得片甲不留。此战引发了女真内部的极度恐慌，以至于五千女真骑兵来到庐州城下，听说城内驻扎着岳家军将领徐庆和牛皋，竟然吓得连招呼都不敢打一个，转身就跑。

女真着实是被岳飞给吓着了。此役之后，岳飞之名也在南宋朝廷引起了强烈震撼，这其中就有主战与主和两大派系，都借着岳飞来说事。

完颜吴乞买死后，小皇帝完颜亶接上了大位，战事从这时开始戛然而止，原因是完颜宗翰和完颜昌主动向南宋提出了和议。而完颜宗翰提出的和议条件，是要“在淮南地区不许出现宋朝的任何兵”。

赵构一听，立即给岳飞下旨停止一切对女真的进攻。可岳飞正在兴头上，按照他的心气，何不乘胜追击，收复我河山呢?

这一次北伐就这样在夹生中结束。岳飞一肚子怒气没地方撒，刚好赶上了一个倒霉蛋前来报到：伪齐第一主帅李成。于是，他便成了岳飞泄愤的对象。岳飞下手比任何一次都狠，面对李成的十五万军毫不犹豫地就是一顿暴打，伪齐军再度被打了个半残。

然而，所谓“和议”最终还是不了了之。按照赵构的设想，贡岁币、屈降身份都可以做到，只要女真能承认自己的帝位就行。可女真那边却不接受，岁币必须要贡，身份也必须要降，至于帝位嘛，就别想了，最多给个王位意思一下，退出江南临安，去广西那边吧，地盘也足够大。

对方给出这样的条件，赵构可就不干了，战与不战，打与不打，就这么僵持下去吧，毕竟先搞足了银子才是王道。

这期间，女真私下与秦桧达成了一个和议条款，由一个叫张通古的小官前来与宋朝谈判，他的官职身份是“诏谕江南使”——写得清清楚楚，宋朝已经不是一个国家，不过是女真治下的一个小地方而已。即便如此，秦桧依然接单，率文武百官以臣子之礼跪接了女真的诏书。事后才知道，这所谓的“文武百官”其实是他花钱雇来的一帮闲人而已。而赵构也很干脆，直接就按照和议条款给了女真五十万两“岁币”。

两人的配合甚是默契。

即便如此，这种僵持的局面到了绍兴九年（1139）还是被打破，战争狂人完颜宗弼耐不住寂寞，一刀砍了主持和议的完颜昌，自己完全把持了朝政，再度向南宋开战。

绍兴十年五月，女真兵分四路进犯中原，聂黎贝堇进攻山东，李成再犯河南，完颜撒离曷出兵河中（今山西永济）进陕西，完颜宗弼亲率主力坐镇中军，由黎阳（今河南浚县）攻打汴京开封。

估计就连完颜宗弼也没料到，宋军竟然是如此不禁打。还没等开战，洛阳的西京留守李利用就弃城而逃，南京留守路允迪、开封留守孟庚投降。这些人面对来犯之敌，不是思考怎样抵抗，而是选择了逃跑和投降，这让赵构情何以堪?

但是，几乎没有引起任何人注意，一支队伍正在渡江，进入战场。此人就是完颜宗弼的老熟人、在富平战役中差点将其射死的老将刘锜，带着仅有两万人的“八字军”，以哀兵之容通过水路进入了顺昌（今安徽阜阳），在此恭候完颜宗弼的到来。然而，在他出兵之前，接到赵构的手谕却是“刘锜择利班师”，意思是对女真打一下就得了，不要把他打痛了！

天底下居然还有这样的皇帝！所幸的是，刘锜并没有理会，而是按部就班地以自己的战术来打这场战役，富平一战，他已经对金兀术有了深刻的了解，就像自己右手摸左手那么了解。

刘锜进入颍昌府的这一天，是绍兴十年（1140）五月十八日，在未来很多年里，完颜宗弼都不会忘记这个日子！

即将进入六月的天气已经很热了，尤其是顺昌，天气晴朗，万里无云，硕大的太阳把这座小城烘烤得像一个火炉。就在刘锜进入颍昌府的第二天，完颜宗弼就来了，不仅他来了，关键还带了十三万女真人，把这座小城团团围住，似乎下定了不拿下此城誓不罢休的决心。

面对十三万女真精锐的包围，站在城上的刘锜却显得没有那么慌忙，他把自己的盔甲卸下放在城墙上，不时地过来试试盔甲的温度。其实，这个时候的他心里高度紧张，毕竟敌人有十几万之众，而自己的兵力对外号称两万，实际上其中一半都是随军的家属和女眷，无论敌人从哪个方向破城而入，对他来说都是灭顶之灾。所以他把所有的家属女眷也都调动起来，充分做好两个准备：一、不分男女老少全都上战场；二、随时等待一旦城破和敌人拼杀到底，绝对不能被俘！

女真人从早上开始就发起了一波一波的进攻，城里的所有人团结一心，打败了敌人一轮一轮的进攻，整个城下已经堆满了女真人的尸体，可顺昌城依然如铁板一块。临近中午，一个上午攻城无果的女真人被毒辣的太阳烘烤得昏昏欲睡，刘锜再度去试了试已经烫手的铠甲，当即就下达了进攻的命令，不过他的命令有点奇怪，让城上的守军先往城下撒了点东西，随后才打开城门，第一个冲向了完颜宗弼的中军。

完颜宗弼做梦都没想到，刘锜居然敢从城内杀出来，而且来得如此突然和果断，让他措手不及，甚至都没有看到宋军从城上倒下来的是什么东西，前面的兵就已经纷纷倒下了。

宋军士兵从城墙上倒下来的，是一堆一堆炒熟了的黄豆，那是为女真的战马精心准备的午餐。征战了一个上午的战马见了吃的自然要往上冲，可黄豆一旦落地，又变得很滑，女真士兵还没和宋军交手就已经人仰马翻。刘锜抓住战机，身先士卒杀向了敌人。

最为搞笑的是完颜宗弼，他的第一反应居然是撒腿往回跑。他可能没有想到的是，他这一跑会带来怎样的后果。几乎所有的女真人一见主帅跑了，也都跟着往后跑，前后队伍因为没有形成统一，造成了严重的踩踏。

女真跑了，可刘锜还跟在后面，宋军在刘锜的指挥下一路向前猛冲，手里的大刀像砍西瓜一样在逃跑的女真队伍中胡乱挥舞，那些跑在后面的女真兵，自然少不了挨一刀的厄运。宋军越杀越勇，死死咬住女真不放，一口气杀出几十里路方才罢休。

所谓“战神”完颜宗弼再次大败而归，极其狼狈地跑回三百里以外的开封，死都不肯出城半步。史书上形容，到达开封后的完颜宗弼已累得“呕血不止”——都跑得吐血了，可见其狼狈至极。然而，熟知历史的人都明白一个道理，女真人多是骑兵，而宋军则是以步兵为主，如果完颜宗弼真是“战神”的话，只要稍一回头便知宋军的兵力追击速度，以其绝对优势的兵力和速度再重新组织新一轮的进攻，且一举击败宋军完全不在话下，怎么可能一口气逃出去三百里呢？

唯一的解释就是，他被刘锜打怕了！

结束了吗？这才刚刚开始，哪能这么快就结束呢？因为还有一帮更凶更狠更不要命的人在等着女真！

岳飞也没闲着。

一个月后，岳飞的岳家军出现在了河南。在临出兵之前，他收到了赵构的手谕，内容和刘锜所收到的大致相同，虽然只有九个字，但信息量很大："兵不可轻动，宜且班师。"

岳飞拿着这份手谕掂量了很长时间，反复揣摩赵构的意思。可是当他进入战场后，居然忘记了还有这份手谕的存在。

闰六月中旬，岳飞手下第一大将张宪出现在了颍昌府（今河南许昌），并及时地遇到了第一波金兵。

驻扎在颍昌府的，是女真著名的汉人万户韩常，就是当年富平大战时，被刘锜射瞎了一只眼后拼死把完颜宗弼救出去的那位。一个月前女真攻打顺昌时也有他，只不过还没有露脸的机会就被刘锜打得一溃数百里，落荒而逃回了开封。此番由他亲自镇守颍昌府，铆足了劲要在此和宋军决一雌雄。

看来"皇天不负有心人"这句话不一定是个好的寓意，因为这位独眼万户等来的是张宪。不过，对于韩常而言，不管是张宪李宪王宪，这场仗都肯定要打，就看怎么个打法。

至于后来的结果嘛，却成了一个笑话。游牧民族骁勇善战在这一刻变成了传说，面对张宪，韩常能展现在所有人面前的全部气势，只是因为他的坐骑确实是宝马良驹，跑得太快了，和张宪刚一交手，韩常的马便发挥出了超常的救主功能，驮着他一口气跑到了陈州。至于颍昌府嘛，当天晚上就换了主人，城墙上的大旗中央，绣了一个大大的"岳"字。

拿下颍昌，岳家军的下一个目标是陈州。这对于徐庆和牛皋来说，简直就是张飞吃豆芽——小菜一碟，区区陈州比颍昌府还能坚固多少吗？实在太没有什么悬念了，事实也的确如此。牛皋，作为艺术形象在评书《岳飞传》里，是一个拿着金兀术当礼拜天过的活宝，但是历史中的他，却是岳家军中的一员悍将。

所谓的陈州之战，双方连仗都没打起来就已经结束了。那群被张宪从颍昌府像追野猪一样赶过来的女真人，还没来得及进城喘息一口，就在陈州城下全部被牛皋截杀。城里的守军已经被宋军的气势吓得魂飞魄散，作为女真人，他们此时才感到了自己生命的悲哀，到了这个时候，除了投降没有第二条生路。

此战唯一的漏网之鱼，便是独眼龙韩常。

开战仅过了四天，宋军就连克开封府外三座保护城中的颍昌、陈州两城。而另一座城此时也陷入了宋军的包围中。岳飞麾下的另一员大将王贵，此时已经来到了郑州城下。

女真万户长漫独化镇守于此，并且已经把队伍拉到城外，要拿出女真的传统秘籍，与岳家军展开一场势均力敌的野战。王贵听说，漫独化已在郑州城外布下了天罗地网，不歼灭岳家军誓不收兵。

王贵听了，只是冷冷一笑。他知道，这不过是女真的一句口号罢了。当口号声还没喊完的时候，战斗却已经结束了，两万女真悉数被歼，无一漏网。但是战后宋军在女真的尸体山中搜了个遍，却唯独没有找到漫独化。此人自这一刻起从人间彻底消失，没有人知道他的下落。

岳家军的勇猛已威震天下。

接下来就是著名的朱仙镇大战。《宋史·岳飞》中记载："飞进军朱仙镇，距汴京四十五里，与兀术对垒而阵，遣骁将以背嵬五百奋击，大破之，兀术遁还汴京。"这就是正史中对朱仙镇的记录，寥寥数笔，已把朱仙镇大战的惨烈如实写出。

但是，按照《宋史》中对于朱仙镇一战的记载，据宋史学家、《岳飞传》作者邓广铭先生考证结论，《宋史·岳飞传》所载岳家军最辉煌的"朱仙镇大捷"——大破"拐子马"，击溃金兀术十万大军，其实根本不存在，实属岳飞之孙岳珂杜撰，而元代脱脱等所编纂《宋史》，直接照抄了岳珂的说法。按照邓广铭先生的论点是，“岳飞和岳家军中的任何一支部队全不曾到过朱仙镇”。《宋史·岳飞传》还说，“朱仙镇大捷”后，朝廷一日之内用“十二道金牌”命岳飞班师，导致伐金大业功败垂成。这著名的“十二道金牌”之说，也已被邓广铭先生的详细考证否定。

历史，很多时候真的不知道该说什么。

1141 年，岳飞、张宪、岳云被秦桧、张俊等人罗织罪名拘押下狱，并于次年的 1 月 27 日，朝廷以“莫须有”为罪名残害而死。由此可见，秦桧所充当的，不过是赵构的一双“白手套”而已。

1162 年，在岳飞蒙冤而死后的第二十个年头，宋高宗赵构终于死了，他的养子赵昚继位，是为宋孝宗。也就是这一年，在更加遥远的北方，有一个婴儿出生。就在这个婴儿出生的当天，因为他的父亲生擒了自己的死敌，所以给这个孩子取名铁木真。

第四章

蒙古 蒙古

张天福先生曾经说过：“方言四海而皆准的是真理，传遍五洲永不衰的是茗饮。”茶，当仁不让地作为国人首选的待客之饮，但是又有多少人知道在五千年茶文明的历史进程中，因茶而起的血雨腥风，或因茶而亡的朝代更迭？从唐代茶文化的顶峰时期到宋代的极度繁华，无一不是因为茶。神奇的东方树叶给东方带来了繁荣的同时也带来了厄运。无论中国还是印度，都有过相同的经历。世界格局，仅仅因为袅袅茶香遽然改变。小小茶叶所承载的，既是文明，也有屈辱。茶叶一片，书香三分。一杯茶、一本书，我们品的不仅仅是一个个衰败的王朝，更是透过茶看到了古代茶人所经历的一个个鲜活的生命和灵魂。

——尹崇亮

从孛儿只斤氏说起

一头狼!

确切地说，那是一头孤独的狼，踯躅在漫无边际的草原，一双灰色的眼睛警惕地扫视着周围的一切。苍穹下的草原显得格外空旷，一种足以让人毛骨悚然的静，弥漫在整个草原，静得甚至能听到这只狼的喘息声，连这只狼似乎都已经感觉到，静得背后潜伏着巨大的危险。这样的场景很容易让人联想到美国 20 世纪福克斯电影的片头音乐，空旷之后所引出的惊心动魄。

就中国的历史而言，几乎每个人都能说出汉、唐、宋、明和清朝的皇帝，唯有对元朝这段历史，几乎是个空白，除了成吉思汗和忽必烈外，大概很少有人能再说出第三个皇帝的名字。

不过，无论成吉思汗到底在生前犯下了多大的恶，都难以改写他在历史上的地位。路易九世这样说："在天上，只有一个上帝；在地上，只有一个君主——成吉思汗。"而德国前总理施密特则是这样描述："类似的一体化在人类历史上只有成吉思汗的时代出现过。"美国五星上将麦克阿瑟认为："如果有关战争的记载都从历史上抹掉，只留下成吉思汗战斗情况的详细记载，且被保存得很好，那么军人仍然拥有无穷无尽的财富。那位令人惊异的领袖（成吉思汗）的成功使历史上大多数指挥官的成就黯然失色。虽然他毁灭一切，残酷无情，野蛮凶猛，但他清楚地懂得战争中种种不变的规则。”

这就是成吉思汗！

说到成吉思汗，必然要先从蒙古的起源开始说起。

蒙古人的直系祖先是和鲜卑、契丹人属同一语系的东胡部落中的柔然人。关于柔然人的来源，由于史籍记载歧异、简略，其来源的说法各有不同，有东胡、鲜卑、匈奴、塞外杂胡诸说。如《魏书·蠕蠕传》提及蠕蠕为“东胡之苗裔”“匈奴之裔”“先世源由，出于大魏”；《宋书·索虏传》《梁书·芮芮传》均认为柔然是“匈奴别种”。而《南齐书·芮芮虏传》则以为是“塞外杂胡”等。所以，蒙古人极有可能是匈奴和鲜卑等游牧民族的混血。隋唐时期，他们大多分布在契丹之北、鞑靼之西、突厥之东（洮儿河以北，东起嫩江，西至呼伦贝尔）的广大地域。曾受突厥的统治，突厥人称呼他们为达怛（鞑靼）。[1]

除此之外还有另一种说法，蒙古人的祖先其实就是古代的匈奴。据考古学家考证，匈奴是夏桀的后代。当年商汤打败了夏，俘获并囚禁了国君姒桀，但桀的几个儿子却逃走了，经世代繁衍最终形成了匈奴。如果按照这个理论延伸，匈奴就是蒙古人和突厥人的共同祖先，匈奴国是蒙古历史上的第一个朝代，这应该算是一个基本的历史常识。

不过，有关蒙古是否就是出自室韦的说法，在史学界还存在一定的争议，有学家对宋代学者洪皓所提出的蒙古出自东胡室韦这一说法表示异议，原因是室韦之地和女真只是一江之隔，而蒙古却在远隔千里之

---

1 《旧唐书》卷一百九十九下、《列传》第一百四十九：室韦者，契丹之别类也。居越河北，其国在京师东北七千里。东至黑水靺鞨，西至突厥，南接契丹，北至于海。

外的漠北，这一点在《蒙古秘史》中已经标出了蒙古人的具体生活区域：自 10 世纪时，大约是五代的后周和北宋初年的时候，蒙古人就已经生活在三河之源的布尔罕山，与室韦人相距数千里。但是这个说法也不能完全确定，毕竟这其中还有一个时间的差别，再说，无论室韦也好，蒙古也罢，他们的基本属性都是游牧民族，从这个地方到那个地方，走个几千上万里路不是个什么奇怪的事，就像当年的吐谷浑，从东北出发，整整走了一个大对角，游荡了数万里最后走到了西部。所以，蒙古人大范围的迁徙，只是属于游牧民族的生活方式而已。

正是因为游牧民族的这种游弋不定的生活方式，导致了世界人种的大变异。比如欧洲人。

千万不要以为欧洲人先天就长成今天这个模样，其实古代的突厥人最早也是属于蒙古人种，高加索的相貌只是后来才混入其中。所谓游牧民族，就是到处游荡地放牧，今年在蒙古草原放牧，过几年草场闹雪灾、鼠灾、蝗灾或其他灾难时，就可能转场去中亚草原了；再过十年中亚草原再闹灾时，可能就转场去东欧草原了。游牧民族的最大特点就是一路抢劫一路掠夺人口，可能一个突厥男人在中亚掠夺了一个波斯女人，并与其生一个混血的儿子，十几年后他混血的儿子在东欧又掠夺了一个俄罗斯女人，生个孙子就是高加索人了，结果一家人中蒙古人、欧亚混血、欧洲人就都齐了，今天欧洲人或许就是以这样的方式演变过来的。

因为没有靠谱的证据链自洽，我们只能以“蒙古出自东胡室韦”作为一个历史基准点来当作蒙古的唯一出处。唐朝贞观三年，唐将李靖奉李世民之命，率军征东突厥，突定襄破阴山，俘获突厥可汗劼利，至此，突厥归顺大唐。在这种情况下，人少力薄的室韦人和其他几个游牧部落面对强大的大唐，风头一转便称臣于强大的“李老板”了。

室韦人或蒙古人喝茶的习惯应该是跟随粟末靺鞨人学来的。据《资治通鉴》载，唐朝初期，粟末靺鞨大酋长乞乞仲象和乞四比羽拜名将刘仁轨为师，并跟随其南征北战，出生入死，最终得到真传。而恰恰就是从这个时期开始，唐朝的贵族们对煎茶饮用产生了浓厚的兴趣。包括乞乞仲象、乞四比羽和另外一名当时与薛仁贵齐名的将领李谨行等一批驻留在长安的靺鞨贵族们，或许是为了向中原人示好，也跟着汉人开始学煎茶饮茶，逐渐地让他们对这片叫作茶的树叶产生了浓厚的兴趣，并在返回驻地营州（今辽宁朝阳）时，把中原饮茶之风带回。

武则天万岁通天元年（696），因受不了营州官员赵文翙的横征暴敛，乞乞仲象与契丹可汗李尽忠、孙万荣一道起兵反唐，乞乞仲象的儿子大祚荣在松花江流域建立了“渤海国”，以茶叶作为手段，牢牢地控制了包括室韦、黑水靺鞨以及部分奚族在内的其他部落。

由乞乞仲象和他的儿子大祚荣建立起来的渤海国，依靠茶叶为掌控手段，控制住了周边部族，直到唐大和九年（835），唐文宗李昂针对茶叶大量外流至异族甚为不满，为严格控制茶叶的走私现象，下诏曰：“私鬻三犯皆三百斤，论处死；长行群旅茶虽少皆死；雇载三犯至五百斤，居舍侩保四犯至千斤者皆死；园户私鬻百斤以上杖背，三犯加重徭。”至此，才算对渤海国的茶叶有了一个明确的控制。

因为百余年来赖以生存的财路突然之间被唐朝给掐死，这使渤海国陷入了政治和经济方面的被动，终于在其立国二百一十八年后，至公元 926 年，渤海国上京龙泉府被契丹耶律阿保机所攻破，末代国王大諲撰投降，从而宣布渤海国灭亡，茶叶江山的控制权落入了契丹之手。

而室韦人就没有那么幸运了，至李隆基时代，当年被李世民所灭的突厥死灰复燃了，再度起兵作乱（史称西突厥），对毫无准备的室韦人施行了灭绝性杀戮，将曾经效力于李唐、后来附庸安禄山的室韦几乎斩尽杀绝。据说，室韦人仅仅剩下几十个人从突厥人的屠刀下侥幸逃出，向北一直跑到了外兴安岭一带，才终于逃脱了这场灭族之灾。

也正是跑出去的这几十人，最终把室韦——达怛人发扬光大了，从而诞生了一个后来影响世界、破坏力极强的支系——蒙兀室韦。

9—11 世纪，蒙兀室韦从望建河下游之东逐渐向西迁徙，到了斡难河、克鲁伦河和土剌河三河的上源一带，分成尼鲁温蒙古和迭儿列斤蒙古两大支，合称为合木黑蒙古，其中包括许多大大小小的氏族和部落。合木黑蒙古之外，当时在蒙古高原活动的，还有蔑儿乞、塔塔儿、克烈、乃蛮、斡亦剌等部。这个时候的蒙古毕竟遭遇了西突厥杀戮后才过了不到两百年的时间，尚属于一个弱势群体，再加上这些氏族部落之间内部的厮杀，对外抵御能力很差，所以不得不先后受到北方强大的契丹，以及后来崛起的黑水靺鞨——女真的统治。

铁木真这一支的孛儿只斤氏，起源大约可以追溯到唐末时代。当唐中兴时代西突厥作乱，斩尽杀绝了室韦人的时候，从屠刀下侥幸逃出来的几十个人把室韦的种子带了出来，并在天高地远的外兴安岭得到繁衍生息，繁育出了十几个弱小部落，其中的一支繁衍成为后来让全世界都闻风丧胆的乞颜·孛儿只斤氏。

至唐朝末年，曾经兴盛一时的大唐帝国因内忧外患而走向了没落，蒙兀室韦人此时已经走出了额尔古纳·昆。正当他们从辽阔的原野一直向南、向西扩展自己活动范围的时候，中国的政治形势也发生着重大变化。

公元 907 年，朱温毒死了唐朝的最后一个皇帝李柷，中国历史上曾经最为昌盛的李唐帝国从此宣告走进历史，而接下来的就是天昏地暗民不聊生的五代十国时代。

这一期间，散布在蒙古高原的各部族一直接受正在强大的契丹人的统治。而契丹控制室韦人的最有效方式，也和其他部族一样，采用中原的茶作为手段，对室韦进行严格控制。在这期间，室韦人也开始与内地的联系日益紧密，从北宋初期，他们就长途跋涉向宋高祖赵匡胤进贡了他们优质的蒙古马，并直接获得了中原朝廷的茶叶，从此打通了与中原的贸易通道。

但是此举并没有维持多久，赵匡胤时代的北宋初期，虽然与北方强大的契丹之间有所缓和，甚至一度恢复了边界贸易，但是随着赵匡胤和辽景宗耶律璟的先后死去，中原和契丹的关系再度变得剑拔弩张。北宋继任皇帝赵光义和契丹接班的耶律贤都不是什么省油的灯，双方你来我往地进行了无数次战役。两地之间战事的不断升级，不仅造成了宋朝和契丹之间的两败俱伤，更为严重的是，两地之间的战争也直接影响了包括室韦在内的其他部族的生活。

比如，边界贸易的中断。

“澶渊之盟”后，中原和契丹终于结束了长达一百多年的战争对峙，并且全面开放了边界榷场，曾经腥风血雨的边界出现了一片繁荣祥和的景象。这种和谐不仅仅有利于契丹，对女真和蒙兀室韦来说，都无疑是一个天大的利好。尤其是蒙兀室韦，因为从这个时候开始，他们不需要再受到契丹人对中原物资的严密控制，也不用再提心吊胆地冒着被辽国发现的风险，偷偷摸摸地与中原贸易往来，可以堂而皇之地进入榷场，用他们的马和奶制品，直接与中原商贩做交易，换回他们所需要的粮食、瓷器、丝织品和茶叶等物资。也就是从这个时候开始，中原茶叶大量地进入了蒙兀室韦。在这样的情况下，蒙兀室韦进入了一个空前的繁育高峰。

中国历史上的茶马交易由来已久，因为中原地区不产马，而战马又是冷兵器时代最重要的国防装备，所以，历朝历代都把马当作最重要的国防物资。比如最为名贵的马种就是汗血宝马，产自距离中原一万多里外的费尔干纳河谷，一个叫作大宛国（今乌兹别克斯坦境内）的地方。最早的茶马交易记录应该是在西汉时期，著名的伏波将军马援，为了能得到汗血宝马，曾派人带着中原的茶前往大宛国，但是，却被大宛国王把使臣给杀死。汉武帝暴怒，派出李广利前往征讨，最终获得完胜。

这是一场本不该发生的战争，虽然汉朝打败了大宛，并如愿以偿地得到了包括汗血宝马在内的优良名驹三千余匹，但是已经成为贸易史上的一个失败案例，由贸易而起，却以战争的方式结束。不过，战争虽然是一种野蛮行为，可也是解决问题的最简单方式。自大宛国战争以后，中原与游牧部落之间就开始了茶马交易，一直到后来的"五胡乱华"才告一段落。至后来的吐谷浑人与吐蕃做茶马交易，极有可能是受到了这些历史的影响。

《新唐书》和大约成书于唐代宗李豫广德年间的《封氏闻见记》中，都记录了中原与游牧部落的市茶："往年回鹘入朝，大驱名马，市茶而归。"

五代十国后期，后周高祖郭威从战略角度出发，正式把茶叶纳入了国家专控物资。至北宋初年，赵匡胤在后周关于茶叶专控的基础上，又亲自制订了茶马交易的价格标准，无论吐蕃还是契丹，全部一视同仁，天下没有第二个价，一匹马换一百斤茶，绝对不叨叨。此举不但保证了北宋初期的战马数量，而且有效地控制了茶叶的出口数量，使刚刚摆脱了战祸的北宋初期，只用了短短几年时间就逐渐恢复了国力。

随着边界交易的放开和不断扩大，特别是到了金代，大量铁器流入，促进了蒙古各部族社会、经济、文化的发展，也加强了他们对中原地区的向心力和凝聚力。在辽、金时期，蒙古高原各部族大多从事畜牧业和狩猎业，并已逐渐脱离原始氏族社会，开始进入阶级社会。

早期的游牧民族，部落贵族为了掠夺财富和奴隶，建立了自己的武装，称为“护卫军”，而护卫军与贵族则结成“那可儿”关系。“那可儿”多译为“伴当”，他们平时是主人的侍卫，战时则冲锋陷阵，极受主人信任。由于战争的需要，若干部落的贵族还往往结成联盟，推举联盟首领为“汗”。各部落的贵族首领都把通过战争掠夺财物、奴隶作为自己的天职和荣誉。因此，当时的形势是群雄争锋、逐鹿高原，进行着残酷的掠夺和屠杀。在长期的征战和兼并中，蒙古部逐渐强大起来，并占据了鄂嫩河上中游和肯特山地区。

但凡到过草原的人一定会喜欢空旷的原野上，散落的蒙古包和蒙古包上空袅袅升腾的炊烟，悠扬的马头琴，会让人体会到一种别开生面的异族风情。因为这时很容易让人联想到游牧民族的画面，闻到自然的没有尘染的空气中飘荡的野草的味道。偶尔，会有蒙古长调从牧民的喉咙里跌宕而出，像极了从远古的时空刮过的微风，遥远而悠扬。那里的人们接近原始的生活有着朴实无华的纯真，勒勒车赶着牛羊在青山碧水的大草原上游荡，就像天边一片片流动的白云，自由且随意。在茫茫无际的大草原上，策马驰骋，会让每一个人心生成吉思汗的豪迈，体会到弯弓射大雕的粗犷，感受到恍然飘过的蒙元帝国，让疲惫的身心在这里彻底地得到放松！

关于乞颜氏的渊源来历有不同的说法，一说为白狄，一说为拓跋氏，而拓跋氏即为黄帝轩辕氏的北支后裔。据考证，远古时代蒙古族人的图腾为“孛儿贴赤那”，形象示为一头苍狼，这亦极可能为孛儿只斤氏姓氏的起源。

孛儿只斤氏的始祖是孛端察儿，成吉思汗的十世祖。

根据《成吉思汗研究文集》中对孛儿只斤氏的解释，在突厥语中孛儿只斤是灰色眼睛的意思，这个解释和史料中所记载孛端察儿的形象非常接近。

孛端察儿是朵奔篾儿干和阿兰豁阿的第四个儿子，关于孛端察儿的出生来历非常可疑，因为在他来到这个世界上之前，他父亲朵奔篾儿干已经去天堂出差很多年了。在没有基因学，没有人工授精的年代里，阿兰豁阿竟然还能一口气地生了仨儿子，这也确实是一个人间奇迹。乌有公竟然真的能生出儿子来了，这事无论怎么听都会觉得不靠谱。而这个时候，朵奔篾儿干生前的几个孩子都已经长大，对这个来历不明的弟弟起了疑心。阿兰豁阿感觉到了儿子的怀疑，就主动对他们说孛端察儿的来历，阿兰豁阿说道："我知道你们怀疑这个弟弟是怎么生的，是谁的孩子。我也不怪你们。但是我想让你们知道的是，那天晚上，有一道光从天窗中照射到我帐幕里，变成了一个淡黄色的男子，来抚摸我的肚皮，后来那人又变成了一道光，从天窗中出去。所以这个弟弟是天神的儿子。"

谁也不知道阿兰豁阿当初究竟是怎么想的，竟然编出如此拙劣的故事来蒙骗孩子们的智商，不但她自己都无法信服，那几个已经长大了的孩子，怕是连标点符号都不会相信了。

这事到底是真是假谁也说不清楚，毕竟当事人早都已经死了，按照证据学的逻辑来说，基本上只要人一死就死无对证了，何况当事人已经死了上千年之久，只给那些专门研究蒙元历史的专家教授们留下了一个非常大的想象空间。

孛端察儿自幼沉默寡言，然而，他的两眼不时地流露出像狼一样狡黠和凶残的目光，直愣愣地盯着那几个经常欺负他的哥哥。而他的哥哥们都觉得他的这个样子很傻，甚至动过要除掉这个傻子的念头，但是，他们的母亲阿兰豁阿却一直在保护这个幼小的儿子，始终坚信孛端察儿将是几个儿子中最有出息的一个。阿兰豁阿死后，四个哥哥分走了所有的家产，把孛端察儿一人轰出家门，让其独自一人在广阔的草原上四处流浪，自生自灭。然而，让他们万万没有想到的是，这个言语不多貌似很傻的孛端察儿并非一只任人宰割的羊，而是一头狼，一头驰骋在草原上的狼。在母亲死后不久，孛端察儿就在草原上捕获了一只雏鹰，并将其养大，用它来获取猎物。历史从时间隧道穿越了上千年后，我们至今还在沿用“草原雄鹰”这个词来溢美蒙古人，而这只是从孛端察儿开始。

雏鹰伴随着孛端察儿一同长大。鹰给了孛端察儿一个世界，而孛端察儿则以他的智慧和强悍，抢劫了昔日家敌札儿兀惕部落的牲畜财产以及一个怀孕的女人札儿赤兀惕·阿当罕·兀良合真氏做了自己的老婆，然后迁徙到了一块渺无人烟的处女地，俘虏别族的人做他的奴隶，开始了孛儿只斤氏的早期创业。

唐朝解体以后，石敬瑭这个老浑蛋把燕云十六州割让给了契丹，包括五代十国在内，以及加上继起的两宋王朝，都不能最终统一中国，使燕云之地终成灭亡中原王朝的突破口。而与大唐王朝倒闭的同时，在北方相继出现了由游牧民族建立的政权，916 年兴起于辽河流域的契丹人建立辽国，割据北方；1125 年女真人灭辽，他们建立的金朝更是变本加厉地向南发展，占据了中国的半壁江山。

根据大量史料中所记录下的蒙古世系，孛端察儿的嫡子合必赤生子蔑年土敦，蔑年土敦生有七子，繁衍为七个部落。蔑年土敦的长子合赤曲生子海都，是成吉思汗的六世祖。海都曾征服札剌亦儿部，并借机控制邻近部落，开始扩张势力。海都的长子伯升豁儿，其子孙组成乞颜部（或写作“奇渥温”“乞牙惕”）；次子察剌孩的子孙组成泰赤乌部。伯升豁儿生子屯必乃，屯必乃之子合不勒，是成吉思汗的曾祖父。合不勒逐渐统治了全体蒙古（合木黑蒙古），从而成为蒙古部第一个称汗的首领。合不勒汗所属的乞颜氏，由于子孙繁衍，又有许多分支，成吉思汗所属的孛儿只斤氏便称为乞颜·孛儿只斤氏。当时蒙古部中力量最强大的是乞颜氏及其同族泰赤乌氏。

让蒙古快速崛起的，是女真。

崛起后的女真灭了辽国并非终极目标，反过来又大举进攻大宋。此举让合不勒看得目瞪口呆，他压根就不曾想到，女真为了争夺中原的茶叶控制权，竟然不惜一切代价向中原发起了猛烈攻势，而对其他部族放松了警惕。已经被奴役了数百年之久的蒙古终于抓住了这千载难逢的好时机，在合不勒的领导下，快速得以统一。

成吉思汗的曾祖父合不勒汗统治了蒙古部族，他的英名一直传到金朝皇帝那里。据《大金国志》记载，金熙宗曾召他来朝见。在宴会上，合不勒汗为防止食物有毒，常走出去把吃下去的东西吐出来，然后回来继续吃喝。金朝君臣大为吃惊。席间，合不勒汗假装喝醉，当场手舞足蹈，甚至坐到金熙宗的跟前，动手去揪他的胡子。此举金熙宗非但没有怪罪他，反而赏赐他许多金玉衣物。待合不勒汗走后，大臣对金熙宗说：这人放回去，必将成为金国的大患！

胆大妄为的合不勒略施小计不仅骗过了金熙宗，而且还顺手偷走了茶叶，这一下可算是要了他的亲命了。金国皇帝气得暴跳如雷，立刻派兵前往追赶。哪里想到合不勒一不做二不休，干脆把前来征讨的金兵也一下子都给收拾了，从此和金国的臣属关系做了个彻底的了断。

《大金国志》载：金熙宗完颜亶在天会十五年（1135）派出大将胡沙虎征讨蒙古，却因“粮尽而返”。一看金兵退了，合不勒汗也不含糊，带着队伍奋起追击，将金兵“大败其众于海岭”。

“海岭”这个地方究竟在哪里呢？史料没有明确的记载，估计十有八九是今天的海拉尔山区。凶猫岂能让老鼠调戏？金国实在咽不下这口气，可是他的精力都用在了全面进攻中原，面对已经强大了的蒙古也确实没什么好主意，于是就采用“狗咬狗”的计谋，挑拨塔塔儿部进攻蒙古。

如此彪悍勇猛的蒙古人，在历史上为什么一直备受辽金的统治和奴役呢？除去他们内部的不团结而导致自相残杀的因素外，还有更重要的一个原因。一直延续到今天，我们只要稍加留意一下蒙古人的饮食结构，就能得到一个比较准确的答案：茶！

这个时候的蒙古人已经嗜茶成瘾了。和其他游牧民族一样，他们的主要饮食离不开肉和奶制品，所以需要食用大量的茶叶来帮助消化。蒙古人做茶时，先用工具将茶砖切下一小块，再用碾子将茶碾成碎末，把这些碾碎了的茶末放进容器中蒸煮，并适量添加一些盐和其他香料，以此提高茶叶的味道。之后在另外的容器中，煮开牛奶或羊奶，把茶汤倒入，再加青稞面和大块的牛油。经再度煮开后，配上牛羊肉，这就成为他们的主要食物。

当时的蒙古高原除蒙古部外，还生活着很多部落，塔塔儿部就是其中之一。而塔塔儿部是一个强盛的部落，他们以好动刀子著称，天性中充满了仇恨、愤怒和嫉妒。

大约也就在这个时候，合不勒的舅子赛因的斤患病，请来了很有名的塔塔儿部的巫师，前来用巫术给他治病。对于信奉萨满教的蒙古人而言，巫师是一个非常崇高的职业，因为他们的拿手绝活除了能祈求风雨外，还有就是能给人治病。

用今天的解读，其实很简单，并不是巫师会治病，而是他们手里掌握了一种东西，通过他们所念的一番人鬼均听不懂的咒语后，取一碗水，同时快速地将手里的一点东西加入水中摇匀，然后给病人灌下，让人快速地解脱病痛的折磨。说来神奇，只需很短的时间，病人立刻就好。

关键问题是这个东西只有巫师自己手里才有，这个能治各种“疑难杂症”的灵丹妙药，后来才知道其实就是鸦片。

鸦片，俗称大烟，是罂粟的提取物。

关于罂粟，最早究竟是从哪里起源？这一问题一直困扰了学界很多年，因为没有文字的记载，于是就有了各种各样的猜想，有的说是欧洲西或南部，有的说是亚洲西部美索不达米亚地区至地中海沿岸，还有的说是中国云南地区，总之，什么样的说法都有。不过，据《上瘾五百年》中记述，马克·戴维·默林的研究结果表明，在公元前一千六百多年前，也就是中国远古的商周时代，由居住在瑞士一带的人发现了罂粟，而最有可能的传播途径是从中欧到达地中海中部，再分布到亚洲地区。

人类最早发现罂粟的时候，主要是因为其籽可用来食用和榨油，至于从罂粟中发现药用和刺激作用，却已经到很晚以后了。据说，耶稣受难时，罗马的监刑官曾授意士兵向已被钉在十字架上的耶稣口中强行灌入一种调制了鸦片的“调和苦酒”，但是却遭到了耶稣的拒绝。

鸦片最早进入中国，大约是唐贞观时期，起初是由阿拉伯商人带入。但是这玩意儿进入中原后，并没有引起人们多大的兴趣。一直到唐中期，特别是唐朝与阿拉伯之间那场著名的怛罗斯战役，因为服用了鸦片的黑衣大食军队，以极强的战斗力，在阿拉伯腹地以二十万之众击溃了唐代名将高仙芝的两万精兵。此战奠定了新兴的伊斯兰在世界上的位置，同时也是唐朝由兴盛走向衰落的一个重要转折点。

战后，随唐军出征的游牧部落军队从穆斯林俘虏的行囊中发现了一种神秘的东西，服用以后会让人兴奋不已，这东西便是鸦片。因为游牧民族没有文字记载，谁也无法确切地知道，鸦片究竟是通过何种方式流入了信奉萨满教的游牧民族手中，并成为一小部分人的专控物品。

这一小部分人就是在各部落颇为吃香的职业：巫师。

如果说此前的巫师只是靠着念咒跳神或者至后来进化到焚烧个纸钱等巫术就能为本部族人们祈求幸福安康的话，未免过于单薄，缺少说服力；但是自从手里掌握了如此能够给人们治病消灾的神妙“法器”，结果就完全不同了，于是巫师的地位也就随之提高，变得更加神圣。

估计塔塔儿部的巫师和以往一样，念完了咒语后照例给赛因的斤灌上了一碗“神水”，可是，也不知是巫师故意在“神水”中放多了罂粟，还是这舅子命该如此，竟然在巫师念诵咒语的时候，突然就死了。

两个部落之间的关系本来就不怎么和睦，如今又在众目睽睽之下死了人，这下合不勒不干了，当场拔出腰刀，一刀就把那个巫师给送到西天陪他舅子去了。由此，塔塔儿部与乞颜彻底结下了梁子，并发出毒誓，不灭合不勒决不罢休。但是塔塔儿部也很清楚，要灭掉合不勒并不是一件容易的事，一来人家现在已经做好了防范，现在贸然杀进去除了找死没有第二条路；二来现在的合不勒部势力很大，士气正旺，想要下手绝非那么简单。

然而，让两方都没想到的是，这件事却让女真给钻了个空子利用了。就在塔塔儿和合不勒剑拔弩张互相对峙的时候，女真的使臣来到了塔塔儿的酋长大营，如此这般地煽风点火挑起了事端。四肢发达头脑简单的塔塔儿部本来就因为巫师被杀而窝了一肚子火，再经女真人这么一挑拨，更是怒火冲天，连想都不想地就向合不勒开战。

一场腥风血雨较量后，强大的塔塔儿部并没占着什么便宜，便想尽一切办法与女真搞好关系，不择手段地要把蒙古部给灭掉。合不勒汗死后，泰赤乌部的俺巴孩继承汗位。

俺巴孩还抱有一丝幻想，希望通过联姻的方式与塔塔儿部结束敌对。可让他没想到的是，他的一番美意却被对方给利用了，就在他亲自送女儿出嫁到塔塔儿部时，塔塔儿人背信弃义捉住他，转手就把他交给了金国皇帝。结果，俺巴孩当天就被女真残酷地钉死在“木驴”上。

孛儿只斤氏从这个时候与塔塔儿和女真成了不共戴天的死敌！

一代天骄是这样出世的

孛儿只斤氏与女真成为死敌的原因，不仅仅是因为他们与塔塔儿勾结，以残忍的方式杀了俺巴孩汗，还因为他们有更加残暴的行径。

契丹的统治时期，无论对女真人还是蒙古人，只不过是用刁蛮欺诈的方式来对待。但是女真人对蒙古人却不一样，为了达到控制蒙古人的目的，他们几乎每过三五年就要来一次彻底的杀戮，凡是个头比车轮高的男人一律杀掉，比车轮矮的，统统砍掉拇指，这样的做法就是为了让他们彻底失去战斗力，即便这些孩子长大了，也无法用手去拿武器。而对于女人则是另外一种方式，差不多一半以上年满十四五岁的女孩，都要被女真人带到女真，长相好的就分给贵族做性奴，普通的只有去做奴隶，如果谁敢说不去，直接杀死！

这才是蒙古人痛恨女真的主要原因。对于所有的蒙古人而言，他们把这个仇恨深深地埋在心里，等着复仇的那一天。你今天有伤害我的能力，但是你记住，我有让你后悔的实力！

而对于女真人来说，他们永远不会明白一个道理：残酷的杀戮仅仅是为了短时期的太平和安全，而埋下的却是灭族的仇恨。不明白自己怎么活，就不会明白自己将来怎么死。很多人一生都搞不明白这其中的因果关系，比如女真。他们的恶行所带来的后果就是，遭到了蒙古灭种的报复。

从铁木真出生之日起，便是女真噩梦的开始。

真正成就孛儿只斤·铁木真一代霸业的，是他的父亲奇渥温·也速该把阿秃儿。

“把阿秃儿”是一个光荣的称号，又叫作“巴特尔”，蒙语中的意思为“勇士”。这个称号只有在战场上英勇战斗、屡立战功的人才有可能获得，成吉思汗的爷爷把儿坛也拥有“把阿秃儿”的称号。

比如出生在内蒙古杭锦旗的当代著名篮球运动员，就叫作蒙克·巴特尔。

1161 年秋，蒙古乞颜部首领也速该在斡难河畔打猎，发现了途经蒙古部驻地的弘吉剌氏·诃额仑，原是斡勒忽讷兀惕部的美女。而这个时候的诃额仑刚刚和蔑儿乞人首领的弟弟赤列都新婚不久，也速该一见倾心，当即就被诃额仑的美貌打动，竟然得了相思病。在他几位兄弟的协助下，根据当时的“抢亲”传统，打败了蔑儿乞人，抢来了诃额仑夫人，于是诃额仑成为也速该的妻子。

这事说起来也太不靠谱了，虽然蒙古人有抢亲传统，但那指的是去抢那些尚未出嫁的姑娘，而不是在众目睽睽之下抢夺别人的老婆。这也恰恰应验了中国的那句谚语，所谓仇恨，便是“杀父之仇，夺妻之恨”。可能也就是这个原因吧，十年之后，也速该为自己这一次鲁莽行为付出了生命的代价，也为日后铁木真遭受到蔑儿乞人同样方式的复仇埋下了祸根。

第二年，即 1162 年，也速该生擒塔塔儿部首领铁木真兀格，恰好这时诃额仑生下了第一个儿子。为了庆祝战争的胜利，也速该给自己刚出生的长子取名“铁木真”。

从历史的角度说来，1162 年是个大年，南方偏安于临安的宋朝孝宗皇帝赵眘登基，从而宣告了赵构时代的结束。

公元 976 年 11 月 14 日，宋朝开国皇帝赵匡胤在诡异的“烛影斧声”中离奇地驾崩以后，大宋的江山就和他这一脉没有了半毛钱的关系，而是偏移到了他弟弟赵光义那一支。白云苍狗，世事无常，轮回一说，无需千年。赵光义的子孙血脉在统治了一百八十六年、历经了十二任多舛皇帝的大宋江山后，宋朝的皇位才又重新回到赵匡胤这一脉上。

赵眘——赵匡胤的第七世孙，赵德芳的第六代嫡出后代。

假设当年赵匡胤死了以后，宋朝江山正常传承给赵德昭或赵德芳的话，历史的脚本又会走向哪里呢？至少有一点可以肯定，赵德昭和赵德芳不会年纪轻轻就稀里糊涂死去。然而，历史只是一条单行道，没有假设可言，再回过头来重叙这段历史已经毫无意义。

而远在北方的蒙古草原上，孛儿只斤 · 铁木真出世。

5 月 31 日，远在北方披着兽皮正在和塔塔儿人鏖战的孛儿只斤 · 也速该生擒并手刃了他的宿敌铁木真兀格，几乎与此同时，他老婆在家里给他生了一个男娃，也速该大喜过望，毫不犹豫地就给这个娃取了个名字，叫铁木真，以纪念他手刃铁木真兀格。

但凡伟人或名人降生，都有一个俗不可耐的传说，不是金龙绕屋，就是祥云满堂，铁木真也脱不了这个俗套。

关于铁木真的生辰时间，迄今为止一直都是专家教授们争论不休的一个焦点，原因很简单，那个时候的蒙古还没有出现文字，人们尚在刀耕火种的广袤田野里依靠放牧和狩猎为生，一个人出生或死去，对于这些信奉萨满教的原始部族的人来说，是一件太过于平常的事了，又有谁能把这个日子记录得如此清晰呢？何况，游牧民族在那个时代并没有公元纪年，而中国的农历并不准确，又是谁把日期计算得如此精准？

不管怎么说，这个日子毕竟在历史上曾经存在过，至于史学家们喋喋不休的争论，反正谁也没有更加有力的佐证能够支持历史的真相，所以，我们也只能假定就是这个日子。

在铁木真来到这个世界之前的十三年，也就是公元1149年，孛儿只斤氏的死敌、以残酷手段处死俺巴孩汗的女真皇帝完颜亶，胆战心惊、小心翼翼而憋屈地在皇位上坐了十四年，终于在三十岁那一年熬死了实际掌控皇权的四太子完颜宗弼，堂而皇之地当上了皇帝。

自由的感觉简直太好了，失去了约束力的完颜亶不用再像以前那样，提心吊胆地看着金兀术的脸色，可以由着自己的性子来，无论看谁不顺眼，都可以直接拖出去砍了，什么皇叔皇弟皇侄皇兄，随便找个理由就可以让他们来生再见。至于那么多的皇嫂皇弟妹嘛，那都是尤物，绝不能杀，一律送到后宫自个享用。

不过这样随心所欲的日子并不长久，完颜亶肆无忌惮的杀戮最终引起了众怒，仅过了一年，金熙宗九年（1149）十二月九日深夜，二十七岁的完颜亮神不知鬼不觉地策动了一场宫廷政变，由驸马唐古辩和贴身侍卫大兴国联手，把完颜亶杀死在床上，更加残暴的完颜亮走到了前台。

看过明朝冯梦龙小说的朋友可能都有印象，其中有一篇叫作《金海陵王纵欲身亡》的文章几乎被通篇删掉，由此可见至死都没有封号的完颜亮生活是多么糜烂。史书上记载的完颜亮其人，是一个汉文学能力极强的君王，出口能成章，随地可对赋，但是只要看看他的所作所为，就真的不敢恭维了。

如果说完颜亶在位，视杀人为一种病态的话，那么完颜亮则是变态，而且变态到了极致。他上台之初，就是变本加厉地用鲜血来冲洗整个皇室，以极其变态的方式，几乎把完颜氏斩尽杀绝——完颜阿骨打一脉几近灭绝，将他们的女人全部纳入自己的后宫，仅有完颜阿骨打三子完颜宗辅的儿子完颜雍算是一条漏网之鱼，虽然完颜雍没有招来杀身之祸，可忍受了极大的侮辱被踢出了皇宫，在冰天雪地的极北地区站岗放哨。至于完颜吴乞买的后人，排名不分前后，无论大小老少一个不留，全部成了完颜亮的刀下之鬼。完颜吴乞买一族从此彻底灭绝。

不过，完颜亮的下场也不咋的。这位自诩受教于汉文化很深，能吟诗诵曲的新科皇帝，也许压根就没有想到死鱼也能翻身的道理。十二年后，从他刀下侥幸捡了一条命的完颜雍，经过了十多年的能量积攒后，自己感觉机会已到，于是趁完颜亮南征之际，再次发动宫廷政变。在铁木真出生前一年的 1161 年，完颜雍亲自下达密令，由亲信大将耶律原宜将完颜亮就地斩杀。

这一天是 12 月 15 日。

从此，女真在完颜雍的治理下，进入了一个和平发展时期，无论蒙古还是中原，都暂时摆脱了女真肆意践踏的威胁。

虽然暂时没有了外来的威胁，但是蒙古高原上各部落之间的自相残杀并没有结束，塔塔儿、泰赤乌、蔑儿乞、乃蛮、克烈、汪古部、以尼伦和迭列斤八大部落战火不断。其中最为强悍的依然是塔塔儿部，乞颜部虽然有也速该这样的“把阿秃儿”，但毕竟自身的势力还小，构不成很大的威胁。

乞颜部和塔塔儿部的仇恨，因俺巴孩汗被塔塔儿部出卖给女真而建立，且从没结束过，两部落之间的战争也从没有停止，前前后后经历了近百次的战斗，每次战役都异常惨烈，仇恨也越埋越深。

在铁木真八岁那一年，他的父亲也速该犯了和俺巴孩同样的错误，在外出往回走的路上，遇到了他的宿敌塔塔儿人正围在一起喝酒。

如果也速该这时选择迅速离开，也许就平安无事了。但是，塔塔儿人似乎表现得很友善，既没有动刀也没有拔矛，而是热情地招呼也速该下马，和他们一起饮酒唱歌。

谁也不知道也速该当时是怎么想的，但凡略有心计的人首先会本能地考虑到一个问题，世代仇敌突然变得如此友善，其中是否有诈？但是，也速该却相信了他们，接过了塔塔儿人递来的酒碗，一饮而尽。

但是他不知道的是，塔塔儿人在那碗酒里下了剧毒！

历史过去了几百年后，很多史家都在探讨这个问题，到底是什么原因促使也速该下马，是他过于自信，还是想表现出自己的宽宏大度？

当也速该挣扎着跑回自己家的时候，仅剩下了最后一口气，等他把后事都安顿好，然后就离开了人世。他身后留下的两房妻子诃额仑、术赤吉勒以及七个孩子，其中长子铁木真年仅八岁，其余的几个孩子合撒儿、合赤温、帖木格、别克帖儿、别勒古台以及女儿帖木伦，大约也都是幼儿园小班的年龄。

一个失去了男人的家庭，存活的艰难可想而知。即便如此，一家人还需夹起尾巴低调做人，以免招来杀身之祸——他们毕竟是前可汗的家人，谁也说不清楚继任者会不会将他们赶尽杀绝。

有道是“是福不是祸，是祸躲不过”，尽管铁木真一家把自己隐藏得很深，可还是引来了麻烦，那些生怕他长大以后要觊觎蒙古汗位的人如期而至。要将铁木真一家置于死地的不是别人，而是自家的至亲——俺巴孩汗的孙子、泰赤兀部的塔里忽台。为了能顺利获取汗位，塔里忽台兴风作浪，并煽动蒙古部众抛弃铁木真母子，使其一家从部落首领的地位一下子跌入苦难的深渊。走投无路的铁木真只好带着全家老小逃进了深山。

进了山后铁木真才知道，这是一座寸毛不生的荒山，不要说吃的，连住的地方都没有，就这样一待就是九天。九天后，铁木真一个人从山里出来，面无惧色地向追捕他的人走去，但是他提出了一个条件，要求塔里忽台只杀他一人，放过他一家。

铁木真被带回了营地戴上了重枷，等待他的命运，将是在月圆之夜被拉出去砍掉头颅。但是他并没有因此消沉，而是在默默地等待机会。直到有天深夜，看管他的守卫昏昏欲睡，他悄悄地站起来，用枷锁将守卫打昏，然后不慌不忙地打开铁枷逃了出去。

逃出去的铁木真带着全家离开了原来的驻地，另外找了一处牧场，开始了一段新的生活。此时已到婚娶年龄的他忘不了和他早年订下婚约的孛儿帖，但是自己已经落魄到如此境地，孛儿帖还能接受他吗?

成年之后的铁木真继承了孛儿只斤氏的优良血统，长得人高马大。按照史料上的记载，如果采用今天的尺寸来量他身高的话，应该是将近一米九的魁梧身材，算得上仪表堂堂的人物了。手中所使用的武器是苏鲁锭，也就是古兵器中的枪，有万夫不敌的勇猛彪悍。

铁木真带着疑虑来到了翁吉拉部，令他意外的是，孛儿帖依然还在等他，不仅继续了婚约，还送上了一大笔嫁妆!

然而，命运多舛的铁木真，沉浸在这突如其来的幸福中还没完全苏醒，他的甜蜜生活刚刚开始之际，厄运便接踵而至，另一个仇人蔑儿乞人居然抢走了他的新娘孛儿帖，还有他的庶母术赤吉勒!

抢别人的新娘，并不是蔑儿乞人的发明，比如铁木真的父亲也速该，当年就是和几个兄弟一起，动手抢了蔑儿乞人的新娘诃额仑。按说这事没有什么可愤怒的，礼尚往来嘛!

但是铁木真怒了，而且是暴怒，他发下毒誓，无论如何也要把新娘从蔑儿乞人手里再抢回来。于是，他专程前往拜见当年也速该的安答（结拜兄弟）克烈部王罕和自己的安答札达兰部札木合，请求他们帮忙。

王罕和札木合没有让铁木真失望，他们联手攻打了蔑儿乞部，不仅给他抢回了孛儿帖，还分给了他一大块战利品。然而，面对失而复得的新娘，铁木真却高兴不起来，因为在回归的路上，孛儿帖生下了第一个孩子。铁木真无言以对，甚至在未来的很多年中，他对这个孩子始终另眼相待，而这个孩子长大以后，也再也没有回过头，甚至连成吉思汗死的时候，他也没有回来。原因很简单，他比铁木真早死了两年。

因为铁木真给这个孩子取名叫作术赤。在蒙古语中，“术赤”的意思是客人。

此时尚未成为成吉思汗的铁木真、寄居在札达兰部的铁木真唯一能做到的，首先就是要保全自己，因为保全了自己才能保护好家人，这个道理他比谁都明白，毕竟这是在人家的地盘上，纵使有万般能耐，也轮不到自己说话的份。所以，他把自己隐藏得很深，对他的安达札木合，除了心存感激之外，还要保持警觉，唯恐自己的言行引起猜疑。

就这样，铁木真不动声色地在札达兰扎下了根，一直到 1189 年前后，札达兰部按例迁徙，铁木真才神不知鬼不觉地动了手脚。游牧部落的迁徙是一件很正常的事，这个地方的草没了，就要换另一个地方，任何人都不会把迁徙当成意外。但是这次迁徙却完全不同。

作为部族首领，札木合自然是走在了迁徙队伍的最前面，可是他连做梦都想不到的是，这支队伍居然在他眼皮下面走成了两岔，以铁木真为首的这一支人马带着也速该原来的部属和孛儿只斤氏的近亲，走向了完全相反的另一条路，来到了一块天更蓝草更绿的草原深处，在那里，铁木真宣布自己为“汗”。

但愿史料上所记载的这个时间没有错误，因为就在铁木真称汗的 1189 年，女真皇帝完颜雍死了。从 1161 年弑杀了荒淫无度的海陵王完颜亮后，二十八年的时光中，完颜雍就一直在女真推行一套温和的理政政策，不但把完颜亮两次迁都和南征所耗费的钱财又积攒下来，就连周边的南宋和蒙古以及西北的党项也都得以消停。和平有的时候就是这么简单。

也恰恰因为这二十八年，蒙古这根荒原上的枯草幸运地存活下来，给了二十七岁的铁木真走出草原奔向世界的时间。

但是，铁木真刚刚登上汗位的初期，并非那么顺利。那些跟着他从札达兰走出来的人并不是百分之百地服从于他，其中就包括他父亲也速该生前的那些手下，号称“英雄中的英雄”主儿勤族那些士兵。

早在也速该的时期，主儿勤族士兵在蒙古军中有一个算一个，个个骁勇善战，战功卓著，二十八年前也速该之所以能打败塔塔儿人，活捉首领铁木真兀格，依靠的就是主儿勤族的勇猛。虽然主儿勤族作战勇猛，但是他们的血统太低，无论什么情况下，都只能是战士，永远成不了贵族。

这样一群人一旦叛乱，其后果可以想象，这也是让铁木真感到非常头疼的一件事。但是，还有一个更大的危机，甚至可以说是灭顶之灾，已经悄悄地降临到了铁木真的眼前。

彼时，铁木真这个所谓的“汗”位，不过是继承了孛儿只斤氏的一个“荣誉称号”而已，既没有自己的势力，也没有自己的地盘，甚至连一个属于自己的亲信都没有。而且外有强敌，内有忧患，来自四面八方的危机，随时都有可能把这个“汗”给剿灭，就像一株盛开的昙花，呈现的不过是一时之美。

比如札木合。

按照普通人的心理，任何人对于背叛都是一件不可原谅的事，札木合也是这样考虑的。自己非常信任的兄弟铁木真竟然在自己的眼皮底下挖墙脚，这样的背叛让他深恶痛绝，于是他决定要联合泰赤乌、朵儿边、合答斤、撒勒只兀惕、塔塔儿等部，各出兵三万，集各部之全力，分成十三路对铁木真发起围剿，要一鼓作气把铁木真彻底消灭在摇篮中。

这将是一场毫无悬念的战争，面对气势汹汹的强敌，就连三岁的孩子都能看得出，铁木真这回必死无疑，没有任何理由还能让他继续活下去。

而此时的铁木真已经感觉到了巨大的压力，别说十三路强敌，就是随便派出其中的哪一路，也能把自己这一绺子人马给灭三个来回。他也明白自己目前所处的境地，甚至已经做好了必死的准备，带着悲壮的情绪，准备集结所有力量，以破釜沉舟的心态，迎战数倍甚至数十倍于己的强大敌人。

主儿勤族自然要被安排到最前方——这是他们最愿意做的事。同时也是铁木真化解内部矛盾所使用的最简单也最危险的一招——所有的战利品都由主儿勤族自主分配！

然而就在这个生死关头，历史居然拐弯了！

蒙力克，也速该生前的贴身护卫，也速该死后，他担负起照顾这一家人的使命，并成为遗孀诃额仑的男朋友，即铁木真的后父，被铁木真兄妹称为“蒙力克·额赤格”，蒙古语的意思为蒙力克父亲。

也速该被塔塔儿人毒死的时候，身边只有蒙力克一个人。蒙力克也是尽了最大的能力，以最快的速度把也速该送回了家，让他在最后一刻和家人见了面，也速该请求蒙力克，一定要照顾好一家老小。

也速该死后，原来的追随者见大势已去，也都纷纷离去。蒙力克的父亲察剌合老人为阻止泰赤乌人离开，竟然被野蛮的脱端火儿真当着铁木真的面杀死。后来，蒙力克迫于生计，只好转投了札木合，默默地在背后支持铁木真。

当蒙力克听说札木合要出兵围剿铁木真的时候，义无反顾地带着自己的七个儿子离开了札达兰部，再次投奔了铁木真。

蒙力克的回归让铁木真喜出望外，因为他知道，自己的主心骨回来了。而这其中更重要的，是蒙力克的儿子阔阔出，他是当时蒙古各部落中的大萨满巫师，可利用他的身份在参战的各部中散布一些能帮助铁木真摆脱困境的谣言。由此可见蒙力克在这一非常时期回来的重要性。

蒙力克给铁木真的第一个计策就是率领全体族人马上离开草原，转移到斡难河哲列捏山峡，借助天险据守于此，而不是与札木合以硬碰硬。

斡难河，今天已经改称为鄂嫩河，属黑龙江流域的一个分支，发源于蒙古小肯特山东麓，流经蒙古俄罗斯，与音果达河并入石勒喀河，再一直往东汇入黑龙江，为黑龙江的上游之一水系。而哲列捏山峡就在鄂嫩河岸旁边，这里的地势非常险要，三面都是在鄂嫩河环绕下的悬崖绝壁，只有一处出口，易守难攻，所以此处又被称为“哲列绝地”。

铁木真听从了蒙力克的建议，决定要把所有人转移到哲列绝地。但是这个号令刚一发出，当即就遭到了主儿勤族的强烈反对。一根筋的主儿勤族士兵反对的原因在于，铁木真已经答应了他们；战利品全部由他们处置，而现在却又出尔反尔，这让他们淳朴至极的脑子无论如何也不能接受。

于是，铁木真就根据主儿勤族好战的习性，名义上安排他们去直接与札木合厮杀，并承诺所有战利品依然归他们，而实际上则是利用他们与敌人战斗的时候，给全乞颜族人争取了转移的时间。

铁木真一旦进入哲列绝地，就如回归了山林的老虎，札木合想再剿灭他的可能性已经不存在了。但是，所有的战争都需要成本，在长时间围堵无果的基础上，萨满巫师阔阔出的作用在此时得到了充分的发挥。于是，各部落长出现了厌战情绪，除了主动退出之外，更要命的是整天围着札木合讨要费用。由于打了一场毫无意义的战争，再加上各部落长的追债，札木合气得心烦意乱，竟然将那些自己看着不顺眼的人全都丢进了大锅里给煮了。

如此恶行，让很多人对札木合失去了信任，纷纷转投铁木真，其中包括在后来的各战争中立下了赫赫战功的术赤台、畏答儿、晃豁坛、速乐都思，也就是后来大名鼎鼎的蒙古四骏之一的赤老温，都在这个时候投靠过来。

铁木真以极大的胸怀接纳了他们，并且委以重任。更加重要的是，他利用这个机会，与漠北草原最强大的克烈部头领王罕结为同盟。铁木真与王罕结盟很好理解，因为也速该与王罕为结拜兄弟，而铁木真也始终对王罕以父相待，所以王罕很容易接受铁木真。

接纳了原札木合旧部，再与克烈部结盟，使铁木真的势力迅速与札木合拉开了距离，这成为铁木真一生征战的一个最重要的转折点。仅以一次小小的失败，便换来了他在蒙古各部中地位的建立和巩固，这就是铁木真的过人之处。但是，如果从这个时候起就正式宣告他要称霸整个欧亚大陆，还为时过早。

因为蒙古的真正崛起，距离这个时间在七年以后。

出击女真

七年后。

《金史》所载为金承安元年（1196）二月，铁木真终于抓住了一次不是机会的机会，他的死敌、一向与女真关系密切的塔塔儿突然与女真反目成仇，在边界附近，对女真大肆烧杀抢掠。

塔塔儿人的恶行引起了女真皇室的重视，为了阻止其暴行的继续蔓延，女真皇帝完颜麻达葛（汉名完颜璟）于金明昌六年（1195）十月，派出尚书右丞相完颜襄为统帅，统领十五万大军前往剿灭。

完颜襄率军队进入大漠后，很快就发现，要在茫茫大漠中对行踪比兔子还快的塔塔儿人发起有效进攻，是一件很难的事情。塔塔儿人依仗着熟悉的地形，神出鬼没忽左忽右地出没于大漠深处，并时不时地对女真大军发起攻击，直接打击了女真军队的士气。

这让完颜襄大伤脑筋，面对如流寇一般的鞑靼人，他的军队毫无用武之地。但是完颜襄通过了解，发现当地的乞颜部与塔塔儿部有着渊源很深的仇恨，于是决定通过招募的方式，让铁木真出兵去帮助自己消灭敌人。

与女真同样有着血海深仇的乞颜部，几乎没有一个人同意这次出征，但唯独铁木真除外。是他忘记了女真的血海深仇吗？肯定不是，他需要的是机会。

铁木真经过认真考虑之后，决定接受完颜襄的请求，并与最强大的克烈部汗王罕取得联系，双方联合出兵，对塔塔儿部发起攻击。

这样的对决很快就有了结果，面对强大的乞颜和克烈联军，塔塔儿人溃不成军、四处逃窜，没有第二条路可选。对铁木真而言，这场战役几乎没有费什么力气就取得了胜利，除了获得了女真的赏赐，他的最成功之处莫过于在战场上真刀真枪地锻炼了自己的军队。

1206 年，铁木真灭掉了塔塔儿后，又相继打败了他的昔日盟友王罕、札木合，终于成为漠北最强大的部族。这一年，他在斡难河的源头召开了各部落首领大会，正式宣布自己为汗。历史从这一时刻开始，正式进入了成吉思汗时代！

虽然都是汗，但这个汗与往日的那个汗已经完全不同。他给自己起了一个名字，叫作成吉思。而蒙古语中“成吉思”的意思是大海。一个没见过海的汗，却要成为海，仅此一点就足以看出他的魄力。

虽然这时的蒙古已经成为漠北的最大势力，但是并没有实现完整和统一，因为还有一个很大的障碍横亘在成吉思汗的面前：乃蛮部，又称奈曼。

尽管乃蛮部也是蒙古高原的游牧部落，但是和蒙古的各部族有着很大的区别。无论克烈部、札达兰部，还是乞颜部、泰赤乌部等部落，他们的生活除了吃饭放牧以外，就是打打杀杀，如果没有语言上的统一，和原始野人没有什么根本的区别。但是乃蛮部却不一样，他们不但有自己的文化，而且有一整套完整的政府机构，甚至还有自己创立的象形文字，已经进化为半文明状态。说得再明白一些，他们和蒙古人就不是一个种族。

没有人知道乃蛮部究竟是什么时候从什么地方迁徙到蒙古高原的，

史学家的研究表明，乃蛮部从11世纪起，就居住在蒙古高原西部，牧地在阿尔泰的南面，北面与斡亦剌（瓦剌）接壤，西面边界为回鹘，使用畏兀儿文字，说突厥语族语言，属中亚乌古斯人种，首领为太阳汗拜不花。《辽史》和《金史》分别将其称为“粘八葛”和“粘拔恩”。

但是，成吉思汗还有一个敌人，此时也投奔了乃蛮部，这就是蔑儿乞惕部。蔑儿乞惕是一个极其好战的部族，生性强悍凶残，属蒙古的五大兀鲁思之一，在辽、金战争之际开始发展壮大，12世纪下半叶，驻牧于今鄂尔浑河、色楞格河流域下游一带，是当时漠北的强部之一。虽然经历过成吉思汗的打击，可是仍然有四支很强悍的部落：兀洼思、麦古丹、脱脱怜、察浑，此时都混迹在乃蛮部中。

1204年，尚未成为成吉思汗的铁木真，为了追讨札木合，强势击溃了乃蛮部，并当场射杀部族首领太阳汗，但是拜不花的儿子屈出律却侥幸逃脱，成功越过了金山（今阿勒泰山），逃往乌古斯叶护国，投奔其叔不亦鲁黑汗，伺机东山再起。

关于屈出律，他的故事和他的生命还很长，尚须慢慢叙述。

而铁木真在追击屈出律的时候，曾经进入了一个陌生的国度，并对这个国家产生了浓厚的“兴趣”。

这个国家就是党项。

已经很久没有提到过党项了。自从女真进犯中原，完颜宗弼将大散关一线紧锁以后，党项就和中原王朝彻底没有了关系。不仅没有了关系，就连党项赖以生存的财富来源——西部商道，党项人也只能望洋兴叹。虽然已经重新开通，但是他们绝对不敢越雷池半步，否则，灭顶之灾将时刻降临，因为那里现在已经属于女真。所以，他们只能眼巴巴地看着那条路上的驼队，听着风中传来刺耳的驼铃声。

依靠投机立国的党项，在经过了太后专权以及与中原王朝的数次战争浩劫之后，已致国力尽退，千疮百孔。配合契丹毒死了母亲小梁太后的李乾顺，一改往日抢劫犯的嘴脸，主动与宋朝修好关系，避免了亡国的厄运。

但是好景不长，随着女真的崛起，以破竹之势接连攻破契丹上京后，被门挤了头的李乾顺居然出兵支持天祚帝耶律延禧，以至于自己险些招来杀身之祸。随着契丹、北宋相继被强悍的女真灭亡，党项人那副祖传的投机倒把的嘴脸又一次暴露出来，李乾顺本想继续沿用祖辈的“看家本事”向女真示好，并趁机向空虚的宋朝边界出兵，攻占宋地的震武城（今陕西榆林）、西安州、麟州建宁砦，大肆掳掠后返回。

李乾顺绝对不会知道，中原文化中有一句著名的谚语，叫作“螳螂捕蝉，黄雀在后”，没想到自己抢来的财富还没有捂热，就被随后而来的女真给抢了个干净，而且还倒贴了不少。

小偷遇上强盗，这个理也就没法说了。

李乾顺只好再去谄媚女真，没想到这次算是热脸碰了个冷屁股，女真人压根就不吃他这一套，毫不犹豫地褫夺了党项的全部财产，只不过勉强地保留了他的皇位。

之后的李乾顺几乎是在女真的夹缝中小心翼翼地度过了残生，出尔反尔的女真在此期间曾经六次对其用兵，等他死的时候（1139 年 6 月 4 日），党项已经穷得一贫如洗了，甚至连出殡的钱都筹措不出。

李乾顺死后，他的第二个儿子李仁孝继位。李仁孝上台后，命运也注定了他的皇位不会那么太平。先是契丹人萧合达起兵叛乱，围攻西平府（今宁夏灵武市西），攻克盐州（今宁夏盐池），直逼贺兰山。

人祸平息之后不久，党项又迎来了另一个天灾。大庆三年（1142）九月，党项发生了严重的灾荒，粮食奇缺导致粮价飞涨，一升米竟然卖到百钱。灾荒还未度过，兴庆府（今宁夏银川）又遭遇强烈地震，余震“逾月不止，坏官私庐舍，城壁，人畜死者万数上”（《宋史·夏国传下》)。

然而，灾难仍未结束。当年四月，夏州（今陕西靖边境内）突然出现地裂，带有异味的黑沙喷出，高达十余丈，导致灾区的树木和大量民居被黑沙吞噬。饥荒、地震以及地裂所造成的灾害，使受尽了苦难的党项人再也无法忍受，终于爆发了著名的“哆讹起义”。

李仁孝死后，其子李纯祐登基。但是十三年后，在他母亲罗太后的支持下，堂弟李安全发动政变，将其废黜，三个月后，李纯祐郁闷而死。

亲生母亲和外人合伙把自己的儿子赶下皇位，这事怎么听都觉得不可思议，可事实恰恰就是这样。

这一年是1206年，正是铁木真在斡难河源头称汗的时间。

成吉思汗之所以要对党项下手，是因为蒙古在追击屈出律的时候，党项背地里黑了自己一拳。只要读过《元史》的人都不难发现一个规律，凡是主动向蒙古投降的，基本上都一律不杀或者尽量少杀，而且还有优抚；凡是与蒙古对抗的，不出意外肯定会遭到报复；凡是与蒙古为敌的，差不多都被屠了城。这充分说明，蒙古对沦陷地有很明确的区分，这一点与女真有很大的不同：女真进犯中原时，无论军民是否投降，也不论男女老少，一律就地展开杀戮。

蒙古军在成吉思汗登位的当年，再次出兵党项。李安全派出了他的儿子李承祯率军前往迎敌。可是，蒙古军攻克了兀剌海城（今内蒙古阿拉善右旗）后，并没有再继续往前，只是偶尔派出几个游兵骚扰一下而已。又过了几天，蒙古军竟然撤兵了，兀剌海城又回到了党项人的手中，李安全那颗悬到嗓子眼的心终于放了下来。

但是，这不意味着结束。

三年过去了，蒙古军始终不见动静，李安全自以为国强兵勇，已经把蒙古给彻底吓回去了，扬扬自得的同时，甚至开始“盼望”蒙古军了。其实，不用李安全期盼，该来的一定要来！

三年后的1209年3月，正当李安全还枕在“安全”的枕头上做大梦的时候，蒙古军真的来了。蒙古军的这次进攻做好了充分的准备，他们由黑水城（今内蒙古额济纳旗南）的兀剌海关口突然发起进攻，直逼党项。

李承祯率兵五万奋起抵抗，甚至跳出关隘，以党项之勇与蒙古军展开了野战。然而，他们低估了蒙古军的能力，在此后的数年中，蒙古军仅靠一两万人，就能横扫欧亚大陆，拼的不是人数，而是单兵的实力。

这场战役的过程已经不需要再去详细描述了，总之，党项的五万人马没经过几个回合就变成了一堆被砍碎的尸首，主帅李承祯没有了踪影，副帅高逸宁死不降，被射死在城楼。党项最北端的防御要地，被蒙古军几乎没费什么周折，就给一举击破。

突破了兀剌海城，就意味着已经打通了前往河西走廊的通道，党项的半壁江山顷刻之间就暴露在蒙古人的视野中。继续向前进攻的蒙古军在克夷门第二次遭遇了另一个党项的脑残将军嵬名令公，此君竟然昏头昏脑地再次冲出关隘，与蒙古军展开了面对面的对攻决战。

以同一种方式摔倒两次，这样的人得有多大的自信？但是党项人做到了，而且做得还一模一样，真不知这位党项“名将”当时到底是怎么想的。就在党项人从关隘冲出来的时候，蒙古人高兴了，还不只是高兴，简直是欣喜若狂，这就叫想什么就来什么，这仗打的，想不赢都不行。

十万党项军依然逃脱不了全军覆没的厄运，而嵬名令公则被逮了个活的。克夷门失守，党项都城兴庆府就再也没有了屏障。

兴庆府，就是今天的宁夏回族自治区首府银川。

但是，没有屏障的兴庆府却也并没有被攻破。蒙古军锋利的刀刃在这座城下变得钝了许多，成吉思汗最后想出了一招最狠的破城之计：扒开黄河！可让他自己也没想到的是，咆哮的黄河淹了兴庆府的同时，也把蒙古军顺便给淹了。最终的结论是，他只能放弃。

党项绝地逢生，又多活了将近二十年。

其实，打不打党项，对于成吉思汗来说并不是件必须要办的事，他的精力也没有全部放在这个穷乡僻壤上。从某种层面上来理解，打党项，仅仅是成吉思汗所刷的一种存在感，这也是他奔向世界的第一步。而他刀锋真正所指的地方，是在南面——女真！

那是所有蒙古人的死敌，俺巴孩汗临死前所说的话，都铭刻在蒙古人的骨头上，没有人能忘记，也没有人敢忘记。还有那些惨死在女真刀下的无辜生命，都像一部部浸满鲜血的血泪史，让蒙古人至死难忘。所以，几代人的深仇血恨都寄托在成吉思汗身上，这个仇他必定要报！

1211 年，成吉思汗正式对女真宣战。

彼时，完颜麻达葛，也就是女真章宗皇帝完颜璟已死，他的叔叔完颜永济继承皇位。至于麻达葛为什么要让完颜永济接班，这是他在临死之前昏庸到了极点，给自己摆下的乌龙，结果连累多人无故而死。

麻达葛治理下的女真，应该分为两大部分，前一部分从大定二十九年（1189）正月初二完颜雍病逝后开始，他接班上位，比较系统且又进一步完善了他祖父的治国路线，史称“明昌之治”。但是换了年号后（泰和自 1201 年起），明昌、承安年间的情形相比，却发生了天翻地覆的变化，究其原因，是为大崇汉文化，祭祀三皇五帝和禹汤文武，以此表明自己为汉族王统。而他本人也一袭汉人装束，喜好诗词歌赋，善修书画作品，并学得一手宋徽宗瘦金体。

游牧民族进入中原，一旦脱下裘皮换上丝绸，也就意味着他们即将走上灭亡之路。因为他们的骨子里没有汉人的传统，很难真正融会贯通汉人的思想，前面的契丹已经是一个绝好的先例，而今这个魔咒又降临到女真的头上。

由于麻达葛大兴汉风，各地纷纷效仿，所耗费的银两不在少数，再加上赈灾、修堤、河防、战争等的支出，国库渐空，通货膨胀严重，只能依靠滥发纸币来维持日益衰落的王朝。泰和八年（1208）十二月二十九日，麻达葛久病成疾，不治而殁。

完颜麻达葛一生有六个儿子，但是都先后夭折，没有一个能活过三岁。而他在临死前，尚有两个皇妃怀有身孕，便立遗诏让七叔完颜永济摄政监国，待两妃生产之时，如有男娃即刻立储。

这是不折不扣的昏招，完全不是他的智慧。麻达葛前脚刚死，卫绍王完颜永济后脚就把两个妃子连同肚子里的娃给一起废掉，同时把麻达葛时期的亲信一起杀死，并斩草除根不留后患，女真王朝从这一刻起换了主人。

面对日益没落的女真，成吉思汗选在这个时期对其发动进攻，自然有他的道理。其一，他发现完颜永济就是一个忠奸不分且没有任何能力的蠢货；其二，麻达葛时期已经把完颜雍所积累下的财富挥霍殆尽，再加上完颜永济的折腾，女真基本上已经到了山穷水尽的地步；其三，因为财物上出现了问题，军队的士气低迷，没有战斗力。综合上述原因，在这个时期对女真发起进攻将是不二之选。

1211 年二月初九，成吉思汗倾蒙古之力，挥军十万南下攻打女真。他的进攻路线很清晰，二月起兵，三月就已经突破沙漠，至四月蒙军前锋已经越界，准备向云内、东胜发起攻击。

已经到了这个时候，谁都能看出成吉思汗的真正意图，他的目标不是别的地方，而是女真的都城中都（今北京）。

完颜永济大惊失色，急忙召集平章政事独吉思忠、参知政事完颜承裕商讨对策。独吉思忠提出了两点建议：一、由完颜承裕即刻在宣德（今河北宣化）建立行省，将兵力分别部署在桓、昌、抚三州，严防死守蒙军的进攻。二、独吉思忠前往野狐岭，加盖六百里长城以示抵御。

听上去不错，但实际上有用吗？

蒙古与女真开打的第一场战役，是在乌沙堡（今河北张北西）。按照常理来说，女真和蒙古都是游牧民族，就像当年完颜阿骨打攻打契丹一样，见鬼杀鬼遇神灭神，如今面对刚刚崛起的蒙古，这仗虽不能说势均力敌，至少应该打得像那么点样吧？况且还有六百里长城外加四十万兵的优势，无论天时地利人和都掌握在女真的手里，挡住蒙古人的进攻，应该没有问题吧？

然而，事实并非如此。

曾经灭契丹、灭北宋，所向披靡八面威风的亚洲第一强兵，在短短的八十四年后，在蒙古人面前居然变成了一群脑满肠肥的窝囊废，就像绵羊遇到了苍狼。女真，那些曾经的辉煌，如今看来也只能是"曾经"。

可能蒙古人的凶悍勇猛把女真给镇住了，他们在蒙古人面前表现得极不禁打，几乎是一战即溃，而且是溃不成军。那条被独吉思忠自诩为铜墙铁壁的长城，如今一看竟然成了一个天大的玩笑，和泥捏纸糊的没什么区别，连半天都不到，"铜墙铁壁"就被勇猛的蒙古人远远地甩在了身后，孤零零地矗在原地，被攻破的城墙咧着大嘴，仿佛是在嘲笑那些只顾着玩命逃窜的女真人。

卫绍王完颜永济闻听战报，当场吓得面如土灰，目瞪口呆地愣了半天才做出决定，解除独吉思忠的指挥权，由完颜承裕主持军事。

撤掉了一匹思想僵化的驴，换上一头头脑简单的猪，完颜永济的用人方式也是醉了。之所以说完颜承裕是头猪，是因为他刚坐上了军事主官的位置，就下达了一个比猪还蠢一万倍的命令：放弃桓、昌、抚三城，将军队全部退守野狐岭，全力以赴迎战蒙古人。

桓、昌、抚三城，不仅仅屯有四十万兵，更有坚固的城墙防御和充足的后勤保障，放弃三城等于白白送给了成吉思汗一份大礼，让蒙古人捡了一个大便宜，从而解决了后勤问题。更为严重的是，桓州（今内蒙古正蓝旗西北）是女真的牧监之地，失去了桓州，意味着往后女真将要出现马荒的危机。游牧民族没有了马，这事无论怎么说都像是一个笑话。

从军事角度上讲，完颜承裕退出三城有他自己的道理，但他所犯的致命错误，就是不应该像押宝一样，把全部赌注都押在野狐岭。如果这是一位真正意义上的主帅，会考虑留出足够的兵力据守三城，同时在野狐岭进行阻击。在前有城池保卫，后有天险阻击的情况下，必定会使蒙古造成极大的伤亡，而且后勤没有保障，致使蒙古不得不考虑退出。

但说什么也都已经晚了，蒙古人很快就冲到了女真的第二道防线。

野狐岭，位于今天的河北省张北与万全的交界处，距离北京约两百公里，自古以来就是中原与游牧民族的分水岭。战国时期，赵武灵王说服大臣同意他的军事改革“胡服骑射”时说：“昔者先君襄王与代交地，城境封之，名曰‘无穷之门’，所以昭后而期远也。”（《战国策·卷十九·赵二》）此地山险壑深，不易进攻，是进入中原的第一门户，而且完颜承裕在此修建了非常坚固的工事，对外宣称此地“固若金汤”，蒙古人如果想从此地突破，除非他们长上翅膀，否则的话没有任何可能性。简而言之，此处将是一道难以逾越的人造鸿沟，再加上还有亚洲第一的女真强兵在此守候，蒙古人如果能进来的话……

且慢，难以逾越只不过是一种说法而已，当年契丹的耶律德光、女真完颜阿骨打不都从这里走过吗？更何况锐不可当的第一代蒙古军，别说一堵墙，就是千难万险也挡不住他们的进攻。而且蒙古人不信邪，他们的眼里除了复仇还是复仇，一个小小的山峰岂能挡住他们的步伐？比如，那条耗费巨资动用了七十五万人修建的六百里长城不就是个例子吗？

除此之外还有另外一个原因，那就是成吉思汗已经对尚未到达的野狐岭有了充分的了解，消息来源来自女真内部的高级将领。此人叫石抹明安，时为女真招讨使纥石烈九斤麾下，桓州契丹人，曾经出使过蒙古，与成吉思汗有过交流。完颜承裕放弃三城后，纥石烈九斤委派他作为谈判代表前往蒙古大营，结果被成吉思汗招降，把野狐岭的地形地貌以及兵力分配等机密情报，一五一十地向成吉思汗做了详细的介绍，使蒙古完整地掌握了女真的情况。

胸有成竹的成吉思汗把手里的兵力一分为四，小部分分别交给自己的三个儿子术赤、察合台和窝阔台，前往女真的西京（今山西大同），以牵制那里的守军。自己则亲率其余的七万兵力，进行全力猛攻。

很快，野狐岭也将变成传说。因为攻打这里的，是蒙古军中颇为强悍的指挥官、号称蒙古四杰之一的木华黎。这是个战神级人物，此人一出，连鬼见了都得绕道走，可见其战力之强。军中有这样一个神，即便野狐岭是刀山火海，能挡得住蒙古军的进攻步伐吗？

完颜承裕这回彻底糊涂了，天险不错，但是大规模的排兵成了问题，所以他只能把众多的人马分散开，分别调度。这正是他犯下的又一个错误，一旦全军的协调出现了问题，整个战场的局面将很难控制。

怕什么偏偏就来什么，女真果然在命令的传递方面出现了疏漏，导致全军的统一性成了一个死结。这一点恰恰又被成吉思汗发现，于是，蒙古人在野狐岭上演了一出淋漓尽致的骁勇大战，从两侧攻上来的蒙军徒步撕开了女真的正面阻击，而中军主力则直奔完颜承裕的大营。指挥系统彻底崩溃，女真当即大乱，像一群无头苍蝇，漫山遍野地逃窜。蒙古人立刻上马奋起追杀，致女真尸首蔽野塞川，伏尸达百里之遥。

完颜承裕最终被蒙古人驱赶下了野狐岭，落败到了浍河堡。惊魂未定的女真人刚刚逃到这里，还没有来得及集结，面目狰狞的蒙古人又从四面围拢过来，使这块原本静谧的地方瞬间变成了一个巨大的屠宰场，蒙古人的弯刀变成了削头器，肆意削割女真人的颈上头颅。蒙古人发起一阵阵旋风般的攻击，随着“旋风”的到来，女真人像被割倒的谷子一样，一片片倒下去，随后就是血光四溅，浓烈的血腥味弥漫在这块土地的上空，久久不能散去。

虽然女真还是那个女真，但是如今看来，不过就是当年契丹的一个翻版。也许历史真的有很多相似之处，就像当年女真杀戮契丹人一样。对于军队而言，一旦没有了军魂，即便拥有再重的兵，也注定了要失败的命运。当年的契丹如此，而今的女真同样也是如此。

四十五万军队就此烟消云散，女真直接滑落到死亡边缘。

逆了天的蒙古长驱直入一路奔袭，面对重兵布防的女真如入无人之境，一路杀来几乎没有遭遇到什么有效的阻击，势如破竹般挺进怀来、缙山（今北京延庆），大败女真十余万兵。与此同时另外三路兵也同样是高歌猛进，重创女真于东京（今辽宁辽阳）和西京，而号称天下第一雄关的居庸关更利落，守将竟然吓得魂不附体，连蒙古人长了个什么样也没看到，直接弃关跑了。

成吉思汗的三个儿子术赤、察合台、窝阔台也不含糊，分将右军破奉（今内蒙古尚义）、净（今内蒙古兴和西北）诸州，下武（今山西五寨北）、朔、忻（均属山西）、代（今代县）诸州。蒙军所到之处，一律都是先杀后抢，先把人杀光，再把所有财产抢光，然后一把火把房子烧光。

但是，蒙古人的本意是只杀女真人，可问题在于完颜麻达葛时期施行全民汉化，以汉语做母语，以汉服为着装，汉人和女真之间已经分不出彼此，这让蒙古人怎么去分辨呢？况且在他们简单的思维中，只要南面的人都是他们的刻骨仇人，什么契丹、汉人、奚族、女真，此时哪有时间仔细分辨，最简单的办法就是全部杀掉。不得不叹息麻达葛，他的汉文化没有起到什么好作用，反而让无辜的汉人也遭遇了灭顶之灾！

蒙古人就这样一路过关斩将来到了中都城下。

完颜永济看到这个阵势，估计早已经被吓尿了。他赶紧把所有的完颜们都召集到一起开会，商讨如何应对城外这群杀气腾腾的野人。打，显然是打不过人家，四十多万人的军队说完就完了；抗，人家现在就堵在自家门口，四十多万人都没顶住，城里这么几个人能抗多久？如今已经到了这地步，对完颜们来说，唯一的出路也只有谈和！

谈和的条件终于出来了，女真献给蒙古皇帝一位公主，割让一大块土地，再多给三十万两黄金以及珠宝丝帛。

然而，成吉思汗却对这些东西没什么兴趣，和亲不用那么着急，金银财宝有问你要的时间，先把眼前的问题解决了再说。三万匹骆驼，牛羊各五万头，少一头都不行。

完颜永济一听就明白了，打到这个时候，敢情蒙古已经断粮了啊？合着现在我把吃喝都给你解决了，让你吃饱喝醉攒足了劲再来打我啊？所以就一口回绝，对不起，你所要的这些东西我这里暂时没有，要不然再给你加点绫罗绸缎？

成吉思汗勃然大怒，给脸不要脸的东西，你就等着受死吧！

其实，他这话也就是说给自己听而已，因为蒙古人打野战可以，每个人的单兵作战能力都非常强悍，而攻城实在不是他们的强项。面对城高墙厚的中都，他也只能兴叹再三。党项兴庆府的城墙远没有这里结实，当时他们甚至动用了黄河，最终也没能攻进去。而眼前这座女真的中都，从唐代就建立了城郭，到了契丹时代一直在不断加固，到现在已经历了将近三百年历史，可以想象一下，这座城能坚固到什么程度。更重要的是，时已临近入冬时节，远离驻地的蒙古人缺衣少食，在这样的情况下，面对这座无法攻破的城池，再继续这么耗下去，毫无疑问会影响到自己的军心。

于是，成吉思汗做出了选择，放弃攻城，离开中都。

抱定了不灭女真不死心的成吉思汗，仅仅隔了一年后又按原路卷土重来，出野狐岭、过浍河堡，再进怀来，目标直指中都。

针对这次蒙古来犯，女真及时做出了调整，镇州（由原缙山县升州，今北京延庆）防御使术虎高琪统兵三十万镇守这条咽喉要道。完颜永济考虑到去年野狐岭的教训，为确保中都的安全，又专门派宰相完颜纲再带十万人马汇集此地，只有一个目的，一定要把蒙古人挡在关外。同时加强了居庸关的防守能力，起到一个双保险的作用。

但是这样做有用吗？就说术虎高琪的军队吧，说三十万人的确不假，但大多数都是由汉和其他民族组成，几乎没有女真人在其中，充其量也就是个杂牌军。而且这些人都是由女真人强掳的奴隶所组成，人员成分很复杂，如果指望这些人给女真朝廷卖命才真是奇了怪。

果然，两边刚一交手，杂牌军一触即溃，四散奔逃。这边一跑，完颜纲的军队不知道发生了什么事，也跟着乱了营，“精心”计划的镇州保卫战，还没等到与蒙古人动手，就稀里糊涂地失陷了。

攻破了镇州，蒙古兵一路顺畅地杀到了居庸关。但是，居庸关已经不是一年前的居庸关了，这里布满了精兵弩箭，严阵以待。更可怕的是，关隘上竟然还有一门轰天炮。蒙古人想再轻取居庸关的可能性已经不复存在了。

久攻不下的居庸关终于挡住了蒙古人的锋芒，成吉思汗只得另辟蹊径，转向西行，绕道飞狐口经易州（今河北易县）夺取紫荆关后，再派出一支人马从后面悄悄进攻居庸关。蒙古人的突然转道，打了女真一个措手不及，再派兵前往堵截已经毫无意义。腹背受敌的居庸关，终于抵挡不住蒙军的猛烈进攻而失陷。

就在居庸关失陷的同一天，女真内部发生了宫廷政变，权臣胡沙虎废了卫绍王完颜永济，另立完颜麻达葛的哥哥完颜珣为皇帝。之后，术虎高琪又举兵进入中都，杀了胡沙虎，并派出代表与蒙古人再次进行和议。

女真彻底乱套了。

完颜永济死了，刚刚登基的完颜珣心里非常明白，蒙古对女真的仇恨那是融化于血液中，铭记于脑海里，镌刻于骨质上，他们的目的很简单，就是不灭女真誓不罢休。而就目前女真军队的能力，想与蒙古对抗已经没有任何可能性。所以在经过一番思想斗争后，他做出了一个重要决定：迁都！

完颜珣很清楚，自己这个“皇帝”当得十分尴尬，所谓皇位不过是新权臣术虎高琪的玩偶，自己手里要帅没帅，要兵没兵，而且又坐在了火山口上，城池以外失去了所有屏障，几乎一眼就能看到塞外蒙古人张开的血盆大口，随时都有可能扑过来将自己吞噬。与其每天在这里提心吊胆，还不如远去南京（宋朝汴梁，今河南开封），至少还有一时的喘息之机。

但是，他的这个迁都计划一出，立刻引起了轩然大波，留守中都的人一齐反对，皇帝这是不顾臣子庶民而自己去逃命，于是就引起了叛乱，契丹大将耶律留哥直接起兵，率众公开与女真为敌，并且杀回白山黑水，投靠了蒙古。各地备受奴役的农民也风起云涌纷纷揭竿，仅山东一带就有益都的杨安儿、潍州的李全、泰安的刘二祖、济南的夏全、兖州的郝定，以及各类不成规模的起义军不下数十支，在南宋末年形成了历史上最广泛的起义潮。

而蒙古那边的成吉思汗也勃然大怒，想跑？哪有那么容易！当即派出木华黎统兵两万再度南下，目标：中都。

此时的中都已成为风雨飘摇中的一叶破舟，朝发夕至的蒙古人再次来到中都城外，把中都围得水泄不通，中都已然成为蒙古人砧板上的一块死肉，只要他愿意，分分钟就能冲进来将其剁碎！

中都，危在旦夕！

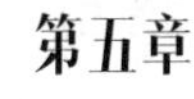

第五章

神奇的东方树叶

小树叶，大历史。茶叶，世人为之着迷，亘古至今。在古老的中国，茶叶是生活必备品，也是文化传承的载体；传到西方，茶叶成了品质和地位的象征，重塑了英语世界的日常生活。

从帝国及东西方交汇的全球史视角，茶叶不仅仅是一片小小的树叶。中国历史上自唐至清，即中古世纪到晚近帝国的悠长历史年代一直垄断控制了茶叶贸易，并用茶叶来辅助治理边疆问题。当英国及其殖民地对茶叶的需求日益增加的时候，悠久传承的中华文明面对的不仅是大量流入的白银，更是来自西方的不速之客：商人、士兵、东印度公司、偷取茶种的植物学家及其背后一个快速崛起的工业帝国。

过去两百年茶叶在全球范围内的流传，在消费领域产生了广阔的影响，扩展了“饮品”这一概念。人们的日常生活也因为这小小树叶而变得更为丰富，而这一切都离不开冲突和战争。

——张德文

西征

六个月后，中都陷落。

木华黎足足用了六个月的时间，残忍地看着近在咫尺的这座古城从商贾林立一派繁荣的景象变为死城的整个过程。他几乎没有做任何动作，只是在计算城里食品耗用的时间，就这样一味地把中都城死死围住，任何有生命的动物都休想出城门半步。

当城门终于打开后，所散发出的尸体臭味，竟然把这个杀人狂魔也熏了一个跟斗。间或还有几个说鬼不是鬼、说人不像人的影子，踉踉跄跄地在破败的街角摇晃，发出一阵阵凄厉的惨叫。

进了城的蒙古人所干的第一件事就是放火。大火吞噬了人畜性命的同时，也烧毁了女真的皇宫，还停留在野蛮时代、尚待进化的蒙古人不懂文明为何物，他们只认识三种东西——黄的是金、白的是银，再就是女人，除此之外都是无用之物。人，杀掉，文纸诗书一律焚毁。

这把大火总共烧了将近三个月，曾经极度繁荣的女真京城中都，变为一片瓦砾，再无生命。

因为蒙古与女真之间的战争，西部商道也遭到了关闭，于是一帮从西域来的商人，沿着古老的商道来到中原，前来协商继续通商的问题。他们在惊慌失措中目睹了中都陷落的整个过程，从尸山血海中他们看到了蒙古人的凶悍和冷漠，也终于明白了商道关闭的原因。于是，这帮人又从中都出发，在蒙古向导的引领下，按照蒙古人进出中原的路线，从居庸关过野狐岭前往蒙古。所经之处硝烟尚未散尽，战场也没清理，到处都是惊心动魄的战争遗痕。就这样，他们一行一路颠沛来到了蒙古高原。

他们来自远在中亚的花剌子模国。

今天的人们可能对花剌子模这个名字已经很陌生了，但是在八百多年前，这里曾经是一个富庶强大、高度文明的国家。这个国家的位置大概在今天的东亚偏西地区，也就是今乌兹别克斯坦和土库曼斯坦的整个国土，其面积有一百多万平方公里，地处阿姆河下游，临近咸海水域。

还记得耶律大石吗？就是 1122 年女真攻打契丹时，耶律延禧玩起了失踪，在幽州扶立了史称东辽的皇帝耶律淳登位，耶律淳死后又遭到天祚帝耶律延禧的训斥，在与女真对战中被完颜娄室生擒的那位契丹进士。1130 年，耶律大石率仅有的二百余人一直向西进发，于 1134 年创建了哈喇契丹，史称“西辽”。

那个时候，中亚的统治者还是盛极一时的塞尔柱帝国。1134 年，耶律大石东征女真受挫，来到了中亚的费尔干纳盆地。居于此地的西喀喇汗国当即前来阻挠并挑起战事，试图把立足未稳的耶律大石一举歼灭。

耶律大石并不畏惧，带领手下战将与西喀喇汗国军队会战于忽毡，最终西喀喇汗国战败，可汗马赫穆德逃回撒马尔罕，耶律大石从此停止继续行进，并在此地立国，定都于八剌沙衮（今吉尔吉斯托克马克），改年号康国元年。

战败了的西喀喇汗国遂向其宗主国塞尔柱突厥帝国求援，要求塞尔柱帝国出兵进攻西辽，为己报仇。塞尔柱突厥苏丹桑加尔立刻号召属下伊斯兰国家对西辽的异教徒发动圣战，集合了呼罗珊、西吉斯坦、伽色尼、马赞德兰、古尔等国的国王们带兵加入了塞尔柱帝国的联军，总计士兵十余万，于1141年9月9日，与西辽在撒马儿罕附近的卡特万进行决战，史称“卡特万战役”。

最终这场战役西辽以少胜多，打败了拥有十万之众的联军，并且把曾经打败过强大的拜占庭帝国、俘虏了其皇帝罗麦纽斯·戴俄格尼斯的塞尔柱帝国赶出了中亚，从而使西辽跻身于中亚霸主之列，其中花剌子模就是当时西辽的小弟之一。

花剌子模人喜欢喝茶，这可能与所归附的西辽有直接关系。但这种说法仅仅是一个假设，因为中国的茶叶进入中亚要远比这个时间更早。据英国史学家加文·孟席斯所著《1434：一支庞大的中国舰队抵达意大利并点燃文艺复兴之火》中所载，阿拉伯商人在1140年左右就已经开始在中国的泉州做生意。然而这个记载也不是最早，更早的出现是在唐朝，通过唐与黑衣大食之间的怛罗斯战役，茶叶就已经进入了中亚和西亚地区。

现在已经无法探寻产自中国的茶叶究竟是通过哪一种方式进入了花剌子模的，但是这里的人对茶叶确实情有独钟，甚至一度控制了中原通往西域的西部商道（今称丝绸之路）上包括茶叶在内的全部物资。茶叶，使这个国家迅速暴富，花剌子模在西部商道上的枢纽城市撒马尔罕建立了大型的中转基地，专门向周边的印度、波斯等国贩卖茶叶、瓷器以及丝绸等来自东方中华的商品。

花剌子模最为昌盛的时期是阿拉丁·摩诃末执政期间，也恰恰就是其占据了西部商道这棵摇钱树的那段时间。其时，正值摩诃末打败了长期统治下的西辽，他有意继续往东开疆拓土，希望能征求一下东方古国的意见。这毕竟是去占领人家的国土，也不知道他们的底细，万一去了再挨一顿打，那就不合算了。这事无论如何也得找个理由。可想了半天也没想到一个合适的理由。有一天，摩诃末突然发现，通往自家这条路上很长一段时间没有听见熟悉的驼铃声，于是计上心头，何不用这个借口前往一探究竟呢？所以就派出了以哈拉丁为首的一队人马作为使团，前往东方古国摸一下对方的底。

当哈拉丁一行进入中原时，撞入他们视线的，正是蒙古与女真之间的战争。花剌子模人亲眼看到了蒙古人的凶悍，也就不敢再提往东开拓的事，只提了两国要把生意继续做下去的事，至于其他事情也就没有开口。如此可怕之敌，一旦说出实情，估计自己的小命也就给撂在这里了。可问题是这帮人不是买卖人，生意上那一套规矩根本就不懂，更不知道商品的行情，只好胡说八道漫天要价。

成吉思汗并不知道他们的真正用意，对他们宽厚礼待，当听到他们报出的商品价格时，只觉得这伙人的生意方式太过奸诈。他并没有往更坏处想，便让人打开了自己的仓库，让这些远道而来的“商人们”看个明白。

进了仓库，这些来自中亚的“商人们”全都傻眼了。一个个惊得目瞪口呆，见过有钱的，可从来没见过这么有钱的，什么金银珠宝，人家都不缺！毕竟仓库里所堆积的是蒙古人刚刚从女真手里抢掠来的半个国库的财富，能不富吗？

打发走了这些中亚的“商人”，成吉思汗就开始琢磨“礼尚往来”的事。可是，还处在原始部落时期的蒙古人，哪里懂得什么叫作贸易？成吉思汗经过一番考虑后，决定派出一个由畏兀儿、葛逻禄人组成的五百人的商人团队，在一个印度商人的引导下，带着中原所产的茶叶、丝绸、瓷器等商品，沿着古西部商道一路跋山涉水，浩浩荡荡地前往花剌子模。

但是，当他们的驼队风尘仆仆地进入花剌子模边界的时候，一件直接让花剌子模亡国的大事发生了！

西部商道，也就是今天“一带一路”里的丝绸之路，从中原到达武威后，再继续往西经畏兀儿进入中亚地区，到达花剌子模的撒马尔罕，以此地为中转，再分别通往波斯和阿拉伯地区，使中华文明与波斯、伊斯兰乃至欧洲相互连通。在公元前埃及托勒密时代，地理学家就曾考察过这条路线，中国的佛教徒以及很多史料中也都记录过这条路线。

花剌子模边界城市讹答剌的守将亦纳勒术算得上是一个忠于职守的军人，作为苏丹摩诃末的侄子，他在他的祖国边防线上，恪尽职守，一站就是很多年，已经不知道有多少从东方来的驼队从他面前走过，最多也就是勒索几个第纳尔的好处。相比其他那些同样站岗的军人，他这岗位算得上是一个肥差了。

当蒙古人的驼队到达讹答剌后，亦纳勒术照例进行检查。当他突然发现驼队中除了有正常的货物外，还携带了大量的金银，显然与过去的生意方式截然不同，除了对蒙古商人产生怀疑，他更是起了贪心，要把这些财宝据为己有。于是当即下令，把所有人都扣押，同时把情况火速报告给摩诃末。

摩诃末收到亦纳勒术的报告也起了疑心，莫不是自己烧香引鬼回来了？万一这五百人是蒙古士兵，岂不是前来做内应的？在那一刻他可能自己也产生了幻觉，当即下令，把财宝留下，人全部杀掉。

可怜这五百蒙古商人就这么稀里糊涂地客死异乡。然而，其中一个叫多达的商人，居然趁乱自己逃了出去，一直逃回到漠北，向成吉思汗哭诉这一遭遇。

成吉思汗当即勃然大怒，自己的诚意竟然遭到如此羞辱。但这时他的精力还放在与女真的战争上，腾不出精力去应付那么遥远的敌人，临时先派了他的一个手下马合木前往花剌子模去交涉这起事件。

但是，当马合木一行来到了花剌子模后，摩诃末却表现得非常蛮横。马合木据理力争，提出两个条件：一、要求花剌子模对每一位无辜死难者进行赔偿；二、交出亦纳勒术，由蒙古人进行处理。

按说马合木的要求并不过分，毕竟是你花剌子模动手杀了这么多人。但是谁也不知道当时摩诃末到底是咋想的，自以为势力大，还是被蒙古人戳到了他的软肋？如果他早知道，自己这一鲁莽决定会给整个花剌子模带来灭顶之灾的话，就是再借给摩诃末八个胆，他也不敢把马合木给杀了。

可惜，这世上没有后悔药，哪怕肠子悔青了也没有用。

自恃在自家地盘上的摩诃末，对马合木所提出的问题无言以对。在这个地盘上还没有人敢和他这样说话，没想到还真见到了一个。恼羞成怒的摩诃末不顾自己的体面，抽出刀当场把马合木杀死在王宫。跟随马合木一起来的四个随从，被拖出去一顿暴打，然后烧掉了胡子，让他们回去报信。

成吉思汗再也坐不住了，长叹一声："勇敢的马合木！"随后独自走进背后的山林。三天后，他走了出来，眼睛里充满了腾腾杀气，沙哑着嗓子说了一句："讨伐花剌子模！"

从这个时刻开始，花剌子模亡国就进入了倒计时。

讨伐花剌子模，就需要暂停对女真的进攻，从中原调回大部分人马，只留下木华黎一人率五千人马对女真进行威胁。除此之外，成吉思汗还需考虑到另外一件事，就是接班人的问题。如果按照史书记载，他是 1162 年出生的话，那么到 1219 年征讨花剌子模的时候，他已经五十七岁了。

接班人，是历朝历代每个皇帝最重要的一件大事，成吉思汗也不例外。他先问长子术赤：选谁做接班人最合适呢？

这话让术赤无法接茬。按说术赤是长子，理应是第一继承人，但当年他母亲孛儿帖被蔑儿乞人掳走，被铁木真抢回来后在路上生的他，而且这事所有人都知道，所以他的血脉也确实值得怀疑。

虽然术赤没有说话，可他的二弟察合台直接跳出来，质问成吉思汗，继承人这么大的事，你为什么要去问一个来路不清的人？谁不知道他是蔑儿乞人的杂种呢？难道我们这些人都要受到这样一个人的管辖吗？

术赤感到自己受到了侮辱，积郁心中多年的怒火终于爆发，他一把揪住了察合台的衣领，要和他火并，拼个你死我活。站在旁边的人连忙上前将他二人分开，最后由四子拖雷出面说和，术赤和察合台都不做接班人，而老三窝阔台则成了最大的受益者。

解决完了接班人的事，成吉思汗就开始招募士兵，招募范围除了蒙古人外，同时也包括畏兀儿、哈喇鲁、党项等国。畏兀儿和哈喇鲁都没有问题，唯独党项人在这个时候又出了幺蛾子，既不出兵，也不出力，甚至连个回话都没有。这下再次惹恼了成吉思汗，西征的路上我先灭了你，反正也不偏路。

此时，党项的皇帝已经换成了李遵顼。那位靠政变上位的李安全，因为荒淫无度，于1211年，也就是成吉思汗向女真宣战那一年，被齐王李遵顼赶出了皇宫，并于三个月后暴死，从此李遵顼坐上了皇位。据史书介绍，李遵顼其人博览群书，是1203年党项的状元，有治国安邦之才，但前提是史书所载是事实。然而，只要看看他的所作所为，就明白这位所谓的“治国安邦之才”是一个如假包换的水货。

蒙古人果然没有食言，西征路上第一个要灭的就是党项。

此番，成吉思汗调用了二十万大军，其中一半以上是由汉人、契丹人、奚族人以及应征而来的畏兀儿人、哈喇鲁人组成，无论阵容还是装备，都是蒙古史上的第一次。这么庞大的一支队伍修理党项这么个小痞子，对蒙古来说，就好比张飞吃豆芽——小菜一碟！

战争的主动权毫无悬念地掌控在蒙古人的手里，他们不费吹灰之力就杀进了河西走廊，直奔兴庆府而去，党项的半壁江山即刻陷入战争的乌云中。而李遵顼最初的强硬立刻土崩瓦解，连蒙古人的影子都没见着，便不顾所有子民的安危，惊慌失措地逃到了西凉府（今甘肃武威市）。

蒙古人的军队像蝗虫一样飞过了党项，无论官家的还是百姓的财产，一律统统掠走，留下的是遍野的尸首和一片废墟。成吉思汗此时还没有打算把党项彻底灭掉，只是顺道打劫一下而已。等到李遵顼战战兢兢地从西凉府回到兴庆府，一路所看到的残垣断壁，竟然把这位徒有虚名的党项状元给吓傻了，让他的未来时光里只剩下噩梦了。他赶紧向蒙古人投降，大概的意思是，现在我是真的派不出兵了，因为人已经被你杀光了。

早知如此，何必当初呢？

把党项给彻底打残了以后，蒙古人继续西行，下一个目标是西辽。

这时的西辽已经不属于耶律家的私有财产了，而是被乃蛮的屈出律篡了权，西辽皇帝耶律直鲁骨被屈出律奉为太上皇，直接变成了一个摆设。

自从耶律大石立国后，尤其是经过卡特万战役，把强大的塞尔柱帝国给打出去，西辽一举成为中亚地区的第一强国。1143 年，耶律大石病逝后，传位给儿子耶律夷列，并由他的妻子感天皇后萧塔不烟摄政。由于坚持耶律大石的治国方针，在萧塔不烟和耶律夷列时期，西辽走向了鼎盛。

1163 年耶律夷列死后，由于太子耶律直鲁古年龄尚小，耶律大石的女儿耶律普速完临政。但是耶律普速完并没有把皇权交还给已经长大了的耶律直鲁古，反而于1177年在其公公萧斡里剌和驸马萧朵鲁不的支持下，正式登上了皇位。在这期间，耶律普速完与小叔子萧朴古只沙里摩擦出了爱情的火花，却被驸马萧朵鲁不无意间发现。被自己弟弟给戴上了绿帽子的萧朵鲁不怒不可遏，当即找到这对狗男女进行质问。但是萧朵鲁不却被他俩串谋，以谋反之罪将其贬出都城，然后在路上将他杀害。

这引起了萧朵鲁不父亲萧斡里剌的极度愤怒，于第二年（1178）发动了宫廷政变，率军冲进皇宫，亲自射杀了耶律普速完和萧朴古只沙里，把皇权正式移交给了耶律直鲁古。

耶律直鲁古就像三国时期的蜀国后主刘禅，是个不学无术的家伙，可惜的是他身边没有诸葛亮那样的人物辅佐。

1204年，那个因包庇札木合、窝藏蔑儿乞而被成吉思汗一路追赶的屈出律，成功地逃脱了蒙古骑兵的围追堵截，顺利越过了金山（今阿勒泰山），逃往乌古斯叶护国（位于今哈萨克斯坦中西部）。其叔不亦鲁黑汗一看自己的侄子带来了这么一大群人，唯恐自己的身家性命受到威胁，所以不敢收留，直接将其挡在了国门之外。

没有在叶护国占到任何便宜的屈出律，只好悻悻地离开额尔齐斯河。四年后，也就是1208年，像一条丧家之犬的屈出律流落到了别失八里（今吉木萨尔）时，被西辽军队发现，并被带到了首府虎思斡耳朵（今吉尔吉斯斯坦境内布拉纳城）。在这里他结识了西辽皇帝耶律直鲁古，同时也开始了自己短暂的发迹之路。

此时的西辽在耶律直鲁古的治理下，早已没有了耶律大石时代的强盛与辉煌，而曾经臣服于西辽的花剌子模，借助于与东方的通商之道大发其财，日渐强盛，随时随刻都能扑过来，将破败的西辽一口吞掉。在这种情况下，屈出律的出现，无疑像是给耶律直鲁古带来了希望。

盲流子屈出律和耶律直鲁古一见面，立刻就判断出这个皇帝的心恩，于是滔滔不绝地向西辽末帝大肆吹嘘自己如何勇猛善战，如何用计谋把强劲的蒙古打得满地找牙。总之，他把蒙古人怎么样打他的经过反过来讲述了一遍，把耶律直鲁古听得一愣一愣的，晕头晕脑地以为自己意外得到了一位战神。

不学无术的耶律直鲁古很欣赏屈出律的“才华”，被屈出律天花乱坠的一顿忽悠直接蒙了圈，还以为自己遇到了千里良驹，不但将他收留，给他金银财宝，还把自己的女儿耶律浑忽嫁给了他。似乎觉得这样还不够，竟然又封了他的汗位，让他掌握了实权。

幸福来得太突然，屈出律对耶律直鲁古除了感激涕零还是感激涕零，发誓要恢复西辽曾经的辉煌，以报答耶律直鲁古的知遇之恩。

你永远都不要相信一只吃人的狼会给你看家护院，因为它的属性就是要吃人，比如这个叫屈出律的前乃蛮太子。取得耶律直鲁古信任的屈出律，在不长的时间内真的召回了自己的旧部，同时还利用自己的有利地位拉拢了西辽的许多重要大臣与将领。昏聩荒淫的直鲁古挥霍无度，以致国力匮乏、百姓怨怒，早已失去了号召力。屈出律见时机成熟，就拉起人马在西辽境内攻城略地。仅过了三年，1211 年，屈出律利用耶律直鲁古出征花剌子模的机会，暗地里与摩诃末勾结，里应外合地突然发动宫廷政变，宣布自己是西辽皇帝，同时把自己的军队拉出去，与花剌子模一起对耶律直鲁古发起攻击，遭遇到前后夹击的耶律直鲁古被打得大败。直到这个时候，耶律直鲁古才发现自己犯了一个不可饶恕的错误，而且大错特错！

穷途末路的耶律直鲁古为了保住契丹全族的性命，只得下马纳降称臣。而屈出律虚情假意地直说不敢当，并拜他的老岳父为太上皇、古尔别速为皇太后，然后把这两位直接送到后花园软禁。

不过，屈出律这个皇帝的日子并不好过，原因是他在作死。

虽然契丹笃信佛教，但当年耶律大石西迁时，对各部族的不同信仰并没有横加干涉，所以各方都相安无事。1210 年，喀剌汗王朝大汗穆罕默德·本·玉素甫召集当地的伊斯兰信徒，在于阗（今新疆和田附近）一带起兵，反抗耶律直鲁古的严苛制度，被西辽一举击溃，将默罕默德生擒，羁押在虎思斡耳朵。

屈出律当上皇帝后，就采取粗暴的手段，用武力迫使全西辽人信奉佛教，这引起了整个伊斯兰世界的不满，纷纷起兵要对他进行讨伐。为了能尽快摆平各地伊斯兰教民所挑起的事端，屈出律释放并劝降了被耶律直鲁古关押的默罕默德，要求这位在中亚地区具有很强号召力的伊斯兰首领对自己宣布效忠，然后派人把他送回喀什噶尔。

但是，当喀什噶尔的民众得知默罕默德已经投靠异教徒屈出律的消息后，全愤怒了。群情激奋的教民在默罕默德被送到喀什噶尔城下的时候，一齐从城内冲出来。而毫无准备的默罕默德还以为是教民们向他示好，从护送他的西辽士兵中走上前去，却不料一把锋利的尖刀刺进了他的胸膛，当场将他杀死。

随着默罕默德的死去，拥有三百七十多年历史的喀剌汗王朝就此土崩瓦解。

屈出律闻听默罕默德的死讯，顿时暴跳如雷，发誓要报复。由于他在西辽所推行的异教受到了花剌子模等信奉伊斯兰教国家的强烈反对，他不得不离开虎思斡耳朵，于 1212 年开始向喀什噶尔派兵，并于 1215 年正式迁都，建立了属于自己的乃蛮政权。

屈出律一进喀什噶尔城，就大肆搜索并杀戮原喀喇汗王朝的贵族与宗教界上层人士，然后又让自己的乃曼士兵住进城中每户居民的家中，奸淫掳掠无恶不作。接着，屈出律又下令在喀什噶尔一带封闭清真寺，禁止穆斯林的礼拜和集会，并对居民们宣布：或者改信佛教，或者改穿契丹人服装，二者必择其一，否则格杀勿论。由此，喀什噶尔的百姓们只得被迫改变服饰而保留了伊斯兰教信仰。

1216 年，屈出律带兵攻下了于阗城，把城里的神职人员统统赶到郊外。于阗的大伊玛木阿老丁穆罕默德大胆上前与这个暴君辩论，却在遭受了酷刑之后，被活活钉死在清真寺的大木门上！穆斯林们悲愤地诅咒屈出律，“全知的主啊，请你大发慈悲，把他投入海中直到淹死！……逮住他吧，国家才会得到自由！”（《世界征服者史》）

而就在这个时候，他的老冤家蒙古人也找上门了。1218 年，在花剌子模杀害五百名蒙古商人之后，成吉思汗兵分两路进行西征，一路由他自己统率，先顺路修理了不厚道的党项；另一路则由猛将哲别率两万人远征西辽，目的只有一个，就是要灭掉屈出律，扫清远征花剌子模的所有障碍。

貌似鲁莽的哲别来到西辽后，并没有忙于制订作战计划，而是针对屈出律做出了一个安民告示，那就是信仰自由，这受到了塔里木盆地一带穆斯林的欢迎。仅此一条，就把屈出律逼上了死路。

蒙古人兵临城下，屈出律不得不出城迎战。战前他已料定此战必败，但是没想到会败得那么快。两军对阵，连一个回合都没打完，屈出律就败下阵来，便下令紧急收兵。然而，城门却已对他关闭。

屈出律欲哭无泪，不得已再度踏上逃亡之路。他的最后一个落脚点，是他流窜到帕米尔群山之间的山谷中，在一个叫作“撒里黑昆”（色勒库尔，今塔什库尔干）的绝地间，饿得像鬼一样的屈出律被山中的猎户认出，包围并活捉交给了前来追捕他的哲别手下先锋官、回鹘将领曷思麦里。

统治中亚八年的一代暴君屈出律，最终还是没能逃脱成吉思汗的追杀，做了蒙古人的刀下之鬼！

蒙古人在杀屈出律的时候，采用了最残忍的手段，刽子手先将他两侧的肋骨之间各开了一刀，然后将肋骨敲断抽出，最后从伤口处把他的肺扯出。屈出律最终在痛苦的惨叫声中被折磨致死，结束了他的一生。

因为史书中没有记载屈出律的出生年份，根据他的踪迹推算，他死的时候应该在五十多岁。后来，蒙古人并没有为难他的家人，他的儿子抄思还得到了成吉思汗的重用，一直活到八十一岁才离开人世。

解决了屈出律，蒙古人的下一个目标便是花剌子模。

花剌子模覆灭记

终于轮到摩诃末坐立不安了。

他几乎是目睹了从屈出律被杀到西辽灭亡的整个过程，遂对即将杀过来的蒙古军有了一种心理上的惧怕。他甚至后悔自己当时的鲁莽，过于极端地杀死了五百个蒙古商人，并且一错再错，又因为情绪失控杀了前来交涉的蒙古使臣马合木。在哲别带兵攻打西辽的时候，他曾经三番两次派出使臣前往蒙古做必要的解释，但是均被挡在门外。

摩诃末绝望了，与其在这里等死，还不如带兵出去找死，找死的过程说不定自己还有一线生机，毕竟这里是自己的地盘，长途跋涉的蒙古人已是疲军，趁着他们还没有足够的休息，一举将其消灭，也算得上是一招高招。

但这仅仅是摩诃末的想法，蒙古人却并不认同。

灭掉了西辽的哲别马不停蹄地带兵开到了花剌子模边界，将手下的兵力一分为二，由速不台和脱忽察儿率军继续追剿蔑儿乞残部，自己则留在喀什噶尔等待成吉思汗大军。

速不台所率的蒙古军此时已经远离了主力，继续往西靠近了花剌子模的边界。而这时摩诃末的大军已经悄悄临近，一向机警的速不台竟然毫无知觉，直到两军对峙，这才发现四面都是黑压压的花剌子模大军。

蒙古人被包围了。

据说摩诃末的兵力将近四十万，而且都是挑选出来的精兵，而速不台只有不到一万的人马，双方就实力而言，显然不对等。

面对这样的场面，所有的蒙古人都被吓着了。就连身经百战的速不台心里也害怕，赶紧派人过去解释，我们只是奉命来清剿屈出律的，不想与贵国为敌。面对这样苍白的解释，狡猾的摩诃末报以冷冷一笑，拔出腰间的弯刀，一挥，花剌子模士兵立刻像汹涌的海水一样，疯狂地扑向了蒙古军。

在冷兵器时代的战争中，人数优势往往是决定战役胜负的主要因素，但是除了人数优势以外，还要看单兵作战的能力。以少胜多的战例并不少见，比如这场蒙古与花剌子模的战役就是如此。

与者者勒蔑、哲别、忽必来并称蒙古“四獒”的速不台可不是什么等闲之辈，从他经历的所有战事来看，这人有着极好的心理素质和冷静的分析能力，否则的话也就不能称作“四獒”之一了。

眼看着花剌子模大军冲过来的速不台，此时反而变得冷静了许多，他看准了的是摩诃末的中军，不管前后左右，只打那个地方肯定没错。蒙古兵的骁勇在这一刻展现出来，速不台在左，脱忽察儿在右，分兵冲击花剌子模的中军。

可能连摩诃末也没想到，这么一群不怕死的人居然直奔自己而来，在这个关键时刻，他犹豫了，然后赶紧往后撤退。所有经历过战争的人都知道一个道理，在艰难的情况下，只要能有效地阻击敌人，便能获得胜利，何况花剌子模还有人数上的绝对优势。然而，摩诃末并不具备这样的军事才能，仅仅在他犹豫的一瞬间，战场上的形势就发生了根本的变化。

蒙古军玩命一样地冲向了摩诃末的中军，因花剌子模前军挡不住蒙军的凶猛攻势，阵形立刻就乱了。前军一乱，两翼也跟着乱，直接就把摩诃末的中军暴露在蒙古骑兵面前。

摩诃末吓得脸色都绿了，惊慌失措地连声呼喊撤退。花剌子模的核心指挥顷刻之间便支离破碎，而漫山遍野的花剌子模士兵竟然变成了群龙无首的散兵，竟然被蒙古军追着打。摩诃末幸亏在他的儿子札兰丁的拼死保护下，才得以侥幸冲出包围。他远远地向后退出二十里，才惊魂未定地停下逃命的脚步，心有余悸地回头张望那些不要命的蒙古人。

看来蒙古人似乎并不恋战，他们见好就收，但是没有离开战场，似乎是在扎寨休息。摩诃末数了数山下蒙古人扎的帐篷，忽然心生一计，就把几员主将叫到自己跟前，要他们今夜破袭，趁他们立足未稳，将他们一举消灭。

入夜时分，摩诃末刚要准备下令花剌子模军准备进攻的时候，他忽然发现不对头，对方的篝火突然增加了很多，按照白天蒙古的人数来说，不可能会有这么多篝火。于是就做了决定，先派人下去摸清敌人是否有了援兵再说。

探子很快就回来报告，敌人的增兵正在源源不断地开进大营，因为现在还在继续往里走，具体人数尚无法断定，不过从目前所看到的帐篷来说，至少已经增兵了几十万。

摩诃末倒吸了一口冷气，心里还在暗自庆幸，幸亏没有贸然行动，否则的话，极有可能遭到全军覆没的厄运。

可是，到了第二天早晨再看，蒙古营地已经空无一人，别说援兵，就连那一万多人也早已不知了去向。摩诃末这才知道自己被蒙古人给玩了，气得他当场就暴跳如雷，再次声嘶力竭地大吼：给我追！

他手下所有人面面相觑，人家从什么地方溜走的都不知道，让我们往哪里去追啊？摩诃末实在找不到撒气的地方，就把昨天晚上派去侦查的探子叫来，一刀将他砍死，以泄心头的怒气。

花剌子模虽然号称中亚第一强国，但是和蒙古人一交手，就明白了两支军队不在一个水平线上，自己的实力远在他们之下。不仅实力相差悬殊，就连智商也不如人家。四十万人被区区一万人打得晕头转向不说，竟然还能让他们在自己的眼皮底下溜之大吉，这样的军队谁敢与之抗衡？

这个时候，成吉思汗所率领的蒙古主力也已经来到了花剌子模的边界，与哲别的先头部队会师。在蒙古大兵压境的情况下，摩诃末预料到了自己目前的处境非常危险，甚至已经清晰地感觉到死神与他之间的距离，在这种情况下，他所想到的第一个问题就是跑，惹不起我躲得起总还是可以的吧？

中国有句俗语，叫作“英雄所见略同”。尽管摩诃末算不上什么英雄，可他的这个想法刚刚萌生出来，竟然和他的国师所分析的结果完全相同。据说国师占克力夜观天象后，对摩诃末说了一句“凶星潜伺，当避而退之”，于是坚定了摩诃末离开首都撒马尔罕的决心。

这是他所犯下的又一个致命错误。

蒙古与花剌子模的第一场战役，选择在讹答剌，也就是亦纳勒术杀死了五百个蒙古商人的地方。成吉思汗将手中的军队一分为三，将二子察合台和三子窝阔台留下，对讹答剌进行猛攻，长子术赤带领人马从右路进攻锡尔河下游的毡地一带，而大将阿剌黑从左翼夺取上游的巴纳克忒，成吉思汗与四子拖雷率主力坐镇中军，直扑不花剌，切断摩诃末通往花剌子模腹地的必经之地。由此战术可以明确地看出成吉思汗的用意，就是要彻底灭了这个中亚第一强国。

想要攻破讹答剌并非一件容易的事，别看亦纳勒术这个人很贪婪，可抵抗蒙古大军的围攻也表现得异常英勇。在他的指挥下，讹答剌守军与蒙古人展开了长时间的对攻，使凶悍的蒙古人得不到任何便宜。

讹答剌成了一块难啃的骨头，蒙古军没有任何进展，尽管他们不分日夜地使用抛石机往城里猛轰，几十斤上百斤的石头带着骇人的呼啸声打进城内，甚至能听到房倒树断的声音，可横亘在眼前的那堵城墙依然顽固地矗立在那里。当蒙古人费尽九牛二虎之力，好不容易把城墙打开一个豁口的时候，可是花剌子模人又会在极短的时间内，用他们打进来的石头把豁口重新补上。

相对于讹答剌的难缠，术赤的右路军进展却很顺利。一路疯狂奔袭，一路残酷屠城，蒙古人所到之处必然尸横遍野，血流成河。阿剌黑的左路军也不含糊，虽然只有五千人，可冲入敌营如入无人之境，杀得花剌子模军人仰马翻，哀鸿遍野。两路人马高歌猛进，只用了四天时间就攻下了重镇巴纳克忒，并残忍地屠杀了全部降兵，然后继续前进，再战忽毡（今塔吉克列宁纳巴德）。

讹答剌在坚守了五个月后，终于被蒙古人攻破。亦纳勒术自始至终都在顽强抵抗，最后只剩下他一个人时，也没有停止对蒙古人的进攻，最终被冲进来的蒙古兵卒生擒活捉。

据说在抓住亦纳勒术的时候，他仍然在和蒙古人殊死搏斗，还当场砍死了前面的士兵，终于在精疲力竭之际被蜂拥而上的敌人擒住，然后押送到大帅察合台面前。

见到察合台，亦纳勒术并没有胆怯，而是始终不跪，骂声不绝。蒙古兵只好将他的腿筋挑断，才将其按倒。察合台脸上带着狞笑，命令士兵点火，将白银熔化后，强行灌进了亦纳勒术的嘴里。

亦纳勒术就这样活活地被白银给烫死，见财起意不是他的初心，被财烧死终其一生，他的生命注定了要以如此悲惨的方式结束。

亦纳勒术虽然死了，但蒙古人的复仇还在继续。

成吉思汗和幼子拖雷的中路军强突锡尔河，不战而夺下了非常富庶的塞尔奴克城（今乌兹别克斯坦撒马尔干北）后，继续向军事要塞不花剌（今乌兹别克斯坦布哈拉）进军。

2013 年 3 月，在正式动笔写《茶战》之前，笔者独自一人沿着古丝绸之路一路西行，在这条举世闻名的古商道上寻访中国古代茶叶所走过的足迹及其在不同时代所发挥的重要作用。曾专程来到了被古书上记载为“不花剌”的乌兹别克斯坦第三大城市布哈拉。这座古代丝绸之路的重要城堡、今日“一带一路”的积极参与者给我留下了深刻的印象。

列车从乌兹别克斯坦首都塔什干出发，在茫茫大漠中朝西南方向行驶六百多公里，就来到了中亚名城、曾经在历史上盛极一时的伊斯兰文化中心——布哈拉。这座传奇古城位于欧亚大陆最深的腹地，地处泽拉夫尚河三角洲畔，繁忙的沙赫库德运河从城市的中央穿过，在丝绸之路兴盛的年代里，是沟通东西方文明商路上的一颗闪亮的明珠。

在腥风血雨的历史中，布哈拉是一个饱受磨难的城市，9—11 世纪，此地为萨曼王朝的国都，继而成为塞尔柱帝国的属地。耶律大石时代，这里又变成了西辽的领土；随着花剌子模的崛起，布哈拉沦为摩诃末的后花园；接下来是蒙古、突厥相继再次称霸。直到 16 世纪中叶，布哈拉才真正归乌兹别克人管辖。

然而，当历史进入 21 世纪后，曾经饱受战争创伤的布哈拉又成为一座幸运之城，因为最早地支持了“一带一路”，使这座拥有几千年的历史古城，再次焕发了青春。

对于今天的我们来说，已经无法想象 1121 年 2 月，在那个冰天冻地的寒冷早晨，当蒙古人杀进这座城市的时候，究竟是如何把这座具有高度文明的千年古城变为人间地狱的。

不花剌被攻破了，所有的财富被蒙古人洗劫一空，蒙古军人似乎感到还不够过瘾，又在城里放了大火，将全部建筑房屋化为灰烬。最后又把全城的人都集中到了广场上，不分贫富贵贱全部捆绑起来。那些青年人被蒙古人拉进队伍充当了下一场战役的“敢死军”（哈沙尔），下一场战役先死的就是他们；妇女和儿童都沦为奴隶，作为奖励分发给有功的将领；而其他人则被拉到城外，全部杀掉。曾经被誉为丝绸之路上最具活力的不花剌，在一夜之间就变成了一座鬼城，没有一个人还活在这座城里。

成吉思汗继续挥军向东，前方便是闻名遐迩的花剌子模首都撒马尔罕。依据蒙古人在不花剌肆无忌惮的屠杀，撒马尔罕的灭顶之灾即将降临。

果然，撒马尔罕也没有可能得到幸免。但凡读过《射雕英雄传》的人，对撒马尔罕这座古城并不陌生，说靖哥哥和蓉妹妹在该城附近的一座山上重归于好后，靖哥哥带着一队士兵用简易的降落伞进入城内，杀了没有防备的守卫后，将此城攻破。

当然，这只是小说，在金庸先生智慧的笔下，凭空创造了这么一座山，正是因为这座山，才让郭靖有了施展自己才能的舞台。但是，现实中的撒马尔罕却没有这样一座山，当然也就不会有郭靖这个人。不过，郭靖这个人，极有可能是金庸先生根据元代名将郭宝玉的故事改编而成的，而郭宝玉当时确实也在攻打撒马尔罕的战斗中表现突出。元曲中有一段专门写郭宝玉大战撒马尔罕的故事，说郭宝玉是唐代名将郭子仪之后，天文兵法、刀枪骑射，可谓无所不精。在攻打撒马尔罕时出尽了风头，以一人之能，力破这座拥有十一万精兵的古城，为蒙古剿灭花剌子模立下了赫赫战功。

蒙古人一战破城，除了主动投降的士兵无一例外被集体杀戮、全部财物被洗劫外，原本有十万人之众的花剌子模国都，幸存者不足两万人。

花剌子模的厄运远没有就此结束，因为摩诃末还没有被抓到。

其实，狼窜四野的摩诃末在这时已经死去。生前他像个惊弓之鸟一样，到处躲藏，行踪极其狼狈。首先他必须要面临众叛亲离这个现实，随着蒙古人不断追击，他的藏身之处也就越来越艰难，但是他手下的那些士兵却受不了了，直接发生了暴动，吓得他连晚上睡觉都不敢在同一个帐篷里，唯恐自己的小命会葬送在这群狼一样的部下手里，所以到了半夜时分，提心吊胆的他一样要偷偷摸摸换到其他地方去住。

当某天早晨摩诃末从自己的帐篷中走出的时候，突然发现自己昨晚前半夜的帐篷上密密麻麻地插满了箭，当场大惊失色。走投无路的摩诃末只得把“算端”（皇帝）的大位“禅让”给了他的儿子札兰丁，而他却在孤独中死去。

关于摩诃末的死，有两种不同的说法，一种是在军队哗变后，他独自一人逃到了海边，请求船家将他运到对面的岛上，却不料这几个船家没安好心，当船行驶到海中央时，将他身上所携带的细软搜罗一空，然后不厚道地将他推进大海喂了鱼。第二种说法则是他被船家送上了对面的荒岛，到了岛上后，他孤独地病死在那里。

上述无论哪一种说法正确，现在来看都已经不重要了，毕竟摩诃末这时已经死了，而且是死在不花剌和撒马尔罕沦陷之前。不过，上述两种说法的时间大致相同：1120 年 12 月。

摩诃末虽然已经死了，但是距离花剌子模灭亡还有一段时间，毕竟这时的重心已经转移到了札兰丁的身上，而成吉思汗也抱定了一个信念，无论谁是花剌子模的“算端”，都必须要将这个人和这个国家从地球上抹掉！

札兰丁要想摆脱蒙古人的追杀，首先要保证的是自己手里必须有兵，否则什么都是白扯。此时他的兵却并没有掌握在自己手里，而是在玉龙杰赤（花剌子模旧都，今土库曼斯坦乌尔根奇）。不在自己手里的兵，那就不能算是自己的兵，这个道理札兰丁心里还是很清楚的。但是到了玉龙杰赤后，那些兵就肯定能成为他的吗？这个也不敢确定。因为目前自己身在西边的呼罗珊（在今伊朗东北、阿富汗和土库曼斯坦大部以及塔吉克斯坦全部），要想去位于东部的玉龙杰赤，要冒着突破蒙古人的风险，而蒙古人的凶猛他已经领教。

即便能突破蒙古人的防区到了玉龙杰赤，那些兵的所有权对于他来说也仅仅是个理论而已。之前曾经镇守玉龙杰赤的，是摩诃末他妈、札兰丁的奶奶，“世界与信仰之保护者”秃儿汗·克敦。这一对母子与其他家庭的母子不同，他们是各据一方的敌人，在蒙古人西征之前，秃儿汗·克敦就一直是儿子摩诃末的心头大患，两人都在想着一个同样的问题，有朝一日母子之间必定要有一场血战。

但是，在他们内部的这场战争还没开始之前，蒙古人却来了。

蒙古人四处追杀摩诃末的时候，曾经派来使臣要秃儿汗·克敦投降，但这位老太太一句话也不说，既不说投降也不说抵抗，自始至终一言未发。可蒙古使臣前脚刚走，这老太太立刻就开始了行动，带上细软财宝和手下亲兵，直接就选择了跑路。但是很不走运，还没等她跑远，就落入了哲别手里。

对此时的札兰丁来说，玉龙杰赤城里的兵到底是谁的，现在还真不好说。好说也罢，不好说也罢，总归那是他的一线希望，只要那里还有兵，那就是札兰丁手里的筹码，所以，这个险他必须要冒。

但是，当札兰丁一行历尽千难万险终于来到玉龙杰赤城下的时候，等待他们的却不是什么欢迎仪式，而是来自内部的一通追杀。因为这里的守将根本就不相信摩诃末已经死了的消息，却把所有怨气一齐对准了札兰丁。

札兰丁再次走上了逃亡之路，和他一起跑路的，还有玉龙杰赤的前守将帖木儿灭里，两人率三百余人逃离了这个不祥之地。他这次出走的地方是花剌子模的东南方向，今天的阿富汗地区。

札兰丁跑了，蒙古人却尾随而至。成吉思汗命长子术赤携两个兄弟察合台和窝阔台，对玉龙杰赤展开了猛烈进攻，却没想到，居然遭遇到了花剌子模人最顽强的抵抗。

玉龙杰赤城里的人已经听说了不花剌和撒马尔罕惨遭蒙古人血腥屠城的消息，所以全城军民都团结一致，做好了消灭来犯之敌的准备，就连妇女和儿童也都纷纷拿起所有武器，要与蒙古人决一死战。

而进攻的敌人被一次次击溃，无论蒙古人也好，或者是强行抓来的“哈沙尔”也罢，在玉龙杰赤城下被城里的军民打得一败涂地，死伤惨重。

导致蒙古人在玉龙杰赤之战失败的原因在于术赤。据说，成吉思汗已经决定，这场战役胜利后，玉龙杰赤将作为战利品送与术赤。所以术赤不想将这座古丝绸之路上的名城给毁掉，而尽最大的可能采用劝降的方式，争取把这座城完整地保留下来。而察合台却不同意，为此，术赤和察合台之间的矛盾再度爆发，两人虽然没有大打出手，但是术赤的心已经彻底凉了。

1221 年 4 月 9 日，窝阔台下令对玉龙杰赤发起总攻，蒙古人当天攻破了城池，被围攻了七个月的玉龙杰赤终于告破。守军虽败，仍节节防守，誓死抵抗，城中妇女老人都参与了战斗。巷战打了整整七昼夜，守兵终于不支而投降。蒙古军遂尽驱其民出城，除了从中挑选出工匠和年轻力壮者组成新的“哈沙尔”外，其余人全部遭到了血腥屠杀。之后，又决开了阿姆河堤坝，把河水引入城内，曾经的名城玉龙杰赤城消失在漫延的洪水中。

而这场战役结束后，术赤将城里的所有金银财宝洗劫一空，带领自己的队伍毅然决然地离开了成吉思汗，离开了蒙古大军，独自向锡尔河北部地区，向一个更加陌生也更加遥远的世界征战。

但是札兰丁终究还是跑了，不仅仅是跑了，而且还一举歼灭了一支前来追击他的蒙古精锐，这不能不让人佩服他的能力。

术赤带着玉龙杰赤的全部财富出走以后，成吉思汗和窝阔台、察合台合兵一起，继续沿着阿姆河向呼罗珊、哥疾宁（今阿富汗东南部的加兹尼）进军。确切地说，那是花剌子模的最后一片土地，也是札兰丁唯一的藏身之地。当蒙古人走到八鲁湾（今阿富汗首都喀布尔附近）时，与札兰丁不期而遇了。

与札兰丁遭遇的这支蒙古军，是由成吉思汗母亲诃额仑的养子失吉忽秃忽所率的三万纯蒙古兵。关于成吉思汗的这位义弟，《元史》中记载，他原本是塔塔儿部人，当年铁木真奉女真的指派，前往剿灭塔塔儿部时，年龄尚小的失吉忽秃忽被蒙古俘虏，按照蒙古的惯例，年幼的孩童不予屠杀而做奴隶，结果被诃额仑收为义子，从此他的命运发生了彻底的改变。在成吉思汗最早确定的九十九个千户那颜里，他排在第十八位，享有“九罪不罚”的特权，属于蒙古初期时代的一等贵族，可谓位高权重。

也许成吉思汗疏忽了一个问题，即失吉忽秃忽从未有过带兵打仗的经历；也许他根本就没把札兰丁这股苟延残喘的残兵败将当回事，于是派出一个不会打仗的人去收拾这个只知道跑路的花剌子模末代“算端”，最后再把这一天大的功劳记到失吉忽秃忽的头上；也许成吉思汗什么都没想，就像后来马云所说的那句话：站在资本的风口上，是头猪也能飞起来。凭着蒙古人的骁勇，任何人都能把花剌子模击败。无论怎么说，失吉忽秃忽确实带了三万蒙古精骑去了，而且是惊天动地走的，再回来时只剩下了他和几个灰头土脸的亲兵。

也合该札兰丁走运，失吉忽秃忽所率领的这三万蒙古精骑居然能在阴沟里翻了船。也许八鲁湾这个地方根本就不是什么阴沟，而是一条深不见底的鸿沟，导致蒙古人在这个地方全军覆没！这是成吉思汗自漠北起兵以来，所打的绝无仅有的一次败仗，除了失吉忽秃忽等少数几个人侥幸逃脱外，其他蒙古人全部被歼灭，死相非常难看。

成吉思汗震惊了，他召集所有精兵下达了一条死命令，无论付出多么大的代价，也必须要除掉札兰丁。

历史在帕米尔高原西方延伸部的兴都库什山脉与帕鲁帕米苏斯山脉之间的这座小城做了短暂停留，以便让蒙古人永远记住这个叫作范延城的地方。

范延城，即今天的阿富汗巴米安，又称梵衍那国。公元 7 世纪，东土大唐的朝圣僧侣玄奘法师在他著名的《大唐西域记》之中对这座城有过一段记述："东西二十余里，南北三百余里，在雪山之中也，国大都城据崖跨谷，长六七里，北背高岩。气序寒烈，风俗刚犷。"

在进攻范延城之前，蒙古军队刚刚攻陷了山口另一侧的古儿吉汪堡，将其中敢于抵抗的市民斩尽杀绝，并将这个恐怖的消息故意传到山南地带，意图借此来震慑各地蠢蠢欲动的抵抗风潮。然而，范延城却似乎没有受到这种血腥气息的威胁，反而坚壁清野，据守不降。

蒙古人的代价可谓不小，虽然集结了二十万军队，但是并没有达到他们的目的，行进再度受阻于范延城。城内的突厥人给蒙古人送来的礼物是一顿密集的箭矢，成吉思汗最疼爱的孙子、察合台的长子莫图根也被射中，当场毙命。

成吉思汗暴跳如雷，下令把所有的抛石机都搬到城下，对着范延城没日没夜地猛轰。三天后，范延城终于被攻破，成吉思汗亲自下达了最残酷的屠杀令，把城里所有人和所有牲畜全部杀绝，一个不留！

然而，即便蒙古杀尽了所有人，却仍然没有找到札兰丁任何踪迹，他再次逃过了一劫。

关于札兰丁的结局远没有结束。

七百九十二年后，为了这本书的创作，笔者冒着极大的风险，沿着古丝绸之路来到了阿富汗，站在这个充满暴戾与仇恨的、诅咒依然不曾消散的小城，笔者的心里充满了悲戚。从那里的一切生灵被屠戮之后，在过去的近八百年里，真的再也没有哪一支人类或者任何一种生物敢于停留在那片荒凉的死气沉沉的山上，整个查理戈尔戈拉高地如同一座巨大的坟场，埋葬着凶残的历史风暴所残留下的毁灭性能量。只有在山顶的最高处，还有一座立柱形的土堆遗世独立，仿佛一位孤独的守墓人，数百年如一日地哀悼着那些依旧随风飘零的孤魂野鬼。

东方神奇树叶给人类带来的福与祸

茶，是中华民族举国之饮品，起始于神农氏，闻于鲁周公，兴于唐朝，盛于宋代，是继造纸、印刷、火药、指南针之外，中华民族带给世界人类的第五大发明。然而，关于茶叶的起源时间，一直都存在着很大的争议。中国人始终坚信，茶是由远古时代的神农氏发现，为此还有一个“神农尝百草”的故事在民间广为流传。但是这个故事因为没有任何依据，仅仅是一个口口相传下来的传说，没有准确的文字记载或实物相佐证，所以，这个说法得不到史学界的认同。

见于文字记载的茶叶，大约在战国时代的《尔雅》。晋代的郭璞做了这样的解释：“早采者为荼，晚取者为茗，一名荈。”

直到唐代，陆羽在《茶经》中只是简单地提到，中国的茶叶起源于神农，而出处则是唐代版本《神农本草经》。但是，这部出自东汉年代的原本中，却对茶只字未提。关于神农试茶也只是个传说，缺少了茶文明起源必须具备的自洽依据。

这个争议一直持续到2015年才有一个明确的结论。2016年1月7日，中国科学院博士生导师吕厚远等研究人员在英国顶级期刊《自然》所属的《科学报告》上发表研究成果*Earliest tea as evidence for one branch of the Silk Road across the Tibetan Plateau*，确认了在汉景帝帝陵第 15 号从葬坑随葬品中发现的植物标本为茶叶。鉴于汉景帝逝世于公元前 141 年，这些茶叶可以追溯到两千一百五十年前，堪称迄今为止发现的世界上最早的茶叶。

2016 年 1 月 11 日，英国《独立报》网站以《新的科学证据显示，中国古代皇室成员好茶——至少在 2150 年前》为题，对吕厚远教授的论文进行了权威解读，立刻引起了世界的轰动。根据茶叶的形状和制作条索分析，充分说明中国人在西汉早期就已经有了喝茶的习惯。

据中央组织部博士服务团第 16 批挂职干部、2016 年至 2017 年任汉景帝阳陵博物院院长助理的王睿博士介绍，从中国古都长安（今西安）和西藏西部阿里地区古老植物遗存中提取的植硅体、生物分子成分表明，人们早在 2100 多年前的西汉时期（前 207 年—9）就已经开始种植茶叶，以满足当时人们的饮用习惯。此后大约在公元 200 年，茶叶传播到中亚。早前关于茶叶实物的文物证据由此又向前推进了几百年。长安及阿里地区出土的最早茶叶实物表明，丝绸之路的一条分支，于公元 2—3 世纪之前建立，曾穿越青藏高原。

凡是读过《史记》的人都知道，经过“吕氏擅权”之后的西汉王朝，被外戚折腾得人心惶惶，新兴的王朝即已呈现出落寞的疲态。所幸的是，吕雉死得还算及时，从而给汉王朝带来了一线生机。在文帝刘恒和景帝刘启的治理下，西汉迎来了史上最为繁荣昌盛的时代，史称“文景之治”。

据《史记·平准书》所载，自汉高祖刘邦建立汉朝后，到文、景二帝这七十余年时间里，大汉王朝的国家和百姓都非常富裕：“至今上即位数岁，汉兴七十余年之间，国家无事，非遇水旱之灾，民则人给家足，都鄙廪庾皆满，而府库余货财。京师之钱累巨万，贯朽而不可校。太仓之粟陈陈相因，充溢露积于外，至腐败不可食。众庶街巷有马，阡陌之间成群，而乘字牝者傧而不得聚会。守闾阎者食梁肉，为吏者长子孙，居官者以为姓号。故人人自爱而重犯法，先行义而后绌耻辱焉。”

如此富庶的朝代，在中国历史上并不多见，即便是后来的盛唐时代，依然有“朱门酒肉臭，路有冻死骨”的不幸；而宋朝盛世，也不过仅仅到了“路不拾遗，夜不闭户”的地步，哪里还曾经有钱多了花不出去的道理？所以，“文景之治”的繁荣时期，在粮食多得吃不了的情况下，大面积种植茶叶的可能性非常大。

武夷山著名茶人刘斌介绍，茶叶的无性栽培是从清朝以后才产生，而此前一直都是使用茶种栽培技术。按照一株茶树从茶种栽培到可以采摘茶叶的时间为六年来推算，能够大面积地将茶树驯化的周期将长达一百多年。这一推算，也印证了从《尔雅》所记载到汉阳陵出土茶叶的时间刚好一致，也就是中国茶叶最早被大面积种植的一个依据。

那么究竟什么叫作茶叶呢？

从植物学而言，茶，属于双子叶植物纲五桠果亚纲山茶科山茶属。但是在所有被称作“茶”的叶子中，只有每一片叶子的叶缘角通常为十六到三十二对，叶片中侧脉为五对到十五对之间的，叫作茶；少于或大于此数值的，都不是茶。

茶叶最早并非用来当作饮品，而更多的是当作药物。唐代大医学家陈藏器在《本草拾遗》一书中写道：“诸药为各病之药，惟茶为万病之药。”足见茶之药功卓著。

也许正是基于这个原因吧，唐宋时期对茶叶的禁令非常严苛。赵匡胤时代的乾德二年就已经有了明确规定，据《宋史·食货下》载：“凡民茶折税外，匿不送官及私贩鬻者没入之，计其直论罪。园户辄毁败茶树者，计所出茶论如法。旧茶园荒薄，采造不充其数者，蠲之。当以茶代税而无茶者，许输他物。”

曾经看过很多资料上都有一个大致相同的记载，说在葡萄牙凯瑟琳公主嫁到英国之前，英国人（或欧洲人）不知道什么叫作茶。其实这种说法是错误的，严格地说，在此之前英国人不知道红茶为何物。

在英国作家艾伦·麦克法兰和爱丽丝·麦克法兰所著的《绿色黄金》一书中，是这样描写茶叶的："茶叶这一源于中国的特殊饮料，对于中国人来说实在是太普通了，它已经深深地渗透于日常生活之中，以至于对其作用和影响熟视无睹。可是关于茶叶在古代和近代世界史上的作用及其所扮演的重要角色，却容不得忽视，因为它直接或间接地影响了历史的进程，尽管很多人可能对此看法持怀疑态度，但事实确是如此。"

蒙古人虽然已经灭了花剌子模，但是关于茶叶的战争远没有结束。接下来的茶叶，不仅仅驻留于战争，更重要的是，这片小小的树叶间接地改变了整个世界的进程。如果没有茶叶，谁也不敢说 14 世纪那场爆发于欧洲的黑死病究竟还能肆虐多久；谁也不敢说 1453 年穆罕默德二世能否攻破强大的拜占庭，从而终结黑暗的中世纪；谁也不敢说 1492 年一代狂人哥伦布一路向西，会意外发现了新大陆！

茶叶，在这些后来发生的世界大事件中，起到了决定性的作用！

2016 年 12 月初稿于澳大利亚 Willams Landing

2017 年 12 月修改于福建省武夷山市星村镇

后记

赖晓东

关于茶的书一直都不缺，种类也很多。从种植培育、制作工艺，到茶艺茶道、品鉴百科，再到茶的历史、文学等，不一而足。然而，我们凭什么能写茶？《茶战》凭什么立足？

近年来，习近平总书记出访和与外宾谈话期间，曾多次提及中国茶及其文化历史，或溯源两国交流历史，或以小见大类比两国关系。这些讲话内容都给中国茶注入了强劲的动力。

我们惊讶于领袖对茶叶国际流通史的渊博知识，更钦佩他对于茶——一片奇特的树叶在人类文明史上曾发挥的独特作用的洞悉。大家都知道，无论是陆上丝绸之路还是海上丝绸之路，茶叶都是其中最重要的物资，因此称之为“茶叶之路”一点也不为过。还有纵贯南北，跨越中、蒙、俄三国的万里茶道，被称为西南生命线的茶马古道，每一条茶路上都有许多曲折动人的故事。这些茶路不仅是古代的茶业商贸之路，也是中外各地各民族之间经济文化交流的纽带。

茶界从来不缺传说和故事。各种神乎其神的故事，多得跟每天新产的茶叶一样。孰真孰假，明眼人一看便知，只是苦了喝茶的人。每喝一口茶都要学生般地听一筐传说回去。然而，茶叶之路是如此的真实，真真切切地在历史上刻画出了深深的烙印。直到如今，“一带一路”仍在发挥着它重要的政治经济作用。茶叶为什么就不能有一次属于自己的严肃的历史书写呢？《茶战》的出版颇费周折，但让人欣慰的是一经亮相就取得了意想不到的反响：央视为其推介、畅销榜上频有其名、签售会异常火爆、影视改编合作意向多等。严格意义上，它并不是一本传统的茶书，它没有给大家提供茶叶的专业知识，看完也不会学到任何茶道，甚至于品鉴的小知识也没有。我们更愿意将它视为一扇通往茶叶文明史的窗户。

这是一部前所未有的茶书，以至于在新书发布时，面对媒体的提问我们没有找到一个恰当的词语来描述它。我们一度懊悔，为什么没有在创作期间就先想好一个响亮的名词，赋予它高大上的背景和身份。茶文化史、茶叶战争史、茶叶政治军事史……貌似都对，却又似乎都不妥当。最终，我和刘杰老师统一了口径，就叫茶叶文明史吧。这也是最接近我们创作初衷的一个方向。

很多年来，我们几乎每天都在讨论有关“茶文化”的话题，但可能都忽略了一个问题，那就是茶叶文明——所有文化首先必须在文明的基础上构建，茶叶也不例外。作为中国对世界所贡献的第五大发明，为什么会忽略掉茶叶的文明史呢？这就是我和刘杰老师致力于弘扬茶文明的原因。

这是一部通俗易懂的茶叶文明史书。通俗易懂只是笔法问题，这个好办。难就难在茶叶素来只有日常，没有系统的正史记录。二十四史、中外政治军事史、地方志、名人传记、专业论著、丝绸之路交通史、通关文书、海关报表等，我们要在浩如烟海的史籍文丛中捕捉茶叶的踪迹。我们常常感叹，茶叶在古人生活中是如此重要，但是在大义微言、春秋笔法的中国史书中又是如此难觅踪影。

幸运的是，我们常常在柳暗花明处，追踪到蛛丝马迹，得到朋友和专家各方面的帮助。我想，这正是因为茶叶在历史长河中虽然扑朔迷离，却以一种隐秘而强劲的力量改变着人们的生活，推动着政治地缘的变更和文明的进程，因此也留下了不可磨灭的印迹。

一叶清茶，看似无足轻重，与水邂逅，却晕开让人难以释怀的香韵。茶韵已成瘾，追逐变作争夺。因茶而战，也会因茶而和。茶叶就像是隐世的高人，冷酷地拨弄着战争与文明这对双生儿，任凭朝堂与人世的更迭，自顾一路地走过了三千多年。

2017 年 12 月 7 日凌晨于福州

附录：

【参考书目】

1. [汉] 司马迁 . 史记 , 中华书局 ,1997 年版
2. [汉] 班固 . 汉书 , 中华书局 ,1997 年版
3. [南朝宋] 范晔 . 后汉书 , 中华书局 ,1997 年版
4. [晋] 陈寿 . 三国志 , 中华书局 ,1997 年版
5. [后晋] 刘昫 . 旧唐书 , 中华书局 ,1997 年版
6. [宋] 欧阳修、宋祁 . 新唐书 , 中华书局 ,1997 年版
7. [宋] 欧阳修 . 新五代史 , 中华书局 ,1997 年版
8. [宋] 薛居正 . 旧五代史 , 中华书局 ,1997 年版
9. [元] 脱脱 . 宋史 , 中华书局 ,1997 年版
10. [元] 脱脱 . 辽史 , 中华书局 ,1997 年版
11. [元] 脱脱 . 金史 , 中华书局 ,1997 年版
12. [唐] 刘知几 . 史通 , 上海古籍出版社 ,2008 年版
13. 陈寅恪 . 隋唐制度渊源略论稿 , 商务印书馆 ,2011 年版
14. 佚名 . 神农本草经 , 哈尔滨出版社 ,1999 年版
15. [唐] 陆羽 . 茶经 , 辽海出版社 ,1999 年版
16. [北魏] 贾思勰 . 齐民要术译注 , 上海古籍出版社 ,2009 年版
17. 熊江宁 . 雪域梵音 , 中州出版社 ,2009 年版
18. [明] 王阳明 . 王阳明全集 , 线装书局 ,2010 年版

19. [宋]司马光.资治通鉴,中华书局,2009年版
20. [宋]李焘.续资治通鉴长编,中华书局,2004年版
21. [清]毕沅.续资治通鉴,中华书局,2004年版
22. 钱穆.中国历代政治得失,九州出版社,2013年版
23. [英]崔瑞德.剑桥中国隋唐史,中国社会科学出版社,1990年版
24. 阎步克.士大夫政治演生史稿,北京大学出版社,2012年版
25. 钱穆.国史大纲,商务印书馆,2010年版
26. 严永成.皇宋十朝纲要校正,中华书局,2013年版
27. [唐]魏征.群书治要,团结出版社,2011年版
28. 蔡东藩.宋史演义,中州出版社,2007年版
29. [宋]王溥.唐会要,上海古籍出版社,2003年版
30. 刘杰.大商埠,青岛出版社,2013年版
31. [日]陈舜臣.茶事遍路,广西师范大学出版社,2009年版
32. 林乾良.中国茶疗,中国中医药出版社,2011年版
33. [美]梅维恒、郝也麟.茶的世界史,商务印书馆（香港）,2013年版
34. [日]荣西.吃茶记,作家出版社,2000年版
35. 王镜轮.闲来松间坐,故宫出版社,2012年版
36. 王旭峰.南方有嘉木,人民文学出版社,2005年版
37. [美]斯丹蒂奇.六个瓶子里的历史,中信出版社,2006年版
38. 王冲霄等.茶，一片树叶的故事,中央电视台,2012年
39. [日]冈仓天心.茶之书,山东画报出版社,2012年版
40. [美]威廉·乌克斯.茶叶全书,东方出版社,2011年版
41. [英]麦克法兰等.绿色黄金,汕头大学出版社,2006年版
42. [日]赤濑川原平.千利休 无言的前卫,生活·读书·新知三联书店,2015

年版
43. 周重林、太俊林 . 茶叶战争 , 华中科技大学出版社 ,2012 年版
44. [古希腊] 修昔底德 . 伯罗奔尼撒战争史 , 商务印书馆 ,1990 年版
45. 李蔚 . 简明西夏史 , 人民出版社 ,1997 年版
46. 邓广铭 . 岳飞传 , 商务印书馆 ,2015 年版
47. 或跃在渊 . 契丹人 , 云南人民出版社 ,2011 年版
48. 诸葛文 . 图说元朝一百年 , 时代出版传媒股份有限公司 ,2011 年版
49. 指文烽火工作室 . 女真兴衰全史 , 中国长安出版社 ,2015 年版
50. 台湾三军大学 . 中国历代战争史 , 中信出版社 ,2013 年版
51. 张程 . 脆弱的繁华 , 群言出版社 ,2015 年版
52. 刘杰等 . 中国名相正传 , 三秦出版社 ,2005 年版
53. 刘沛东 . 大唐渤海国 , 中国文史出版社 ,2013 年版
54. 孙钥洋 . 蒙古帝国 空前绝后四百年 , 重庆出版社 ,2012 年版
55. 朱磊 . 天命之争 , 九州出版社 ,2014 年版
56. [古希腊] 荷马 . 荷马史诗 伊利亚特 , 北方文艺出版社 ,2012 年版
57. [古希腊] 荷马 . 荷马史诗 奥德赛 , 北方文艺出版社 ,2012 年版
58. [英] 加文 · 孟席斯 .1424, 人民文学出版社 ,2012 年版
59. [美] 戴维 · 考特莱特 . 上瘾五百年 , 中信出版社 ,2014 年版
60. [英] 罗素 . 西方哲学史 , 商务印书馆 ,1982 年版
61. [以色列] 尤瓦尔 • 赫拉利 . 人类简史 , 中信出版社 ,2014 年版
62. [以色列] 尤瓦尔 • 赫拉利 . 时间简史 , 中信出版社 ,2014 年版
63. [英] 彼得 • 弗兰科潘 . 丝绸之路 , 浙江大学出版社 ,2016 年版
64. 仲伟民 . 茶叶与鸦片 , 生活 · 读书 · 新知三联书店 ,2010 年版
65. [伊朗] 志费尼 . 世界征服者史 , 商务印书馆 ,2010 年版

66. 柯文辉 . 司马迁 , 人民文学出版社 ,2006 年版
67. [英] 斯蒂文 • 郎西曼 . 1453, 北京时代华文书局 ,2014 年版
68. [英] 简 • 基尔帕特里克 . 异域盛放 , 南方日报出版社 ,2011 年版
69. [宋] 李心傅 . 建炎以来系年要录 , 中华书局 ,2013 年版
70. 翦伯赞 . 中外历史年表 , 中华书局 ,2008 年版
71. [英] 西蒙 • 蒙蒂菲奥里 . 耶路撒冷三千年 , 民主与建设出版社 ,2015 年版
72. 俞为洁 . 中国史前植物考古 , 社会科学文献出版社 ,2010 年版
73. [意] 马可 · 波罗 . 马可 · 波罗游记 , 中国文史出版社 ,1998 年版
74. [美] 霍华德 • 舒尔茨 . 一路向前 , 中信出版社 ,2011 年版
75. 圣经
76. 赵志军 . 植物考古学：理论方法和实践 , 科学出版社 ,2010 年版
77. [宋] 祝穆 . 古今事文类聚 , 商务印书馆（台湾）,1986 年版
78. [宋] 李昉 . 太平广记 , 中华书局 ,1961 年版
79. [宋] 朱子安 . 东溪试茶录 , 商务印书馆 ,1936 年版
80. [宋] 李焘 . 续资治通鉴 , 中华书局 ,1999 年版
81. [宋] 朱熹 . 晦庵集 , 商务印书馆（台湾）,1986 年版
82. [宋] 杨万里 . 诚斋集 , 商务印书馆 ,1929 年版
83. 朱自振、沈冬梅 . 中国古代茶书集成 , 上海文化出版社 ,2010 年版
84. Melvyn C. Goldstein. A History of modern Tibet, Berkeley University of California Press, 1989
85. Paul K. Benedict. Sino-Tibetan, Cambridge University Press, 1979
86. Sam. Van Schaik. Tibet Autonomous Region(China) -History, Yale University Press, 2011
87. Wu, F., Xu, J. and Yeh, A.G.O. Urban Development in Post-Reform China:

State, Market, and Space, Routledge, 2007

88. Xu, J. and Yeh, A.G.O. Governance and Planning of Mega-City Regions: An International Comparative Perspective, Routledge, 2011
89. Allsen, T.T. Culture and conquest in Mongol Eurasia, Cambridge University Press, 2001
90. Anderson, J. An Introduction to the Jaanese Way of Tea, State University of New York Press, 1991
91. Addeley, J.F. Russia,Mongolia,China, Burt Franklin, 1964
92. All, J.D.(4th ed. Rev.). Things Chinese.London, Murray, 1904
93. All,S. An Accont of the Cultivation and Manufacture of Tea in China, Longman, Brown,Green, and Longmans, 1848
94. Awden,C.R. (tr.). The Jebtsundamba Khutukhtus of Urga: Text, Translation and Notes, Otto Harrassowitz, 1961
95. Ell, C. The People of Tibet , Clarendon, 1928
96. Enn,C. Daily Life in Traditional China: The Tang Dynasty, Greenwood, 2002
97. Enn, J. A. "Buddhism, Alcohol, and Tea in Medieval China." In R. Sterckx (ed.), Of Tripod and Palate: Food, Politics and Religion in Traditional China, Palgrave Macmillan, 2005
98. Ofeld, J. The Chinese Art of Tea, Shambala, 1985
99. Dart, B.M. Tea and Counsel: The Political Role of Sen.Rikyfu, Nipponica, 1977
100. Ow,K.and I.Kramer.All the tea in China, China Books and Periodicals, 1990

101. Inkley, F. Japan: Its History and Culture, T.C.&E.C.Jack, 1903

102. Ve, H.W. Golden Tips: A Description of Ceylon and Its Great Tea Industry, Sampson Low, Marston and Co, 1900

103. Ans, J. Tea in China: The History of China' s National Drink, Greenwood, 1992

图书在版编目（CIP）数据

茶战 . 2, 东方树叶的传奇 / 刘杰 , 赖晓东著 . —北京 :
人民日报出版社 , 2018.6
ISBN 978-7-5115-5522-9

Ⅰ . ①茶… Ⅱ . ①刘… ②赖… Ⅲ . ①茶文化 – 文化史 – 中国

Ⅳ . ① TS971.21

中国版本图书馆 CIP 数据核字 (2018) 第 121723 号

书　　名： 茶战 2：东方树叶的传奇
作　　者： 刘　杰　赖晓东

出 版 人： 董　伟
责任编辑： 陈　红
装帧设计： 左左工作室

出版发行： 人民日报出版社
社　　址： 北京金台西路 2 号
邮政编码： 100733
发行热线：（010）65369509　65369527　65369846　65363528
邮购热线：（010）65369530　65363527
编辑热线：（010）65369844
网　　址： www.peopledailypress.com
经　　销： 新华书店
印　　刷： 大厂回族自治县彩虹印刷有限公司

开　　本： 880 mm×1230mm 1/32
字　　数： 280 千
印　　张： 11
印　　次： 2018 年 8 月第 1 版　2018 年 8 月第 1 次印刷

书　　号： ISBN 978-7-5115-5522-9
定　　价： 49.00 元